ABIDJAN « CÔTÉ COURS »

Ph. ANTOINE, A. DUBRESSON, A. MANOU-SAVINA

ABIDJAN « CÔTÉ COURS »

Pour comprendre la question de l'habitat

Éditions de l'ORSTOM
213, rue La Fayette
75480 Paris Cedex 10

Éditions KARTHALA
22-24, bd Arago
75013 Paris

ISBN : 2-86537-181-6
ISSN 0290-6600

INTRODUCTION

LA VILLE DES COURS : LES RAISONS D'UN CHOIX

Abidjan, qui est probablement la deuxième cité ouest-africaine après Lagos, présente tous les caractères d'une véritable métropole. L'agglomération bimillionnaire, composée de 10 communes dont la surface totale atteint 54 000 ha, dont 8 700 ha d'étendues lagunaires, regroupe plus du cinquième de la population de Côte-d'Ivoire, concentre plus de la moitié du revenu monétaire national et fournit environ 70 % de la valeur ajoutée des secteurs secondaire et tertiaire dits « modernes », c'est-à-dire inventoriés et mesurés. Ce relatif gigantisme est d'abord le produit d'une stratégie de développement qui, dès 1960, a confirmé et accentué l'intégration de l'économie ivoirienne dans le marché mondial par la promotion et le soutien de l'agriculture d'exportation et l'appel à la main-d'œuvre et aux capitaux étrangers.

De ces options fondamentales et des règles du jeu induites procède la dynamisation du fait urbain abidjanais, hérité de la période coloniale, ainsi que la concentration d'activités et d'hommes autour d'un remarquable outil portuaire, réceptacle national et poumon des échanges avec l'extérieur, périodiquement amélioré. En 1950, à l'ouverture du canal de Vridi, Abidjan comptait environ 65 000 habitants : on en dénombrait 125 000 en 1955, 951 000 en 1975, et en 1987 les deux millions sont probablement atteints, voire dépassés. Or, malgré une fulgurante croissance démographique, la ville présente à ceux qui la découvrent pour la première fois une structure et une organisation exceptionnelles en regard des tissus urbains de la plupart des autres métropoles africaines. De là à parler de maîtrise de l'urbanisation et de vitrine d'un Occident transplanté avec bonheur en terre africaine, matérialisant la réussite des choix libéraux, il n'y avait qu'un pas que de nombreux observateurs, sans doute fascinés par les autoroutes urbaines, l'emprise du béton et le spectaculaire regroupement des tours du Plateau, ont allègrement franchi.

Trop souvent présentée dans les écrits et les discours officiels comme la « perle des lagunes », l'agglomération abidjanaise est certes caractérisée par une abondance de signes et de volumes relevant d'une architecture moderne étrangère appréhendée comme le symbole de « l'occidentalisation » du pays. Faut-il pour autant assimiler la ville à une simple reproduction lointaine des cités d'Occident ? A trop s'attarder sur le « Petit Manhattan », d'ailleurs trompeur, des tours et des immeubles surgissant du Plateau, on finit par occulter une réalité : en 1987, comme en 1963, plus de 7 citadins sur 10 résident dans un habitat dénommé « cour commune » dans le langage usuel. Par prudence à l'égard des concepts et des termes forgés hors du contexte ivoirien et compte tenu des difficultés à circonscrire le contenu du mot « populaire », nous avons délibérément écarté l'utilisation du vocable « habitat populaire », d'autant plus que, si toutes les catégories « populaires » résident dans les cours, en revanche toutes les cours ne sont pas « populaires ».

La permanence, l'étendue et le poids démographique de cette « ville des cours », légale ou illégale, posent une question majeure : pourquoi le projet et le modèle urbains rapidement mis en place par un État ivoirien disposant d'importants moyens, dont le principal objectif était de promouvoir un habitat social moderne pour la majorité des citadins, n'a-t-il pas donné les résultats escomptés, la ville des cours regroupant toujours la plupart des familles abidjanaises vingt-cinq ans après l'indépendance ?

Cette interrogation est au cœur de notre démarche. Pour tenter d'y répondre, il est nécessaire de comprendre d'abord pourquoi, pour qui et comment a été faite la ville. Il n'est pas superflu de rappeler que les origines de la cité sont liées au choc colonial, et que sa fulgurante croissance démographique procède largement de la mise en œuvre des choix fondamentaux effectués par les dirigeants ivoiriens à l'indépendance : Abidjan devient alors un impressionnant entonnoir où s'accumulent non seulement du capital productif et les symboles du nouveau pouvoir, mais aussi des hommes venus de tout le territoire comme des pays limitrophes. Héritant d'une capitale dont la structure ségrégative a été fort peu atténuée par les infléchissements de la politique urbaine de l'après-guerre, le nouveau pouvoir d'État a dû à la fois faire face au défi du nombre et à l'inadaptation du bâti urbain aux exigences d'un développement officiellement défini comme harmonieux et au service de tous.

Les dirigeants ont adopté un projet urbain résolument moderniste dont l'objectif était clairement affiché : faire disparaître en une décennie les « taudis », c'est-à-dire l'habitat produit hors des normes définies par les pouvoirs publics, et construire une ville pour tous les Ivoiriens.

Un quart de siècle plus tard, en dépit d'un remarquable effort financier qui a donné à la ville une apparence inconnue en Afrique occidentale francophone, force est de constater qu'une contradiction majeure oppose la physionomie abidjanaise aux attendus du projet urbain. La ville des cours n'est pas conforme aux normes de modernité qui devraient caractériser la « perle des lagunes ».

Pourtant cet « envers » du modèle n'est pas un simple négatif de l'« endroit », et il ne peut être assimilé aux bidonvilles misérables des cités latino-américaines ou asiatiques. Produite par des citadins dans un but essentiellement locatif, la ville des cours est surtout construite en dur et elle intègre certains éléments du projet urbain initial, au point qu'il est légitime de se demander si en réalité « envers » et « endroit » du projet ne sont pas organiquement liés, le laisser-faire cahotant des pouvoirs publics illustrant certes des hésitations entre une politique dure de « déguerpissements » et une relative tolérance, mais surtout des jeux d'alliance complexes entre un pouvoir d'État lui-même pluriel et des propriétaires maîtres d'œuvre de la construction des cours.

C'est donc à l'examen des stratégies et des jeux d'alliance qu'il faut s'attacher, tant il est vrai que le blocage du projet, le détournement des programmes de logement économique et les processus d'exclusion de la plupart des citadins de la ville du modèle sont indissociables de la logique des choix effectués et de la question de la rente urbaine.

Rédigé collectivement, cet ouvrage procède d'une rencontre et de nécessités. La rencontre est celle de trois chercheurs ayant longtemps arpenté différents quartiers d'Abidjan et qui ont décidé de mettre en commun des connaissances accumulées, par eux comme par d'autres, pour tenter de comprendre la genèse, le développement et la signification de la ville des cours. Porter un regard critique sur celle-ci est d'autant plus nécessaire que le dessein initial de la politique urbaine ivoirienne semble avoir changé à la fin des années soixante-dix. Le blocage du projet, la diminution spectaculaire des capacités financières de l'État et la multiplication des contradictions entre la réalité et les objectifs affichés à l'indépendance ont conduit les pouvoirs publics à tenter de prévenir les conflits possibles ou à régler ceux existants : ainsi voit-on se développer de nouveaux types d'intervention tendant à améliorer certaines fractions de la ville des cours.

Convaincu qu'aucune démarche disciplinaire, qu'aucun individu n'est en mesure de rendre compte de la complexité des processus d'urbanisation, chacun d'entre nous, démographe, géographe, géographe-urbaniste, a engagé le pari du travail collectif : de ce dernier résultent sans doute les contraintes, les limites et les défauts de l'exercice, mais ressort la conviction que ce cheminement est plus que jamais nécessaire.

Ph. ANTOINE, A. DUBRESSON, A. MANOU-SAVINA

PREMIÈRE PARTIE

LE FAIT URBAIN ABIDJANAIS

CHAPITRE I

LES FONDEMENTS DE LA CROISSANCE D'ABIDJAN

La question de l'habitat du plus grand nombre est liée à l'afflux massif et permanent de migrants, venus non seulement de toutes les régions de Côte-d'Ivoire, mais aussi des États limitrophes, Burkina Faso, Mali, Guinée, Ghana, et de la plupart des pays d'Afrique occidentale. En 1978, on ne dénombrait que 35 % de natifs de la ville parmi les résidents, dont une majorité d'enfants ; dans les groupes d'âge de 15 à 59 ans, un individu sur 10 seulement était né à Abidjan. Si la proportion d'étrangers est moindre qu'en 1955, plus de 38 % des habitants de cette agglomération cosmopolite ne sont pas ivoiriens. Comprendre et tenter d'expliquer, même brièvement, les raisons de cette accumulation continue d'origine extérieure, à laquelle se conjugue de plus en plus l'accroissement naturel, ne relève pas d'un simple exercice sur la chronologie de la croissance abidjanaise, qui reste d'ailleurs à faire. Cette croissance n'est en effet intelligible qu'en recourant à des tendances lourdes, dont les effets sur la concentration des hommes se produisent à long terme, qu'aucune politique strictement urbaine (prévisions et aménagement des superficies d'accueil nécessaires, réalisation des trames et des divers programmes d'habitat par exemple) n'est susceptible d'inverser, voire de contrôler, et dont les fondements sont à rechercher dans les mécanismes successifs d'appropriation et de mise en valeur de l'espace ivoirien. Il n'est pas possible de comprendre le phénomène abidjanais sans se référer, d'abord, à l'héritage colonial et à la mise en place de structures que les choix effectués à l'indépendance ont contribué à dynamiser.

I. L'HÉRITAGE COLONIAL

1. Le contexte politico-économique du choix d'une capitale

A la veille de la « ruée coloniale » consécutive à la Conférence de Berlin (1885), le littoral ivoirien était certes fréquenté par des marchands européens, mais les activités commerciales y étaient beaucoup moins actives que sur les rivages de la Côte de l'Or où, d'Axim à Accra, des comptoirs permanents et fortifiés étaient utilisés par les marchands anglais pour leurs échanges avec les Fanti. Au milieu du XIXe siècle, et en dépit des traités de protectorat signés par la France avec les représentants des peuples contrôlant les embouchures des fleuves et des lagunes où parvenaient les pistes du commerce précolonial (Assinie, Grand-Bassam, Grand-Lahou), le commerce britannique reste prépondérant. Des groupes économiques français vont alors pousser à une conquête systématique, nécessaire pour s'assurer l'exclusivité du marché, mais, jusqu'au début du XXe siècle, la « Côte des Mal Gens » demeurera pour beaucoup une terre hostile et inhospitalière, définie par les marins anglais comme le « white man's grave » (1). L'expression « Côte-d'Ivoire » fut officiellement adoptée en 1891, dans un décret créant la « Guinée française et dépendances » (les établissements de la Côte-d'Ivoire et ceux du golfe du Bénin). L'acte de fondation de la colonie en tant qu'entité autonome dotée d'un budget et d'une administration particulière (le gouverneur est résident) date du 10 mars 1893. Mais la portion de territoire contrôlée était alors très réduite (2) : quelques comptoirs côtiers, occupés en permanence seulement depuis 1883 (Assinie, Grand-Bassam, Dabou), Grand-Lahou et Jacqueville fondés en 1890-1891, et des postes créés hâtivement en 1892-1893 (Sassandra, San Pedro, Grand-Béréby, Tabou, Bliéron) pour affirmer les droits coloniaux de la France jusqu'au fleuve Cavally ; au Nord, quelques postes jalonnaient les pistes du commerce précolonial reliant la côte à l'intérieur et menant à Kong, Bouna et Bondoukou. Jusqu'en 1900, le principal objectif demeure l'appropriation du territoire.

etymology

(1) A. TIREFORT, *Le « bon temps », approche de la société coloniale ; étude de cas : la communauté française en basse Côte-d'Ivoire pendant l'entre-deux-guerres (1920-1940)*. Thèse de 3e cycle, EHESS, 1979, 2 tomes (338 p. et 187 p.)

(2) Colonie « toute théorique » d'après G. ROUGERIE, *La Côte-d'Ivoire*, PUF, 1972, p. 90. Rappelons que SAMORY, qui contrôlait la quasi-totalité du nord du pays, n'a été capturé qu'en 1891 et qu'ANGOULVANT mena, entre 1908 et 1918, plusieurs campagnes dites de « pacification » dans le centre et l'ouest du pays.

Avec la « pacification » commence l'exploitation systématique, la « mise en valeur » de la colonie, ce qui implique l'installation d'une administration spécifique ; l'ancrage du nouveau pouvoir politique passe alors par le renforcement du maillage urbain et la nécessaire construction d'une capitale. Cependant, cette affirmation territoriale du pouvoir colonial doit prendre en compte un impératif général : la protection sanitaire des populations européennes, et en tout premier lieu celle des membres de l'administration. L'obstacle majeur est alors constitué par la conjugaison d'épidémies, dont la principale est la fièvre jaune, et des endémies, dont la plus redoutable est le paludisme (3). Les « fièvres » touchent durement la population européenne : leur éradication devient nécessaire à l'installation d'un réseau urbain et apparaît en même temps comme la condition et la manifestation de l'ordre colonial. La Côte-d'Ivoire et sa portion littorale, où est localisée Grand-Bassam, capitale depuis 1893, sont particulièrement concernées. La fièvre jaune tue la moitié de la population européenne de Grand-Bassam, Dabou et Assinie à la fin du XIXe siècle, ce qui provoque une situation de panique et d'insécurité (4). Comme l'avenir de la capitale est compromis, c'est toute la construction de l'édifice colonial qui est en cause ; l'administration adopte alors le principe du transfert de la capitale sur un site salubre permettant l'exercice continu du pouvoir politique. Simultanément, le ministère des Colonies prône la recherche de sites favorables à la création de ports en eau profonde appelés à jouer un rôle économique primordial dans le circuit des échanges coloniaux.

C'est l'un des objets de la mission d'étude Houdaille (1897) (5), au sein de laquelle le capitaine Crosson-Duplessis est chargé de l'exploration des environs de Petit-Bassam en vue du choix ultérieur d'un site portuaire déjà signalé par Binger, ancien gouverneur de la Côte-d'Ivoire (Journal officiel de la Côte-d'Ivoire du 1er janvier 1899). Le rapport final conclut à la possibilité de développer une nouvelle « région économique » (articulation d'un port en eau profonde et d'un chemin de fer) sur le site d'Abidjan-Santey. Là se trouve un large plan d'eau (800 ha en lagune Ébrié,

---

(3) D. Domergue, « Les vingt premières années de l'action sanitaire en Côte-d'Ivoire (1904-1925) », *Revue française d'histoire d'outre-mer*, n° 238, 1978, p. 40-63.

(4) C. Wondji, « La fièvre jaune à Grand-Bassam, 1899-1903 », *Revue française d'histoire d'outre-mer*, n° 215, 1972.

(5) G. Rougerie, « Le port d'Abidjan. Le problème des débouchés maritimes de la Côte-d'Ivoire. Sa solution lagunaire », *Bulletin de l'IFAN*, XII, n° 3, 1950, p. 751-837. Houdaille avait pour mission d'étudier la création d'une voie ferrée, deux projets étant connus, celui de Binger (axe de la Comoé vers Kong) et celui de Marchand (axe du Bandama vers le Niger).

Figure 1

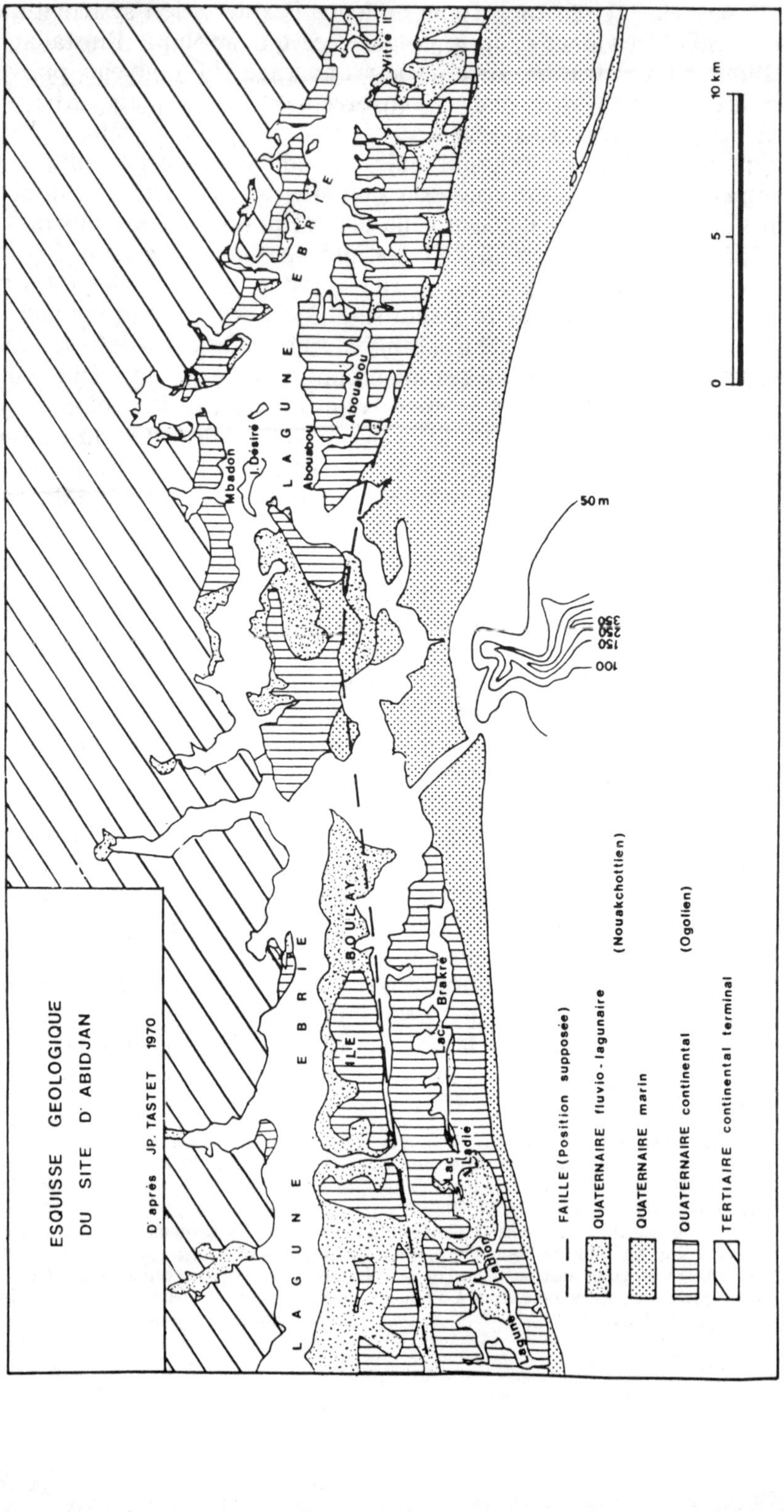
ESQUISSE GEOLOGIQUE
DU SITE D'ABIDJAN
D'après JP. TASTET 1970
FAILLE (Position supposée)
QUATERNAIRE fluvio-lagunaire (Nouakchottien)
QUATERNAIRE marin
QUATERNAIRE continental (Ogolien)
TERTIAIRE continental terminal
LAGUNE EBRIE
ILE BOULAY
LAGUNE EBRIE
Mbadon
I. Désiré
Abouabou
L. Abouabou
Vitré II
Lac Brakré
Lac Ladie
Lagune Labion
50 m
100
150
250
350
0
5
10 km

à l'ouest de l'île de Petit-Bassam, avec des profondeurs atteignant quelquefois 10 mètres), protégé au sud des rouleaux et du déferlement de la barre océane par un cordon littoral sableux, mais étroit et facile à percer. Ce « complexe lagunaire (6) » était envisagé d'autant plus favorablement par les autorités politiques qu'on connaissait depuis le XVIIe siècle l'existence, non loin du rivage, d'une fosse sous-marine appelée « Trou-sans-Fond » (7), utilisable pour piéger les sables transportés par la dérive littorale, et éviter ainsi l'engorgement progressif du canal prévu pour faire communiquer la lagune et l'Océan. En outre, il fallait que la voie ferrée traversât au plus court la masse des forêts ombrophiles et mésophiles couvrant la partie méridionale du pays (difficultés techniques liées aux sols et aux pluies, zones encore incontrôlées militairement) (8) : de ce point de vue, la position d'Abidjan par rapport à l'avancée des formations de savanes préforestières du « V Baoulé » était excellente et permettait de réduire à environ 150 km la largeur de forêt dense à traverser. L'espace aquatique ainsi sélectionné est bordé au nord par un plateau sédimentaire argilo-sableux et gréseux dominant la lagune de 30 m, échancré par de grandes baies, où la plupart des pentes et des sols ne posent aucun problème de construction, où la place ne manque pas et où l'autorité coloniale avait tous les moyens d'en créer en déplaçant autoritairement les villages ébrié autochtones. L'expression « Abidjan » désignerait le « pays des Bidza », c'est-à-dire l'espace occupé par une tribu (*goto*), de la population ébrié (9) originaire, selon la tradition orale, des confins de la frontière contemporaine avec le Ghana d'aujourd'hui et considérés comme un groupe avancé des premiers Abron, arrivés dans l'actuelle Côte-d'Ivoire au XVIIe siècle. Après avoir séjourné dans la forêt, au nord de l'agglomération actuelle, des migrants fondèrent leur premier village, Kokoli (Cocody), au bord de la lagune, puis essaimèrent en multipliant les établissements sur le plateau avancé entre les baies de Cocody

(6) Ph. HAERINGER, *Abidjan 1976. Occupation de l'espace urbain et péri-urbain*. Atlas de Côte-d'Ivoire, ministère du Plan-ORSTOM-IGT - B4C.

(7) Ancienne vallée quaternaire submergée par une transgression marine (16 000 à 5 000 ans B.P.), probablement d'origine tectonique.

(8) En 1908, la zone forestière est qualifiée de « franchement hostile ou inconnue » par le gouverneur ANGOULVANT.

(9) Nom injurieux (*ébrié*, ou *ébié*, désigne une variété de silures noirs des marécages) donné par les Abouré, voisins orientaux des « Ébrié ». Ces derniers s'appellent eux-mêmes « Tsama ». *Bidza* signifierait les « feuilles fraîchement coupées », regroupées en nattes sur lesquelles dormit un groupe venu des alentours de l'actuel village d'Abobo-Baoulé. Les principales sources sur l'origine, l'histoire et l'organisation politique des Ébrié sont : G. NIANGORAN-BOUAH, « Les Ébrié et leur organisation politique traditionnelle », *Annales de l'université d'Abidjan*, série F (ethnologie), 1969, tome 1, fasc. 1 et M. AUGÉ, *Théories des pouvoirs et idéologie : étude de cas en Côte-d'Ivoire*, Hermann, 1975, 440 p.

et du Banco, à Adjamé, Santé, Agban, Anoumabo, Attécoubé et Locodjoro.

Un arrêté publié au Journal officiel de la Côte-d'Ivoire, le 1er novembre 1899, invite le chef du Service des travaux publics à se rendre sur le site en vue de procéder à une étude de détail. A la suite de cette mission, le ministère des Colonies adopte le principe du transfert de la capitale administrative à Abidjan-Santey.

C'est dans un contexte dominé par la peur des épidémies, la nécessité de consolider le pouvoir politique et la perspective de création d'une nouvelle région économique que s'inscrit le « projet Abidjan », générateur d'une capitale et du premier centre économique de la colonie. L'accomplissement de ce projet se fit cependant par étapes, en raison de la faiblesse des moyens techniques et de la vive opposition de la plupart des commerçants et des maisons de traite déjà installés à Grand-Bassam. L'association entre la nouvelle capitale de la colonie et le port ne fut en fait complètement réalisée qu'à partir de 1950.

La construction du chemin de fer débute à Abidjan en 1904, en même temps que les premières tentatives de percement du canal de Petit-Bassam (10). Ces travaux engendrent la mobilisation d'une importante force de travail, fournie par des migrants dont l'arrivée nécessite l'implantation des premiers services. Les épidémies successives de fièvre jaune donnent des arguments à l'administration pour susciter le déplacement des activités de négoce de Grand-Bassam à Abidjan, malgré l'opposition des commerçants. Les lotissements de Petit-Bassam (Port-Bouët) et d'Abidjan-Plateau sont réalisés respectivement en 1903 et 1904 ; en 1905, l'administration fait lotir le Terre-Plein Commercial en bordure de la lagune ébrié, pour favoriser l'implantation des compagnies commerciales. A ces différentes dates, les lots sont concédés à titre gratuit et définitif aux Européens ayant fondé ou possédant des installations à Grand-Bassam. Ces mesures d'incitation visent à compenser les frais et les pertes des déplacements et à encourager les installations commerciales, industrielles ou autres à Abidjan. Selon la chronologie du Journal officiel de la Côte-d'Ivoire, des terrains sont occupés par des sociétés commerciales dès 1898. Le premier bénéficiaire est la Compagnie française de la Côte-d'Ivoire qui, en 1899, cède sa concession à la Compagnie française d'Afrique occidentale (CFAO). Les concessions sont en fait des débarcadères établis

(10) Petit-Bassam désigne ici le site à l'emplacement de la première coupure du cordon littoral. Ce site prit, par l'arrêté du 16 juin 1904, la dénomination de Port-Bouët.

autour du village d'Anoumabo, localisé au sud de la presqu'île du Plateau, en bordure de la lagune. En 1905, sur le lotissement du Terre-Plein Commercial, les sociétés construisent des factoreries et dépendances à usage d'habitation. Les concessions sont alors reliées au plan d'eau par des voies Decauville, et des wharfs sont construits sur la lagune pour la réception et l'embarquement des marchandises. Une première demande pour la construction d'un wharf en lagune est introduite par la CFAO en 1906. Les premiers services sont installés, d'après les plans de lotissement de 1904 et 1905 : services des douanes à Petit-Bassam, bureau postal, télégraphique et téléphonique, infirmerie-hôpital à Abidjan. Le pouvoir colonial et ses représentants réservent des concessions sur le Plateau, destinées à l'administration (en 1904, un lot est réservé pour l'administrateur de cercle), à l'armée (en 1906, l'emprise des camps militaires est délimitée au nord du Plateau), ainsi qu'à l'Église (en 1904, le préfet apostolique demande deux concessions).

Toutefois, alors que la construction du chemin de fer progresse assez régulièrement — le rail atteint Agboville en 1906, Dimbokro en 1910, Bouaké en 1912, Ferkessédougou en 1926 et Bobo-Dioulasso en 1934 — (11), les travaux de percement (1904-1907) du premier canal, mal localisé (12), échouent : en 1910, Abidjan n'a toujours pas de port.

Avec cet échec, les commerçants de Grand-Bassam reprennent l'avantage. Certaines maisons de commerce abandonnent Abidjan, d'autres maintiennent leur « option abidjanaise » ; parmi ces dernières figure l'influente Compagnie française d'Afrique occidentale (CFAO), qui avait eu des difficultés à s'implanter à Grand-Bassam et qui, dès 1899 (13), avait réussi à obtenir des concessions à Abidjan. Sans renoncer à la construction d'un port, mais consciente de la nécessité d'entreprendre de nouvelles études, l'administration concentre alors ses efforts sur l'amélioration des wharfs existants, en particulier celui du Grand-Bassam, de conserver un avantage économique sur Abidjan. L'installation de nouveaux wharfs, en particulier celui de Port-Bouët, édifié

---

(11) En 1934, Bobo-Dioulasso fait partie depuis deux ans de la colonie de Côte-d'Ivoire, celle de la Haute-Volta ayant été supprimée en 1932, son territoire démembré et réparti entre le Soudan, le Niger, et la Côte-d'Ivoire ; elle ne sera rétablie qu'en 1947.

(12) Le premier canal fut percé à l'est du village de Petit-Bassam, trop loin par rapport au talweg sous-marin du Trou-sans-Fond, et ses extrémités furent rapidement ensablées. Les traces actuelles de ce percement initial sont appelées le « Bidet ».

(13) JOCI du 15 janvier 1899.

en 1927 pour décongestionner ceux de Grand-Bassam et relié par voie ferrée à la gare d'Abidjan, va réunir à nouveau les intérêts du commerce et de l'administration. Adoptée le 28 novembre 1920, la décision de transférer la capitale de Bingerville à Abidjan devient effective le 1er juillet 1934. Abidjan est dès lors le lieu réel d'exercice du pouvoir administratif et économique.

Ainsi se dessine ce que l'on peut appeler une recherche de cohérence dans la logique coloniale, qu'illustre bien le choix, à des époques différentes, des capitales de la colonie : Grand-Bassam en 1893, puis Bingerville en 1900 et Abidjan à partir de 1934. Au projet des commerçants, pour lesquels Grand-Bassam a d'abord une valeur mercantile (14), projet qui a prévalu jusqu'au début du XXe siècle, se substitue celui de l'administration, pour laquelle la ville est à la fois un centre de décision et de commandement, et la condition d'une « meilleure colonisation », car c'est à partir de la cité que doivent rayonner la « civilisation » et le « développement économique » : Abidjan est une manifestation territoriale accomplie de la conception centralisatrice caractéristique du système colonial français.

Dès le début du siècle, la fonction de la capitale est clairement définie : importation des marchandises européennes et exportation des produits tropicaux dans le cadre de l'économie de traite et du « pacte colonial ». C'est de la conquête coloniale et de la fonction assignée aux peuples et territoires devenus dépendants et tributaires des décisions prises à l'extérieur que procède la construction de l'espace urbain abidjanais. Cependant, à la veille de l'ouverture du canal de Vridi, on est encore loin de la « grande ville » ouest-africaine : Abidjan ne représente alors que 3 % de la population totale du pays. Sa population a pourtant augmenté : avec 1 400 habitants en 1912, 5 370 en 1920, soit à cette date 0,3 % de la population totale, 17 000 en 1934 (mais en 1936 les villes sénégalaises sont bien plus peuplées, Dakar a 90 000 habitants, Saint-Louis et Kaolack plus de 30 000), 46 000 en 1945 (Bouaké en a alors 22 000) et 65 000 en 1950, la ville a changé d'échelle.

2. L'explosion après 1950

1950 est une année décisive : le 23 juillet, le canal reliant la

(14) C. Wondji, 1972, *op. cit.*

lagune à l'Océan est enfin mis en eau, et la construction du port, au flanc occidental de l'île de Petit-Bassam, est entreprise. Le canal de Vridi et le port sont à la fois des symboles et des instruments. Financés tous deux en grande partie par le FIDES (15), ils témoignent de la mise en œuvre d'une nouvelle politique coloniale consécutive aux résultats de la Seconde Guerre mondiale (nouveaux cadres institutionnels, plans de développement pour les nouveaux territoires d'outre-mer), dont les fondements se trouvent dans les transformations politiques et économiques survenues en France : intervention directe de l'État prenant en charge les investissements les plus coûteux, créant un secteur public productif, régulant la reconstruction économique par l'intermédiaire d'un plan. Mais cette nouvelle politique (16), qui ne relève plus du simple pacte colonial, ne rompt aucunement avec les mécanismes fondamentaux de la dépendance ; elle en élargit le champ et en intensifie l'ampleur.

Dans les plans FIDES, la priorité est accordée aux grands travaux d'infrastructure (87,5 % des investissements entre 1948 et 1956) : amélioration du réseau routier, en particulier des liaisons Abidjan-Abengourou (la « route du cacao ») et Abidjan-Gagnoa (la « route du café »), pour « permettre d'apporter au port les produits au meilleur prix et de ce fait même augmenter les exportations (17) », création de pistes, modernisation de la voie ferrée, prolongée jusqu'à Ouagadougou en 1955, et du matériel de traction, achèvement des canaux permettant d'utiliser l'ensemble du système lagunaire, tout concourt à favoriser la diffusion d'une économie monétaire dont les bases sont l'exploitation forestière et l'agriculture d'exportation. Cette dernière relève essentiellement de l'économie de plantation villageoise, fondée sur l'arboriculture, mais que l'on ne saurait réduire ni à un pur produit colonial, ni à une forme d'extraversion aliénante, tant les logiques autochtones y sont prégnantes (J.-P. Chauveau, J.-P. Dozon, 1985). Cette arboriculture est caractérisée par un « système de culture intégré » (caféiers et cacaoyers ont été substitués aux recrûs forestiers ou aux jachères arborées et non aux cultures vivrières), un « système d'exploitation basé sur un accès différentiel à la terre et sur l'utilisation de la main-d'œuvre étrangère à la cellule domestique », « un système de production extensif à faibles coûts monétarisés de pro-

---

(15) Fonds d'investissements pour le développement économique et social, mis en place par la loi du 30 avril 1946.

(16) Sur ce point, on peut consulter de nombreux ouvrages consacrés à la décolonisation, et en particulier, pour la Côte-d'Ivoire : L. Gbagbo, *Côte-d'Ivoire, économie et société à la veille de l'indépendance (1940-1960)*, L'Harmattan, 1982, 212 p.

(17) Chambre de commerce de la Côte-d'Ivoire, réunion extraordinaire du 5 septembre 1952, p. 5, *in* L. Gbagbo, 1982, *op. cit.*

duction » (18). La stabilité politique (en 1951, la grande crise qui a secoué la Côte-d'Ivoire à partir de 1949 est terminée, et les élus du Rassemblement démocratique africain, dont F. Houphouët-Boigny, ne sont plus apparentés aux groupes parlementaires métropolitains, et surtout au PCF), l'augmentation de la demande de café (en particulier celle de robusta pour le café soluble) et de cacao sur le marché mondial, l'organisation du recrutement et du transport de la main-d'œuvre après l'abolition du travail forcé et la suppression de l'indigénat, la perception de la Côte-d'Ivoire comme la plus riche colonie de l'AOF, et une « répartition des tâches » entre les différents territoires d'outre-mer favorisent une croissance économique basée sur la production accrue et l'exportation du café, du cacao et du bois. De 1953 à 1959, les superficies plantées en caféiers passent de 212 000 ha à 503 000 ha, celles plantées en cacaoyers de 177 000 ha à 230 000 ha. En 1960, le café, le cacao et le bois représentent respectivement 50 %, 23,3 % et 16,9 % de la valeur des exportations ; la valeur exportée de l'ensemble de ces trois produits a presque triplé depuis l'ouverture du canal de Vridi (33 740 millions de FCFA en 1960, 11 965 millions de FCFA en 1950). Pour la décennie 1950-1960, le volume des investissements publics est estimé à environ 90 milliards de FCFA (19), et les investissements privés auraient progressé de 13 % par an (20). En 1960, le président de la chambre de commerce, M. Massieye, dresse un bilan significatif du boom économique : « De 1950 à 1960, notre commerce d'exportation a presque quintuplé. Notre parc automobile a triplé au cours des dix dernières années, tandis que notre consommation d'électricité augmente régulièrement de 30 % par an (21). » Les fruits de cette croissance sont très inégalement répartis, dans l'espace comme dans la société, et l'un des effets les plus remarquables est l'explosion urbaine d'Abidjan, considérée par certains, depuis 1950, comme une ville à l'allure « américaine ».

En dix ans, le port est devenu l'instrument essentiel du fonctionnement d'une économie tournée vers l'extérieur, et en particulier la France, vers laquelle se font, en valeur, 52,4 % des exportations et de laquelle proviennent 71 % des importations. Les anciens wharfs, même modernisés comme celui de Sassandra, ont

---

(18) J.-P. Colin, *Analyse économique des systèmes productifs agricoles en basse Côte-d'Ivoire. Note méthodologique*. ORSTOM, centre de Petit-Bassam, 1983, 80 p.

(19) Au prix de 1965 d'après S. Amin, *Le développement du capitalisme en Côte-d'Ivoire*, Éd. de Minuit, Paris, p. 207.

(20) *In* J. Baulin, *La politique intérieure d'Houphouët-Boigny*, Éd. Eurafor Press, 1982, p. 83.

(21) *In* J. Baulin, 1982, *op. cit*

été abandonnés et c'est à Abidjan que les grandes maisons d'import-export ont à la fois leur siège, leurs entrepôts et leur outillage : dès la fin de l'année 1950, le tonnage manipulé dans le port dépasse celui réalisé l'année précédente par l'ensemble des wharfs ivoiriens ; en 1960, il a été multiplié par 3,4. Abidjan est alors desservie, outre le réseau ferroviaire reliant la ville à Ouagadougou, par un réseau routier ramifié de plus en plus utilisé, tous les grands axes convergeant vers la ville. Les grands travaux liés à la construction du port et à l'aménagement de l'espace urbain, le développement des activités relatives à la fonction portuaire (stockage, manutention, commerce de redistribution dans la ville et à l'extérieur), l'effet cumulatif de la croissance sur les services, la production d'énergie et les premiers établissements industriels ont largement contribué à créer un important marché du travail, vers lequel afflue de plus en plus une masse de ruraux, nationaux et étrangers (22).

En 1960, Abidjan compte 180 000 habitants, déjà 4 fois plus que Bouaké ; la population a été multipliée par 2,7 en dix ans. Au tournant de l'indépendance, la ville est devenue ce pour quoi elle avait été conçue dès le début du siècle et programmée dans l'immédiat après-guerre : c'est la plaque tournante d'un système d'échanges caractérisé par l'exportation de produits primaires peu ou pas transformés et par l'importation de produits manufacturés, de biens d'équipement et de grande consommation. Or, de ce point de vue, non seulement l'indépendance n'a pas constitué une rupture, mais la logique des choix fondamentaux alors opérés par les dirigeants du pays a accéléré la « dynamique » abidjanaise.

II. LES CHOIX FONDAMENTAUX DE L'INDÉPENDANCE ET LEUR MISE EN ŒUVRE

Sans insister trop longuement sur la nature et les conditions des choix politiques effectués et la mise en place de la stratégie de développement du pays (23), il convient cependant de rappeler les grandes lignes du « modèle ivoirien » afin de pouvoir comprendre pourquoi la population abidjanaise n'a cessé de croître, dou-

(22) E. Bernus, « Notes sur l'agglomération d'Abidjan et sa population », *Bulletin de l'IFAN*, n° 1-2, 1962, pp. 54-85.

(23) Sur ce point, voir Y.-A. Fauré, J.-F. Médard, *État et bourgeoisie en Côte-*

blant en moyenne tous les sept ans, en grande partie du fait de la permanence de l'immigration.

1. Les éléments du choix

Tel qu'exprimé dans les discours et les textes, en particulier ceux du président F. Houphouët-Boigny, le maître mot, le premier objectif prioritaire du gouvernement ivoirien, c'est la croissance rapide, seul moyen de sortir le pays de l'état de sous-développement dans lequel il se trouve. Cette « marche forcée à la croissance (24) » repose avant tout sur l'agriculture d'exportation, qu'il va falloir tout à la fois valoriser et diversifier pour favoriser le démarrage d'une industrialisation tournée vers le marché intérieur. En 1960, les ressources minières et énergétiques restent en effet mal inventoriées et peu ou pas du tout exploitées : c'est de l'agriculture d'exportation que le pays tire l'essentiel de ses ressources monétaires, et c'est grâce à elle qu'a émergé, socialement et politiquement, le groupe des « grands planteurs », dont F. Houphouët-Boigny fut le « héraut », avant l'indépendance (25), groupe qui contrôle sans toutefois le monopoliser le nouvel appareil d'État. L'adoption de cette stratégie de croissance n'est-elle que le résultat d'une position de « classe » de la part d'une « bourgeoisie terrienne » préservant ainsi ses intérêts en reproduisant les bases matérielles de sa propre existence comme le suggère J. Baulin, ou l'aboutissement d'une mutation de la « bourgeoisie agraire » en « bourgeoisie compradore », comme l'écrit L. Gbagbo ? Sur cette question, comme sur celle de la pertinence des catégories de vocabulaire utilisées, le débat reste ouvert. On peut se référer aux différentes contributions rassemblées par Y.-A. Fauré et J.-F. Médard (26), ainsi qu'aux analyses de J.-P. Chauveau et J.-P. Dozon (27) sur la conduite des stratégies autochtones et la signification des choix de l'indépendance, auxquels on ne peut dénier la qualité d'avoir

---

d'Ivoire, Karthala, 1982. Rappelons que les auteurs analysent un « complexe économico-politique » et non un « modèle », terme utilisé par certains chercheurs dont L. Diabate : « Le modèle ivoirien de développement », *Annales de l'université d'Abidjan,* série F, tome 5, 1973, pp. 115-136.

(24) C. de Miras, *L'entrepreneur ivoirien ou une bourgeoisie privée de son état,* ORSTOM, centre de Petit-Bassam, 1980, 93 p.

(25) J. Baulin, *op. cit.*

(26) Y.-A. Fauré, J.-F. Médard, *op. cit.*

(27) J.-P. Chauveau, J.-P. Dozon, 1985.

été avant tout des choix ivoiriens qui ne procèdent nullement d'une simpliste soumission imposée de l'extérieur. Quelles que soient les raisons ayant conduit les dirigeants politiques à privilégier l'agriculture d'exportation, la Côte-d'Ivoire ne part pas de rien. Le taux de croissance du PIB, en prix constant, a atteint 7 à 8 % entre 1950 et 1960, et les conditions mêmes de l'accession à l'indépendance sont financièrement très favorables : la « vache à lait » de l'AOF trouve son compte à l'éclatement politique de l'ancienne Fédération et peut récupérer, dès 1958, des recettes fiscales redistribuées auparavant vers des territoires plus pauvres et vers la bureaucratie fédérale, tant dénoncée, dont le siège est à Dakar : « La destruction de l'AOF aura permis à la Côte-d'Ivoire d'augmenter de 158 % ses ressources budgétaires (28). » Au choix de l'agriculture d'exportation, donc de la confirmation et de l'accentuation de l'intégration de l'économie dans le marché mondial, s'ajoute celui du libéralisme (le « pari libéral »), affirmé dès 1959 au troisième congrès du PDCI-RDA par F. Houphouët-Boigny, et plus précisément de l'ouverture à l'extérieur, c'est-à-dire de l'appel à la main-d'œuvre, aux techniciens et aux capitaux étrangers, ce qui implique l'assurance de contreparties en rentabilité des investissements sollicités et en rapatriements des profits réalisés. A ce sujet, la position officielle est très clairement exprimée en 1961 : « Nous acceptons chez nous la coopération avec n'importe quels capitalistes étrangers. Ils auront le droit d'exporter une partie de leurs capitaux, une partie des bénéfices réalisés chez nous, mais parce que le capitalisme constituerait les germes d'une lutte des classes dont nous ne voulons pas, nous ferons en sorte que toutes les participations soient faites par l'État et l'État seul (29). »

A la première partie du discours correspond très logiquement l'application du Code des investissements privés (loi 53 134 du 03.09.1959), dont les deux régimes (agrément prioritaire, régime fiscal stabilisé avec convention d'établissement) sont fiscalement très avantageux pour les entrepreneurs, tout comme l'est d'ailleurs la législation du droit commun (exonérations multiples, reports divers en franchises d'impôt de différents amortissements). Ces largesses fiscales ont-elles été déterminantes quant aux décisions d'investissements prises par les détenteurs de capitaux étrangers ? Pour les industriels, la croissance du marché, surtout intérieur, et la stabilité politique durable ont été considérés comme des fac-

---

(28) J. Baulin, *op. cit.*, p. 83.

(29) Discours de politique générale du président F. Houphouët-Boigny, le 3 janvier 1961, devant l'Assemblée nationale.

teurs attractifs bien plus importants (30), constat sans doute exact et pourtant inséparable de celui des transferts considérables de fonds vers l'étranger, dont la responsabilité est indéniable dans le déséquilibre de la balance des paiements. A la seconde partie du discours correspond un autre choix, apparemment contradictoire avec le précédent, mais confirmé par d'autres affirmations : « Ce que la Côte-d'Ivoire ne connaîtra pas et ne doit pas connaître dans son intérêt, c'est le capitalisme ivoirien. Le seul capitalisme que nous devons bâtir, c'est celui de l'État ivoirien (31). » Ce refus du capitalisme privé ivoirien, accompagné d'importants règlements de comptes politiques en 1963 et 1964, peut certes être toujours interprété en termes de défense d'intérêts de classe et de maintien du contrôle de l'appareil d'État par la « bourgeoisie terrienne ».

Mais, comme le rappelle fort opportunément C. de Miras (32), il n'y a pas de capitalisme sans capitalistes, et il n'y a pas d'entrepreneurs sans stratégie et comportement d'accumulation et de réinvestissements en biens productifs visant à assurer la reproduction élargie du capital par création et contrôle de plus-value. Or, à l'indépendance, peu de groupes ou d'hommes ivoiriens sont en mesure d'assumer la fonction capitale consistant à « entreprendre » sur une échelle industrielle ou agro-industrielle suffisante pour simplement maintenir la croissance économique suscitée de l'extérieur depuis 1945. C'est évidemment moins dans la « capacité » à exercer cette fonction que dans la logique sociale au sein de laquelle les planteurs et les commerçants enrichis s'inscrivent qu'il faut rechercher les fondements de cette absence d'intérêt (33). Par ailleurs, l'activité industrielle requiert un savoir-faire et une maîtrise des procès de production que ne possède pas, ou peu, le petit nombre de cadres et techniciens ivoiriens écartés de la conduite des entreprises étrangères. Le seul agent national, à l'indépendance, capable d'agir très vite, à grande échelle, dans le domaine économique, c'est l'État ; intervention d'autant plus nécessaire que les objectifs élevés de croissance sont fixés pour le court terme. Le volontarisme d'État, c'est donc à la fois l'affermissement du pouvoir d'État et de son appareil et la réalisation d'une partie de l'accumulation par ou *via* l'État, organisateur de l'accueil des capi-

---

(30) J. CHEVASSU, A. VALETTE, *Les industriels de Côte-d'Ivoire, qui et pourquoi ?*, ORSTOM, centre de Petit-Bassam, ministère du Plan, 52 p.

(31) Discours de politique générale, *op. cit.*

(32) C. de MIRAS, *op. cit.*

(33) Ce qui signifie que l'investissement industriel n'est pas appréhendé par la plupart des détenteurs de richesses comme un moyen privilégié permettant d'assurer la reproduction sociale ; l'industrie est largement considérée comme l'« affaire des Blancs » ou de l'État.

taux étrangers, planificateur de la croissance, promoteur des transferts opérés du revenu agricole vers le secteur industriel et la réalisation des infrastructures nécessaires. C'est l'État qui sera ainsi « au centre de l'accumulation privée (34) ». C'est de et dans l'État patron que va émerger une bourgeoisie issue de la bureaucratie administrative, considérablement enrichie par des redistributions de revenus d'autant plus importantes que l'intervention publique n'a cessé de croître jusqu'en 1980, y compris et surtout par les grandes opérations de développement régional. Ce n'est qu'à la fin de la première décennie de l'indépendance qu'apparaît explicitement le désir de voir les nationaux participer, en tant qu'investisseurs privés, à la croissance économique et en particulier à la croissance industrielle. La formation d'une classe d'entrepreneurs ivoiriens est alors présentée comme une des bases du développement à long terme de l'industrie, et apparaît comme un des enjeux de la stabilité politique (transfert progressif du capital industriel et dissociation des fonctions de légitimation et d'accumulation) (35).

En 1983, on peut cependant constater que la part prise par les capitaux privés ivoiriens dans l'industrie reste faible (9,32 % du capital social) et qu'en revanche l'État est devenu le principal entrepreneur (63,09 % du capital social). Mais une classe sociale organisée, consciente de ses intérêts, déployant une stratégie sinon collective du moins commune dans le domaine nouveau de l'industrie, peut-elle apparaître en vingt ans et émerger aussi vite des formations sociales de la Côte-d'Ivoire des années soixante ? Au-delà de l'échelle du temps, c'est la question même de la formation d'une bourgeoisie d'affaires détenant une fraction du capital productif et prenant en charge l'avenir économique du pays qui est posée : peut-elle être « décrétée » ou sécrétée par le volontarisme d'un État au sein duquel ses éventuels membres trouvent aujourd'hui leur propre assise sociale et leurs multiples sources d'enrichissement sans courir le moindre risque social, tout échec économique étant socialisé et supporté par le plus grand nombre ?

On peut considérer que le véritable risque, c'est le pouvoir d'État qui l'a pris par l'intégration accentuée de l'économie ivoirienne dans le marché mondial et dans un système d'échange international fonctionnant globalement au détriment des pays d'économie dominée. Le pari a été fait que les avantages de l'intégration l'emporteraient durablement sur les inconvénients, en un temps

---

(34) C. de MIRAS, *op. cit.*

(35) Sur la question théorique de l'industrialisation dans une économie d'exportation et de la fonction de l'État dans le processus d'accumulation, voir P. SALAMA et P. TISSIER, *L'industrialisation dans le sous-développement*, PCM/Maspero, 1982, 221 p.

où la pensée tiers-mondiste dominante insistait au contraire sur la nécessité de rompre avec le capitalisme. La diversification des productions agricoles, lancée et favorisée par l'État dès 1963, autour de neuf grands programmes, peut alors apparaître comme une stratégie de polyculture d'exportation aux moindres risques, car rien ne prouvait *a priori* que les grands choix effectués entre 1959 et 1963 permettraient de poursuivre une croissance forte et surtout durable.

2. La mise en œuvre des choix fondamentaux (1960-1980)

La mise en œuvre du « modèle ivoirien » (agriculture d'exportation, ouverture à l'extérieur, libéralisme, capitalisme d'État partiellement remis en cause depuis 1980) a permis d'atteindre, jusqu'en 1978, l'objectif principal de croissance économique soutenue. Cette dernière a été remarquable, en volume (plus de 7 % par an) comme en durée, et tous les indicateurs quantitatifs témoignent d'une expansion exceptionnelle, pour l'Afrique comme pour le reste du tiers-monde, qui n'aurait pu être obtenue, il faut y insister, sans l'ouverture à l'extérieur, l'appel à la main-d'œuvre et aux capitaux étrangers. Comme le soulignait A. Valette en 1980, « quelle que soit la nature de son régime, un petit pays d'Afrique noire ne peut créer, accumuler et distribuer davantage qu'en utilisant les atouts de l'échange avec l'étranger. L'isolationnisme, pour une nation de 7 millions d'habitants au revenu par tête de 120 000 FCFA, conduit à l'impasse (36) ». A échelle, taille et ressources comparables, aucun pays africain ne peut se prévaloir d'un bilan de croissance semblable, et la situation des deux États voisins, Guinée et Ghana, en dit long sur le chemin parcouru par l'économie ivoirienne mesurée à l'aune des paramètres physiques. Comment a été obtenue et réalisée cette croissance, à laquelle tous les secteurs ont participé, et qui a été encadrée par un État tour à tour régulateur, planificateur et entrepreneur ?

En premier lieu, par la diversification, arme contre la « pression devenue intolérable (37) » du café et du cacao, et l'accroissement des productions agricoles, ce qui a renforcé le rôle moteur de l'économie de plantation, non seulement villageoise, mais éga-

---

(36) « Résultats et réflexions sur une étude empirique de l'industrialisation en Côte-d'Ivoire », *Cahiers de l'ORSTOM*, série Sc. Hum., vol. XVII, nos 1-2, 1980, pp. 45-65.
(37) A. Sawadogo, *L'agriculture en Côte-d'Ivoire*, PUF, 1977, p. 84.

lement industrielle. Les « fers de lance » (38) de la politique agricole ont été les sociétés d'État (SODE) : spécialisées à l'origine en fonction des produits (39), placées sous la tutelle des pouvoirs publics, ces sociétés avaient initialement une compétence étendue à l'ensemble des opérations agricoles, industrielles ou commerciales relatives aux produits contrôlés. Pour diversifier l'agriculture d'exportation, il fallait choisir des spéculations susceptibles d'alimenter le budget de l'État, de procurer aux planteurs d'autres sources de revenu ou d'en créer dans les régions de savane. Il fallait surtout, compte tenu de la perte des privilèges des prix garantis sur le marché français, promouvoir une agriculture compétitive, concurrentielle, fondée sur les travaux et les résultats de la recherche agronomique. Les autorités ont ainsi opté pour le palmier à huile, le cocotier, l'hévéa, la banane, l'ananas, les agrumes à essence dans le Sud forestier, le coton Allen et la canne à sucre dans le Nord, et lancé une opération d'intensification de la production rizicole, tout en soutenant activement, par l'intermédiaire de la Caisse de stabilisation et de soutien des prix des productions agricoles (CSSPPA), les productions caféières et cacaoyères.

La disponibilité en espace, en particulier à l'ouest et au sud-ouest des aires forestières méridionales (pour beaucoup, la Côte-d'Ivoire de 1960 est encore une « réserve coloniale »), a largement contribué au développement du système de culture de l'économie de plantation villageoise, dont la dynamique est précisément fondée « sur l'extension continue en surface, tout défrichement permettant d'assurer à la fois la subsistance pendant deux ou trois années et l'avenir de la culture arbustive systématiquement instaurée (40) ». La diffusion de l'arboriculture caféière et cacaoyère a bénéficié des bonnes conditions naturelles de la partie méridionale, la caféiculture étant même possible dans certaines aires de savane au sud du huitième parallèle, avec des variétés particulières (liberica, kouilou, gros indénié) aujourd'hui abandonnées. L'économie de plantation villageoise a progressé d'est en ouest, à partir du pays Agni, où les cultures arbustives avaient déjà une place importante avant la Seconde Guerre mondiale, vers l'ouest et le sud-

---

(38) Depuis les lois du 13.09.1980, le dispositif des SODE a été modifié : quatorze ont été privatisées ou dissoutes, une a été transformée en société d'économie mixte, neuf en établissements publics à caractère industriel et commercial, deux en établissements publics administratifs, sept sont inchangées.

(39) Aujourd'hui la SODEPALM, la CIDT et la SATMACI ont une fonction d'encadrement et de suivi de plusieurs cultures à des échelles régionales, selon un découpage zonal.

(40) J.-P. CHAUVEAU, J. RICHARD, « Une périphérie recentrée : à propos d'un système local d'économie de plantation en Côte-d'Ivoire », *Cahiers d'études africaines,* 68, XVII - 4, pp. 485-523.

ouest, véritables fronts pionniers de l'après-indépendance (41). A ce dynamisme généralisé s'est ajoutée la réalisation de grandes plantations industrielles, immenses blocs géométriques où sont utilisées des variétés à haut rendement en monoculture intensive et où ont été installées des usines de transformation au centre ou à proximité des périmètres plantés. De là sont issues les productions d'huile de palme, de coprah, de latex et de sucre ; y sont souvent associées des plantations villageoises (palmiers, hévéas) contribuant soit à diversifier les exploitations trop orientées vers le café et le cacao, soit à favoriser l'émergence d'un monde de petits planteurs associés. L'ananas, la banane poyo et les cultures maraîchères produites dans des structures d'exploitation très différentes (plantations industrielles contrôlées en partie ou en majorité par des capitaux publics ivoiriens, petites plantations privées appartenant à des sociétés ou à des particuliers, « blocs associés » insérés dans le système d'économie de plantation villageoise), bénéficient également de l'encadrement des sociétés publiques. Au total, les surfaces mises en valeur ont plus que triplé entre 1960 et 1980, passant de 1 340 000 ha cultivés (dont 870 000 ha en cultures pérennes) à 4 180 000 ha (dont 2 180 000 ha en cultures pérennes), l'État ayant directement fait naître un domaine productif de 160 000 ha. A cette mise en valeur agricole s'ajoute la poursuite de l'exploitation forestière, qui a progressé de façon spectaculaire jusqu'en 1977 (293 000 m^3 de grumes en 1954, 2 258 000 m^3 en 1964, 3 500 000 m^3 en 1970, 5 371 000 m^3 en 1977) puis a régressé (4 950 000 m^3 en 1980, 3 227 000 m^3 en 1985). Le bois, exporté surtout sous forme de grumes, moins souvent sous forme de bois sciés (le taux de transformation locale était de 35,4 % en 1980, les bois sciés ne représentaient que 16 % du volume exporté en 1983), demeure le troisième produit d'exportation du pays, après le cacao et le café. Une des conséquences majeures de l'accroissement des productions agricoles et sylvicoles est l'accélération de la destruction de la forêt dense ivoirienne, plus précisément du démantèlement des massifs forestiers, auxquels succèdent des formations de forêts de plus en plus dégradées. Le manteau forestier avait régressé de 15,7 millions d'ha à environ 11,8 millions d'ha du début du siècle à 1958 ; en 1980, il ne restait officiellement qu'environ 3 600 000 ha, (probablement moins de 3 000 000 d'ha en fait), le taux de boisement devenant inférieur à 20 % (57,3 %

---

(41) Cette description correspond à une dynamique spatiale communément admise. Mais les travaux récents de J.-P. CHAUVEAU et J.-P. DOZON montrent qu'en réalité l'économie de plantation a débuté dans le Sud-Ouest (région de Tabou), hors de la contrainte coloniale, à l'image du processus ghanéen.

en 1966) : la forêt dense climacique disparaît au rythme de 300 000 à 400 000 ha par an (42).

Dès 1965, le ministère du Plan attirait l'attention sur cette question et, conformément au Plan 1976-1980, des mesures de préservation ont été mises en place : constitution d'un domaine forestier permanent (3 000 000 d'ha en forêt dense, 1 700 000 ha en zone dite « de savane », dans le Nord) comprenant des forêts classées intouchables sauf pour une exploitation forestière rationnelle, programme de reboisement confié à la SODEFOR en 1966. Mais ces mesures n'ont pas empêché la poursuite de la destruction, les compensations en reboisement étant dérisoires (35 500 ha reboisés entre 1966 et 1980) par rapport aux disparitions massives. C'est moins l'exploitation forestière proprement dite que les défrichements agricoles et les prélèvements pour le bois de chauffe, qu'elle prépare par l'ouverture de pistes balisant ensuite les mouvements de migrations rurales, qui sont en cause (43). En effet, la première consomme environ 5 millions de m^3 par an (la composition floristique de la forêt dense n'est pas homogène, les essences sont dispersées — un makoré pour 15 à 30 ha, un acajou pour 10 ha par exemple —, tous les arbres n'ont pas un diamètre exploitable), alors que du fait des seconds disparaissent 13 millions de m^3 par an, soit deux fois et demie plus. De même, aucune mesure administrative n'a pu empêcher l'attaque des parcs nationaux, dont celui de Taï, par le feu, la machette et la daba. Comment pourrait-il en être autrement quand l'« aide au paysannat » est toujours exaltée et demeure une option prioritaire réaffirmée avec force à chaque congrès du PDCI-RDA ; quand la « réussite » agricole, voire la « réussite » tout court, est assimilée à l'accession à la condition de « grand planteur » (le président lui-même n'est-il pas le premier « planteur » de Côte-d'Ivoire ?) ; quand l'image du « planteur » fonctionne comme un mythe à l'échelle nationale ; quand on sait enfin que l'un des fondements de l'économie de plantation villageoise actuelle, c'est précisément la consommation d'espace ? Comment refuser l'accès à la forêt à ceux auxquels on demande toujours plus (les « braves paysans » des discours officiels), et qui savent bien que les « grands types », ceux « d'en

(42) Sources : *Plan quinquennal de développement économique, social et culturel, 1981-1985*, ministère du Plan, tome II, *Planification sectorielle,* volume 1, *La forêt et les parcs nationaux,* pp. 365-377.

(43) Ce processus a été étudié et décrit pour le sud-ouest de la Côte-d'Ivoire ; voir P. Lena, F. Martinet, J.-F. Richard, A. Schwartz, *Le dynamisme pionnier dans le Sud-Ouest ivoirien* : rapport final du projet TAI-MAB-UNESCO-ORSTOM, 1977.

M. Lesourd, *L'émigration baoulé dans le sud-ouest de la Côte-d'Ivoire*, thèse de IIIe cycle, université de Rouen.

haut », ceux qui légifèrent et signent décrets et arrêtés, n'hésitent pas à s'octroyer directement ou par le biais de prête-noms des pans entiers du patrimoine forestier national, pour constituer d'immenses portefeuilles fonciers ? La reproduction d'un système extensif et les différentes stratégies foncières menées dans tous les villages par tous les groupes familiaux et tous les individus, y compris (et surtout ?) ceux qui sont partis et qui résident en ville (44), ont engendré une véritable course à la forêt dont on voit mal, dans les conditions actuelles, comment elle pourrait être arrêtée autrement que par l'absence à terme de forêt à défricher. L'économie de plantation villageoise, à laquelle reste liée, rappelons-le, la production vivrière, a eu, et garde parfois, des caractères d'économie « pionnière » ; mais elle reste d'autant plus difficile à limiter et à contrôler spatialement (par l'intensification du système, par exemple) que le comportement de nombreux planteurs relève plus d'une « économie du trésor (45) » que du capitalisme agraire.

La plantation peut dès lors n'apparaître que comme un « moyen de dégager des surplus financiers destinés à la reproduction sociale (46) ». L'expansion du système ayant été favorisée par l'abondance de la terre et de la force de travail (migrations massives de manœuvres venant en particulier du Burkina Faso), cc n'est que de leur raréfaction que proviendront les facteurs de blocage. Au processus de raréfaction de la terre disponible est liée la notion de saturation, très difficile à définir. La saturation peut être envisagée sous son seul aspect physique, à partir du ratio superficie cultivable/superficie totale, et des seuils au-delà desquels la reconstitution du sol, liée aux rotations culturales et à la durée des jachères, ne se fait plus. Selon les normes du recensement national agricole, une jachère théorique de dix ans correspond à 40 habitants/km^2, une jachère de huit ans à 48 habitants/km^2, une jachère de six ans à 59 habitants/km^2 : en fonction des espaces cultivés, le blocage apparaîtrait ainsi entre 40 et 60 habitants/km^2, densités rurales déjà dépassées dans de nombreux départements du sud-est et du centre du pays. Mais la notion de saturation est également inséparable des stratégies foncières et de l'accaparement des terres à des fins de reproduction sociale et de maintien (ou de cons-

(44) Car « nombreuses sont les sociétés locales ou régionales organisées sur un double pied, rural et citadin, et dont le fonctionnement repose désormais sur une large intercommunication » ; P. Pelissier, G. Sautter, in *Le développement rural en questions*, ORSTOM, 1984, p. X.

(45) J.-M. Gastellu, *Une économie du trésor : les grands planteurs du Moronou*, ORSTOM, centre de Petit-Bassam, 3 tomes, 1980, 1981 et 1982.

(46) J.-P. Dozon, *La problématique rizicole dans la région de Gagnoa*, ORSTOM, centre de Petit-Bassam, 1975, p. 154.

titution) des pouvoirs et des hiérarchies au sein des communautés rurales : ainsi J.-P. Chauveau et J. Richard situent-ils le seuil de « blocage social » autour de 30 habitants/km² en pays gban (47), seuil estimé à 20-25 habitants/km² dans le Sud-Ouest, autour du lac du barrage de Buyo. Par ailleurs, la mobilisation de la force de travail non familiale utilisée par les planteurs devient plus difficile depuis 1975, en particulier dans les anciennes plantations du Sud-Est, desquelles les migrants étrangers en quête d'épargne se détournent souvent pour travailler dans les plantations agro-industrielles ou s'installer dans le Sud-Ouest. La compétition pour la terre et pour la force du travail, qui accentue les différenciations sociales, est d'autant plus vive que les perspectives de raréfaction sont proches : il est très difficile d'en fixer le terme, mais il est clair que c'est dans les réponses apportées au problème de l'intensification, donc de la productivité du sol, que se trouve le devenir des plantations villageoises.

L'augmentation du revenu et des productions agricoles a été accompagnée d'une croissance, parfois plus forte, des autres secteurs de l'économie. Entre 1965 et 1970, le taux de croissance annuel a atteint respectivement 15,2 % et 7,9 % pour les secteurs industriel et tertiaire (+ 5,4 % pour les cultures industrielles et marchandes). Après 1970, le même phénomène cumulatif s'est poursuivi, engendrant une transformation de la structure de la PIB.

Les principaux indicateurs de croissance industrielle ont été remarquables, et même exceptionnels, pour un pays où l'exploitation minière (48) n'a jamais réellement eu un poids considérable (les industries extractives fournissaient 8,9 % du chiffre d'affaires de l'industrie en 1960, 1,5 % en 1970 et 0,4 % en 1975), et où les ressources pétrolières, d'ailleurs modestes, ne sont utilisées que depuis 1980. La production nationale de pétrole, (1 195 000 tonnes en 1983, 1 300 000 tonnes en 1985), issue des plates-formes off-shore (gisement du Bélier au large de Grand-Bassam, gisement Espoir au large de Jacqueville), aurait couvert 95 % des besoins du pays en 1984 (49), mais elle n'est en rien responsable de la croissance observée depuis 1960, pas plus que les réserves de gaz naturel, estimées en 1985 à 90 milliards de m³, mais encore inexploitées. L'industrie manufacturière (hors BTP, éner-

---

(47) J.-P. Chauveau, J. Richard, *Organisation socio-économique gban et économie de plantation,* ORSTOM, centre de Petit-Bassam, 88 p. multigr.

(48) L'exploitation du minerai de manganèse (Compagnie de MOKTA) a cessé en 1970 ; les Sociétés SAREMCI et WASTON ont suspendu l'exploitation des diamants en 1975 et 1977, la TORTIYA SA poursuivant seule cette activité.

(49) Conférence du ministère des Mines, le 14 juin 1984, à Yamoussoukro.

Tableau 1

Taux de croissance en volume, par secteur (1965-1980)

	Primaire	*Secondaire*	*Tertiaire*	*Côte-d'Ivoire*
1965-1975	+ 4,9 %	+ 8,5 %	+ 8,0 %	+ 7,0 %
1975-1980	+ 4,0 %	+ 11,5 %	+ 8,2 %	+ 7,6 %

Sources : Plan 1981-1985, et *schéma national d'aménagement du territoire,* DDR, 1978.

Tableau 2

Évolution de la structure de la PIB (en %, 1960-1980)

Secteurs	1960	1965	1970	1975	1980
Primaire	44,8	39,4	30,2	32,1	28,2
Secondaire	15,2	19,0	23,7	24,1	27,3
Tertiaire	38,0	41,6	46,1	43,8	44,5
TOTAL	100	100	100	100	100

Sources : *Schéma national d'aménagement du territoire,* tome I, diagnostic DDR, ministère de l'Économie, des Finances et du Plan, septembre 1978, p. 34 pour 1960 à 1975.
L'industrialisation des régions en Côte-d'Ivoire, DDR, ministère de l'Économie, des Finances et du Plan, 1980, tome I, p. 10 pour 1980.

gie et eau) est néanmoins caractérisée par un essor vigoureux : entre 1960 et 1980, les investissements bruts cumulés ont progressé de 442 milliards de FCFA, la valeur de la production a été multipliée par 70 (de 11 à 773 milliards de FCFA), la valeur ajoutée s'est accrue de 5 à 292,6 milliards de FCFA, le nombre d'emplois est passé de 9 000 à plus de 68 000, et les taux de croissance, en volume, de la production, très élevés jusqu'en 1965, se sont maintenus en moyenne entre 10 et 14 % jusqu'en 1980.

Comme dans la plupart des anciennes colonies, le secteur industriel n'a été que tardivement développé. A l'exception de quelques scieries dispersées et de l'usine textile des Établissements R. Gonfreville, à Bouaké, ce n'est qu'après 1945 que commence l'industrialisation, mais jusqu'en 1958 le rythme des implantations reste faible en raison du rôle de fournisseur de l'AOF alors assigné à Dakar et au Cap-Vert. A partir de 1958, les investissements industriels prennent de l'ampleur : en 1960, on recensait 60 entreprises industrielles, en 1980, on en dénombrait 705. La stratégie d'industrialisation est conforme aux choix fondamentaux : libéralisme et appel aux investisseurs et aux techniciens étrangers pour constituer un secteur capitaliste moderne, intervention volontariste progressive des pouvoirs publics dans la sphère productive. Au « pari libéral » correspond surtout la première phase d'industrialisation, dont le moteur principal a été, jusqu'en 1970-1971, l'import-substitution : à partir de 1961, des mesures de protection fiscales et douanières, additionnées aux largesses du Code des investissements privés, facilitent les investissements étrangers et l'installation d'établissements travaillant des matières premières ou des semi-produits importés pour satisfaire les besoins croissants du marché national. La plupart des branches sont concernées, et les plus forts taux de substitution sont atteints dans l'agro-alimentaire, le textile et la chimie. En 1960, les usines installées en Côte-d'Ivoire couvraient 25 % de la consommation nationale en produits industriels (sans l'artisanat) ; en 1973, elles satisfaisaient 48 % du marché ; en 1980, ce dernier était approvisionné à 52 % par des produits fabriqués dans le pays.

A cette date, 77,4 % de la production étaient destinés au marché intérieur. Mais la plupart des industries d'import-substitution sont également des industries de consommation finale, et leurs inconvénients sont connus : importations massives de produits semi-finis et de biens d'équipement, dont les implications sur la balance commerciale sont négatives (en 1970, le taux d'importation des consommations intermédiaires — hors pétrole — atteignait 54 %, 62 % avec le pétrole) ; appel aux cadres et techniciens étrangers, dont la rémunération est onéreuse (50) et pour la majorité desquels la transmission du savoir aux nationaux n'est pas une priorité ; limitation des capacités de production au volume du seul marché intérieur, qui demeure restreint quelle que soit la progression des revenus et de la demande nationale, et partant, impossibilité de relayer la première phase d'industrialisation en passant à la production de biens intermédiaires ou de biens d'équipement en raison des limites de taille et de demande des entreprises installées. Au tournant des années soixante-dix, il était clair que le processus d'import-substitution avait atteint un seuil critique. Il fut relayé par un effort

---

(50) En 1975, un salaire de 100 versé à un expatrié équivalait à une charge réelle de 240 pour l'entreprise ; A. VALETTE, *op. cit.*

massif des pouvoirs publics en faveur d'une nouvelle génération d'industries valorisant les produits primaires locaux pour l'exportation : il s'agissait de réaliser d'abord la première transformation avant exportation (café, cacao, bois) et de promouvoir des grands complexes intégrés produisant des biens manufacturés pour les marchés extérieurs (usines textiles, complexes agro-sucriers, projet de complexe de pâte à papier) ; cette nouvelle génération s'ajoutait aux filières déjà existantes, travaillant soit pour l'exportation (conserveries de poisson et d'ananas), soit essentiellement pour le marché ivoirien (chaîne des Huileries Sodepalm-Blohorn). C'est donc bien d'une intégration accrue de l'économie dans le marché mondial et d'une nouvelle ouverture à l'extérieur (débouchés et modalités d'écoulement des produits manufacturés) qu'il était question : en ce sens, la seconde génération d'industries est parfaitement dans la ligne du « modèle ivoirien ». Pour la mettre en place, il fallait démontrer une capacité de compétitivité internationale sur des marchés où la concurrence, en particulier celle des pays asiatiques pour les produits textiles, était déjà sévère. Cette capacité passait par la maîtrise d'une haute technologie, mise en œuvre dans des complexes de production modernes à forte concentration capitalistique, où les conditions de la rentabilité n'avaient plus rien à voir avec le protectorat fiscal au sein duquel avaient prospéré les entreprises privées d'import-substitution.

Dix ans après le lancement de cette deuxième génération, dont la plupart des éléments sont entrés en production en même temps que débutait la crise dans les pays occidentaux, les éléments du bilan montrent à quel point cette nouvelle ouverture a été difficile. Certes, grâce aux nouvelles usines, l'intégration de l'industrie manufacturière aux autres secteurs de l'économie a été améliorée ; en 1983, 54,6 % des achats de l'industrie provenaient de Côte-d'Ivoire (51). Cependant, les grands complexes textiles, pour lesquels seules les premières tranches d'investissements ont été réalisées, fonctionnent non sans difficultés et l'usine de pâte à papier est toujours à l'état de projet. Parmi les unités d'« exportation » (on n'y inclura pas les huileries, puisque l'industrie des corps gras alimentaires réalise près de 60 % de son chiffre d'affaires en Côte-d'Ivoire), les usines de décorticage de café et de première transformation du cacao (beurre, pâtes et tourteaux) restent dépendantes des fluctuations saisonnières et interannuelles, et il a fallu fermer deux des six complexes agro-sucriers (Sérébou et Katiola-Marabadiassa) en 1984. A moins d'accueillir des industries de trans-

(51) Centrale des bilans, 1983.

fert pour lesquelles le pays est beaucoup moins compétitif que certains États asiatiques (les « pays ateliers d'Extrême-Orient »), la Côte-d'Ivoire ne peut poursuivre son industrialisation, dans la logique des choix actuels, qu'en renforçant le secteur exportateur de produits primaires valorisés, ce que confirment les importantes mesures de modification du Code des investisssements (loi 84-61230 du 8.11.1984). Dans l'immédiat, l'appareil de production ne peut être considéré comme un système articulé autodynamique et autocumulatif. Deux groupes d'industries, un « noyau amont » (activités agro-industrielles exportatives, mais à filières courtes) et un « noyau aval » (industries de consommation finale pour le marché intérieur) sont juxtaposées (52), mais leurs liaisons demeurent rares et de faible ampleur, les activités d'équipement et le tissu d'entreprises relais étant quasiment absents. Ce vide est d'autant plus difficile à combler que c'est de l'interventionnisme direct de l'État, devenu entrepreneur, que résultent la plupart des usines de seconde génération industrielle, sauf au départ les complexes de filature et de tissage du coton, et que les investisseurs privés étrangers n'ont que peu ou pas du tout d'initiative hors de la production des biens de consommation finale, le « maternage (53) » des privés ivoiriens n'ayant pas donné les résultats escomptés. On peut estimer que le processus d'industrialisation, à double détente dans le temps, atteint aujourd'hui un seuil critique, et qu'à l'image du système d'économie de plantation villageoise les limites de la reproduction sont peut-être atteintes, ou proches de l'être, d'autant plus que la « crise (54) » qui a perduré et s'est amplifiée jusqu'en 1984 (en 1984-1985, les récoltes de café et de cacao ont atteint un record historique) affecte gravement les ressources de l'État. Or, l'action de l'État planificateur et entrepreneur a été — et demeure — capitale pour l'activité du bâtiment et des travaux publics. Les grandes infrastructures équipant le pays ont été réalisées pour le compte de l'État client, et il faut y adjoindre les projets mis en œuvre par et pour les établissements publics et les sociétés d'économie mixte (Port autonome d'Abidjan et de San-Pedro, Régie Abidjan-Niger, Énergie électrique de Côte-d'Ivoire, Société d'équipement

(52) A. VALETTE, *op. cit.*

(53) Expression de C. de MIRAS, *op. cit.*

(54) Sur ce terme, la discussion est ouverte par Y.-A. FAURÉ, qui estime que l'un des côtés négatifs du « pari libéral », de l'« ouverture à l'extérieur », c'est la possibilité de baisse massive des recettes d'exportation qui est par nature inscrite dans le choix initial dont elle constitue un scénario de conjoncture possible. Sur cette question, Y.-A. FAURÉ, « L'inversion d'une dynamique sociale : le cas ivoirien », Symposium on « The Fate of Post Colonial Africain Economies in West Africa », School of Oriental and African Studies, Londres, 8-9 juillet 1983, 25 p. dactyl.

des terrains urbains...), la clientèle privée ne constituant que la portion congrue du marché. La construction d'un réseau opérationnel d'infrastructure de communications a mobilisé le tiers des investissements publics au cours de la première décennie de l'indépendance, près d'un quart pendant la décennie suivante. L'État ivoirien assume également une fonction de promotion immobilière par l'intermédiaire de sociétés publiques, qui ont fait construire un parc considérable de logements économiques : de 1960 à 1980, 91 000 logements ont ainsi été réalisés par l'État ou avec l'aide de l'État (55), à Abidjan, dans certaines villes de l'intérieur, sur les périmètres agro-industriels et dans les aires d'opérations de développement régional. L'appareil d'État est lui-même consommateur de bâti (bureaux de l'administration générale, équipements collectifs). Le poids du bâtiment et les travaux publics dans la production intérieure brute a donc progressé depuis 1965, pour se stabiliser autour de 12,5 % en 1975, s'accroître à plus de 19 % en 1978 et revenir à 10 % en 1981. La croissance, continue depuis 1973, a été « euphorique » entre 1976 et 1978 (+ 100 % pour le BTP) avant le retournement complet et l'effondrement : en 1981, la valeur ajoutée, en francs constants, a été inférieure à celle de 1977 (56). Cette évolution est bien entendu directement dépendante des ressources de l'État et de leur réaffectation : le budget spécial d'investissement et d'équipement (BSIE) est alimenté à plus de 78 % (77 % en 1977 et 1980) par la subvention versée au budget de l'État par la CSSPPA ; les programmes d'infrastructures (VRD) et d'équipement collectifs et administratifs ont représenté 46 % des dépenses cumulées du BSIE 1975-1981, ces mêmes dépenses entrant pour 45 % dans le chiffre d'affaires global du BTP (57). Contrairement à l'industrie, ce secteur reste dominé par les capitaux étrangers : en 1980, 54 % des capitaux sociaux provenaient d'agents économiques français, 15 % d'autres nationalités, 31 % émanaient d'agents ivoiriens (dont 20,5 % de capitaux publics). Rares sont les secteurs où les liens de dépendance entre l'État et le capitalisme privé étranger sont aussi directs, d'autant plus que le système de relations tissées entre l'appareil d'État et les industriels du BTP est beaucoup plus complexe et étendu que le seul rapport d'offre et de demande.

Dans un contexte de croissance généralisée, le secteur tertiaire,

---

(55) *Plan quinquennal de développement économique, social et culturel 1981-1985*, tome II, volume 2, *La politique de l'habitat*, p. 725.

(56) A. Jouhanneau, *Bâtiment et travaux publics : les effets sur la production manufacturière*, ORSTOM, centre de Petit-Bassam, juin 1984, 105 p.

(57) A. Jouhanneau, *op. cit.*

et en particulier les activités de commerce et de transport, n'est pas resté en marge (58). De 1965 à 1975, son taux annuel de croissance a été supérieur à celui de la PIB et du secteur primaire, de même qu'entre 1976 et 1980. Compte tenu de l'héritage colonial, les activités tertiaires ont toujours compté dans l'économie ivoirienne, tournée vers les échanges avec l'extérieur. Cependant, les méthodes comptables (droits et taxes à l'importation sont comptabilisées dans les marges du commerce) et l'importance des impôts indirects (30 % de la valeur ajoutée du tertiaire en 1975), conduisent à relativiser le poids réel du tertiaire, qui apparaît comme un « collecteur fondamental des recettes de l'État (59) ». Le rôle des transports et de l'appareil de commercialisation est fondamental pour le bon fonctionnement du système économique : de l'organisation des échanges, d'abord intérieurs, dépendent en grande partie la dynamique de monétarisation du marché national, la pénétration de l'économie marchande contemporaine dans les villages, la compétitivité des produits ivoiriens à l'exportation. La valeur ajoutée de la branche transports représente, dans les années 1980, environ 9 à 9, 5 % de la PIB (60). La production de la branche est utilisée en consommation intermédiaire, pour près de la moitié par les entreprises, pour près de 30 % dans la consommation finale des ménages. Or, l'activité est à 70 % dépendante des échanges extérieurs (100 % pour le transport maritime, 90 % pour le transport aérien, 60 % pour les transports terrestres de marchandises, 60 % pour les échanges téléphoniques et postaux) : l'énoncé de ces ratios est significatif des modalités de fonctionnement de tout le réseau des transports et communications, organisé comme un exutoire vers l'extérieur, dont les ramifications multiples sont empruntées, en retour, pour la redistribution de produits manufacturés et dont l'élément clé est désormais le réseau routier, en faveur duquel un immense effort a été accompli. Depuis l'indépendance, la longueur totale du réseau a été presque doublée (25 500 km en 1961, 45 500 km en 1980), celle du réseau revêtu a plus que quadruplé (700 km en 1961, 3 100 km en 1980). Les transporteurs routiers, dont les pratiques de tarification, les délais et la souplesse ont concurrencé le rail, ont largement profité de l'extension du réseau bitumé, en particulier vers le nord et le sud-ouest : ils contrôlent environ 70 % du trafic voyageurs et 80 %

---

(58) Il s'agit ici du tertiaire « mesuré » par la comptabilité nationale et non de l'ensemble des activités de service, en particulier celles relevant de la sphère dite « informelle », terme par ailleurs impropre, pour lesquelles cette dynamique vaut également (peut-être même plus ?).

(59) *Schéma national d'aménagement du territoire, op. cit.*, p. 115.

(60) *Plan quinquennal..., op. cit.*, tome II, volume 1, p. 463.

du trafic marchandises. Les principales opérations commerciales restent contrôlées par les capitaux étrangers. Contrairement à l'agriculture et à l'industrie, l'État est peu présent dans ce secteur de l'économie : les participations publiques sont inférieures à 11 % du capital social des entreprises commerciales, et atteignent à peine 10 % dans la branche import-export. Mais les opérateurs privés ivoiriens restent peu influents (64 % des entreprises commerciales n'ont pas de capitaux privés ivoiriens), sauf dans la commercialisation du café et du cacao, où ils détiennent 54 % du capital social des entreprises. Après l'échec du Programme d'action commerciale, lancé en 1970 par l'État (création d'une chaîne de magasins de vente au détail et de supérettes, dont le nombre est passé de 17 à 240 entre 1971 et 1977, organisation de la collecte et de la distribution de produits alimentaires), puis abandonné en 1980, le commerce demeure plus que jamais dominé par les étrangers : grandes compagnies héritières des réseaux coloniaux (SACI, CFCI, SIDECO, General Import, CFAO), hommes d'affaires libanais ou syriens parfaitement implantés dans la plupart des localités ivoiriennes, commerçants africains non ivoiriens établis sur les marchés et très actifs dans le petit commerce et les micro-activités sédentaires ou non.

3. Le « modèle ivoirien » en question : l'ébranlement de la « conjoncture »

Jusqu'en 1978, le pari d'ouverture des dirigeants ivoiriens a été payant : le marché en expansion et les termes de l'échange ont été plutôt favorables aux principaux produits exportés, et les objectifs généraux de croissance ont été atteints. La distribution du revenu a certes été très inégale, dans l'espace comme dans la société, mais, globalement, le revenu monétaire moyen par tête a progressé régulièrement et l'enrichissement a été indéniable : + 67,9 % en francs constants entre 1960 et 1978, soit + 2,92 % par an, le revenu monétaire de l'ensemble des ménages progressant de 7,55 % par an en moyenne (61), la consommation finale commercialisée des ménages évoluant dans le même sens (+ 3,79 % par an). Au tournant des années quatre-vingt, la Côte-d'Ivoire est, après les pays producteurs de pétrole, le premier pays d'Afrique noire — Afrique du Sud exceptée — pour le revenu par tête.

(61) *Évolution et répartition des revenus en Côte-d'Ivoire,* SEDES, janvier 1984.

Mais, depuis 1978, le retournement est spectaculaire : — 24,5 % pour le revenu moyen par tête, entre 1978 et 1983, — 33,7 % pour le revenu non agricole par tête, — 27,3 % pour le revenu agricole par tête : la « conjoncture » fait partie du vocabulaire quotidien et des discours officiels. Tournée largement vers la satisfaction de besoins extérieurs, l'économie ivoirienne est vulnérable aux évolutions des cours des produits dont elle tire ses recettes d'exportation, et qu'elle n'est pas en mesure de maîtriser. L'effondrement des cours mondiaux du café et du cacao à partir de 1978 (62) a été d'autant plus dramatique qu'il a succédé à une envolée en 1976-1977 (les prix du café et du cacao sur le marché mondial ont plus que triplé entre 1975 et 1977), ponctuant une vingtaine d'années de hausses assez régulières.

En 1978, 55,7 % des recettes d'exportation provenaient encore du café vert et du cacao en fèves (sans compter le beurre de cacao, le cacao en masse et les extraits de café, avec lesquels le pourcentage dans les exportations passe à 64,3 %). En 1983, les recettes tirées de l'exportation du seul café vert (159,4 milliards de FCFA) étaient inférieures, en francs courants, à celles de 1977 (198,6 milliards de FCFA), et les revenus tirés du cacao en fèves (162,7 milliards de FCFA) étaient à peine supérieurs à ceux de 1978 (160,9 milliards de FCFA). Au total, les recettes provenant de l'exportation de l'ensemble des produits café-cacao n'ont que très faiblement progressé, en francs courants, entre 1977 et 1983 et la perte réelle, en francs constants, a été considérable, provoquant une cascade de réactions en chaîne sur les équilibres nationaux. La balance des marchandises est certes restée positive, mais elle a connu de graves fluctuations (+ 99,6 milliards de FCFA en 1977, + 1,8 milliard de FCFA en 1978) ; or l'excédent commercial a toujours eu un rôle clé sur la balance des biens et des services.

Cette dernière, positive en 1976 et 1977 (+ 2,4 et + 20,5 milliards de FCFA) du fait de l'excédent du poste marchandises, est ainsi devenue lourdement déficitaire (– 236,5 milliards en 1980, – 209 milliards en 1983), et le déficit de la balance des paiements courants est passé de – 43,2 milliards de FCFA en 1977 à — 385 milliards de FCFA en 1983. Au total, le solde global de la balance des paiements, qui oscillait entre — 20 milliards (1972) et + 20 milliards (1978), a atteint un déficit de 172,5 milliards en 1980, déficit porté à 229 milliards en 1983 (63). Cette accumula-

---

(62) En 1981, le kilo de cacao était négocié à 413 FCFA contre 1 714 FCFA en juillet 1977 ; le kilo de café valait 550 FCFA en 1981 contre 1 270 FCFA en avril 1977.

(63) Source des données : BCEAO - Statistiques économiques et monétaires Côte-d'Ivoire et Banque française du commerce extérieur.

tion de déficits, qu'il faut combler par l'endettement, est survenue au moment où précisément la charge de la dette extérieure s'accentuait (remboursements d'un énorme endettement contracté après 1977, augmentation du dollar) ; le ratio du service de la dette (service de la dette/valeur des exportations) est passé de 17,5 % en 1979 à 25 % en 1980 et à 41 % en 1983. L'État étant pris dans un étau financier, et dans un contexte où les impératifs de remboursement priment (le rééchelonnement d'une partie de la dette a du être sollicité, mais les contraintes monétaristes des deux programmes d'ajustement structurel négociés avec le FMI, 1981-1983 et 1984, demeurent), les finances publiques ont considérablement évolué, et en particulier le budget spécial d'investissement et d'équipement (235 milliards de FCFA réalisés en 1982, soit moins qu'en 1977 en francs courants, et 130 milliards de FCFA prévus dans la loi de finances 1985), qui a régressé de façon aussi spectaculaire à partir de 1981 qu'il avait progressé en 1977 (64). Or, ce budget est l'un des moteurs du dynamisme économique suscité par l'État client et lancé par l'État entrepreneur. Le « modèle ivoirien » a donc été mis en question, même si des signes de redressement ont été perceptibles en 1984 et si le PIB a de nouveau augmenté en termes réels en 1985 : les conditions de son bon fonctionnement sont-elles encore réunies ?

A l'intérieur d'abord, l'espace disponible s'est raréfié et l'extension du système d'économie de plantation villageoise n'est guère concevable sur le long terme, d'autant plus que la mobilisation de la force du travail, en particulier celle des manœuvres étrangers, devient difficile alors que les conflits fonciers (autochtones-allochtones, jeunes-adultes-vieux) se multiplient : avec l'amenuisement des réserves foncières disparaissent autant de soupapes de régulation sociale. L'intensification, c'est-à-dire l'accent mis sur la productivité du sol plus que sur celle du temps de travail, implique une mobilisation rapide des sociétés rurales, dont les logiques sociales ne sont pas, loin de là, celles de l'agronomie contemporaine. Or, une meilleure intégration dans le marché mondial, hors café-cacao, dont il faut diminuer le poids relatif, passe en grande partie par la plantation industrielle et par l'encadrement permanent de paysans producteurs compétitifs. Le maintien de l'ouverture à l'extérieur et de la soumission à un marché international recherché pour l'exportation, mais aussi concurrentiel à l'impor-

---

(64) En francs courants, (milliards de FCFA) : 60,1 (1976), 245,0 (1977), 246,2 (1978), 292,7 (1979), 256 (1981), 235,2 (1982), 224 (1983), 150 (1984) (il s'agit des *réalisations* et non des prévisions des lois de finances).

Tableau 3

La Côte-d'Ivoire dans la conjoncture (1981-1985) : synthèse des principaux indicateurs disponibles en 1986

	Rappel 1980	1981	1982	1983	1984	1985
PIB courant (milliards de FCFA)	2 149	2 291	2 495	2 649	2 800	2 996 (p)
Variation PIB réel (%)	+ 5,2	+ 0,2	– 2,9	– 4,1	3,6	+ 1 à + 3 (p) + 5 (e)
Importations CAF (milliards de FCFA)		663,0	718,6	704,2	611,0 (p) 658,6 (r)	577 (p)
Exportations FOB (milliards de FCFA)	636,6	689,0	747,5	796,8	1 040 (p) 1 184 (r)	1 121 (p)
Balance commerciale (milliards de FCFA) FOB/FOB	nd	+ 183,2	+ 199,0	+ 243,0	+ 393 (p)	+ 604 (p)
CAF/FOB	+ 84,3	+ 26	+ 28,9	+ 92,6	+ 527,7 (r)	nd
Balance des paiements courants (milliards de FCFA) (1)	– 385,7	– 383,2	– 363,0	– 385,0	– 266,0 (p) – 15,0 (r)	– 277,0 (p) nd
Balance des paiements (milliards de FCFA)	– 172,5	– 119,2	– 48	– 229	– 192 (p) + 124 (e)	– 170 (p) nd
Dette extérieure publique totale (milliards de FCFA) (2)	1 265,1	1 826,8	2 196,5	2 626,1	—	—
Dette extérieure déboursée (1)			1 697,0	1 905,0	2 316	2 400
Dette extérieure déboursée/PIB (%)			64	72	83	82
Service de la dette/export (%) A			76 (p)	82 (p)	79 (p)	60 (p)
B	24,5	28	32,5	41,1	22,7 (p)	nd

(p) = prévisions ; (e) = estimation ; (r) = réalisation. (1) BFCE. (2) CAA A = rééchelonnement
B = après rééchelonnement

Sources : Banque française du commerce extérieur, *Actualités,* oct. 1985. Caisse autonome d'amortissement, Abidjan. Lois de finances 1985 et 1986.

tation pour certains produits nationaux, rend inéluctable la question de la compétitivité (on le constate bien pour le riz), donc de la productivité, comme d'ailleurs celle des critères de fixation des prix agricoles par l'État. Le même problème est posé à la seconde génération d'industries, en particulier textiles, dont les produits subissent une vive concurrence sur les marchés européens et dont les avantages comparatifs sont loin d'être évidents. La dégradation de la situation financière entre 1978 et 1984 conduit ainsi à s'interroger sur la logique de l'économie d'exportation : l'accumulation des ressources en période de prospérité masque souvent le maintien de la dépendance extérieure ; il y a bien croissance dans la dépendance, mais la première ne peut éliminer la seconde et n'apparaît pas comme une condition suffisante pour s'en affranchir. De plus, la réaffectation d'une partie de ces ressources à la consolidation de l'appareil d'État, à l'investissement en capital industriel et en infrastructures lourdes et nécessaires que le pays n'a pas les moyens de mettre en place seul, pose des problèmes à la fois de distribution du revenu (la rente extraite du travail paysan ne retourne qu'en partie aux campagnes et profite surtout à la bourgeoisie d'État) et d'aggravation de la dette extérieure, l'emprunt garanti étant gagé sur des recettes d'exportation fluctuantes. Enfin, lorsque la saturation foncière est proche, les choix entre cultures d'exportation et cultures vivrières deviennent difficiles. Le « modèle ivoirien » est donc confronté à une conjonction de problèmes intérieurs et extérieurs dont les effets négatifs sont synchrones et cumulatifs, à l'image, mais à un degré moindre, du Ghana des années soixante-cinq. Toute la question est de savoir s'il est possible d'y faire face dans le cadre des choix fondamentaux de l'indépendance, ou s'il faut totalement repenser une stratégie de développement trop dépendante des marchés extérieurs, les inconvénients de l'ouverture pouvant l'emporter sur les avantages. La réponse est d'autant plus difficile à élaborer que toutes les expériences africaines de repliement et les tentatives de croissance dite « autocentrée » à l'échelle d'un seul État ont échoué. Pour distribuer du revenu, il faut d'abord produire et accumuler, et cela n'est pas envisageable sans recourir aux échanges avec un extérieur qui ne peut être, dans l'immédiat, que celui du marché des pays capitalistes industrialisés, sauf pour certains produits commercialisables en Afrique de l'Ouest (encore que la solvabilité des partenaires de la CEAO et de la CEDEAO ne soit pas évidente). Il est clair qu'une des conditions de l'affranchissement de la dépendance actuelle de la Côte-d'Ivoire, c'est la formation de marchés africains et l'apparition d'un processus de croissance généralisé et cumulatif à l'échelle ouest-africaine en particulier ; il est non moins clair que cela ne se produira pas sur le très court terme, et que l'État ivoirien, quelle que soit sa nature, doit faire face à une réalité difficilement contournable.

III. L'EXPLOSION URBAINE ET LA QUESTION DE L'ACCUMULATION DIFFÉRENTIELLE À ABIDJAN

Le fonctionnement du « modèle ivoirien » est étroitement lié à un puissant dynamisme démographique : la population du pays a doublé entre les années 1920 et 1955, puis à nouveau entre 1955 et 1975 et doublera encore probablement en dix-sept ans entre 1975 et 1992, atteignant à cette date à peu près 13,5 millions d'individus. Cette croissance accélérée procède d'abord, comme partout en Afrique noire, d'une augmentation de l'accroissement naturel (+ 2,1 % en 1962-1964, + 3,1 % en 1978-1979) consécutive au maintien d'une forte fécondité et à la baisse des taux bruts de mortalité (65). Mais plus que partout en Afrique occidentale, la croissance démographique résulte aussi d'une immigration intense et complexe. Les migrations internationales constituent en effet une composante majeure de l'accroissement de population : le taux net de migration est estimé à 1,3 % en 1978-1979, le solde net des mouvements migratoires a été d'environ 450 000 personnes entre 1976 et 1980, et les étrangers représentent le quart de la population du pays. La croissance démographique (66) est accompagnée d'une véritable explosion urbaine (tableau 4). Quels que soient les seuils numériques et les définitions adoptées (67), c'est un changement d'échelle radical qui affecte l'urbanisation. A l'indépendance, on dénombrait 10 villes de plus de 10 000 habitants ; il y en avait 20 en 1965, 44 en 1975 et, aux rythmes actuels de croissance connus, il y en aura probablement 200 à la fin du siècle. En l'an 2000, 11 villes auront dépassé les 100 000 habitants. En apparence, le poids relatif d'Abidjan par rapport à la population totale et à la population urbaine n'a cessé de croître (tableau 5). Il convient cependant d'être mesuré dans l'appréhension d'un phénomène trop souvent décrit comme l'archétype de la « ma-

---

(65) En 1978-1979, taux brut de natalité : 48,0 ‰ (rural : 47,9 ‰ urbain : 50,7 ‰) ; taux brut de mortalité : 17 ‰ (rural : 20,0 ‰, urbain : 14,0 ‰).

(66) Sans doute ralentie pendant la « conjoncture ». D'après le recensement électoral (1984), le taux de croissance n'aurait été que de + 2,9 % en 1979 et 1984.

(67) Qui expliquent les disparités de données selon les sources.

crocéphalie » : à définition constante de la ville (seuil de 5 000 habitants), il apparaît d'une part que l'augmentation du nombre des villes a contribué pour un tiers à la croissance de la population urbaine, d'autre part, que le poids relatif d'Abidjan est remarquablement constant et s'établirait autour de 40 % depuis 1936 (F. Dureau, 1985) ; les villes « de l'intérieur » du pays auraient donc participé au moins autant que la métropole ivoirienne à la vague d'urbanisation. Si le débat peut être considéré comme ouvert sur la question de l'accroissement du poids relatif de la concentration abidjanaise, il demeure qu'il y a bien concentration. Ces remarques conduisent à formuler plusieurs interrogations : pourquoi y a-t-il eu accumulation des hommes dans les villes ? En quoi les processus d'urbanisation sont-ils liés à la croissance économique et au fonctionnement du « modèle ivoirien » ? Pourquoi y a-t-il eu concentration et accumulation différentielle dans l'espace en particulier au bénéfice d'Abidjan ?

Plusieurs réponses peuvent être apportées à l'examen du fonctionnement de l'économie d'exportation et de la construction de l'État ivoirien. A l'époque précoloniale, il y avait peu de villes : quelques cités marchandes dans le nord soudanais, bases privilégiées des grands négociants malinké et dioula (Kong, Mankono, Séguéla, Odienné, Bouna, Bondoukou, Marabadiassa) et des foires de troc, sans « structure urbaine (68) », jalonnant la périphérie du pays baoulé, où s'arrêtaient les commerçants étrangers, et ponctuant le littoral, où les populations côtières vendaient l'huile de palme. C'est donc de la trame urbaine mise en place par le colonisateur que l'État indépendant va hériter. Le quadrillage colonial avait une double fonction : assurer le contrôle politique et administratif du territoire par un maillage hiérarchisé (postes, chefs-lieux de subdivision, chefs-lieux de cercle, capitale) dont chaque élément témoignait de l'emprise de l'administration centrale ; contribuer au fonctionnement du système de traite en favorisant l'échange et les activités commerciales, un des éléments fondamentaux de l'établissement et du développement des cités étant l'évolution des systèmes de collecte, de redistribution et de transports. Au lendemain de la Seconde Guerre mondiale, « le processus d'urbanisation est largement engagé : Abidjan compte 50 000 habitants, Bouaké 24 000, et 11 centres ont entre 4 000 et 10 000 habitants (Katiola, Ferkessédougou, Agboville, Mankono, Bondoukou, Daloa, Grand-Lahou, Grand-Bassam, Dabou,

---

(68) A.M. Cotten, Y. Marguerat, « Deux réseaux urbains africains : Cameroun et Côte-d'Ivoire », *Cahiers d'outre-mer*, n° 116, pp. 348-385, et n° 117, pp. 348-382.

Tableau 4

Croissance de la population urbaine (1921-1990)

Année	*Population urbaine* (1)	*Population urbaine* / *Population totale*	*Période*	*Tx d'accroissement annuel moyen*
1921	32 000	2,1 %	1921-1932	+ 4,6 %
1932	50 000	2,9 %		
1948	186 000	8,9 %	1932-1948	+ 8,0 %
1955	330 000	12,9 %	1948-1955	+ 8,5 %
1958	493 000	15,4 %	1954-1965	+ 11,5 %
1965	980 000	24,5 %		
1975	2 146 300	32,0 %	1965-1975	+ 8,1 %
1978	2 740 956	36,4 %	1975-1980	+ 8,8 %
1980	3 272 000	39,6 %		
1983 (2)	3 950 000	42,5 %	1980-1985	+ 8,0 %
1985 (3)	4 815 000	47,3 %		
1990 (3)	6 897 000	54,9 %	1985-1990	+ 7,5 %

(1) Définitions de l'« urbain » spécifique à chaque date.
(2) Estimation.
(3) Projections.

Source : *Population de la Côte-d'Ivoire, analyse des données démographiques disponibles,* direction de la Statistique, ministère de l'Économie et des Finances, 1984.

Tableau 5

Croissance de la ville d'Abidjan (1912-1983)

Année	*Population*	*Taux d'accroissement annuel moyen*	*Pop. Abidjan / Pop. totale*	*Pop. Abidjan / Pop. urbaine*
1912	1 400		0,3 %	21 %
1920	5 370	1912-1934 + 12,0 %		
1934	17 000			
1945	46 000	1934-1955 + 10,0 %		
1950	65 000		3 %	29 %
1955	125 000		—	32 %
1960	180 000	1955-1963 + 9,3 %		
1963	254 000		7 %	33 %
1970	550 000	1963-1975 + 11,6 %	10 %	38 %
1975	951 000		14 %	44 %
1978	1 269 000	1975-1978 + 10,3 %	17 %	46 %
1983 (estim.)	2 000 000	1978-1980 + 10,6 %	21 %	51 %

Source : Direction de la Statistique.

Korhogo, Odienné). Bouaké compris, la majorité des centres urbains se trouve donc, à cette époque, "en savane" (69) ». Avec l'ouverture du canal de Vridi, le « boom café » et le développement de l'économie de plantation, accentué par les choix fondamentaux de l'indépendance, le processus d'urbanisation va être accéléré : l'inégalité de répartition est alors renversée au bénéfice des aires forestières, à tel point qu'en 1975 ces dernières regroupaient plus de deux villes sur trois et 62 % de la population urbaine. C'est entre 1955 et 1965 que « l'augmentation du nombre des villes a eu l'impact le plus fort sur l'augmentation de la population urbaine » (F. Dureau, 1985). Entre ces deux dates, la population urbaine s'est accrue en moyenne de 10 % par an, 11,5 % selon d'autres sources (70), avec de fortes inégalités : + 10,5 % pour Abidjan, + 7,5 % pour Bouaké, + 10 % pour les quatre villes moyennes de plus de 20 000 habitants (Daloa, Man, Korhogo, Gagnoa), + 10 % pour les centres urbains forestiers de moins de 20 000 habitants contre + 5,5 % seulement pour ceux des savanes septentrionales (Schéma national d'aménagement du territoire, 1978). En 1965, selon la définition retenue, on dénombrait 38 localités urbaines. Les données du recensement de 1975 (les villes sont alors définies commes les agglomérations de plus de 10 000 habitants et celles de plus de 4 000 habitants où moins de 50 % des chefs de ménage sont occupés dans l'agriculture, avec trois exceptions), les estimations de 1980 et les projections contenues dans le plan quinquennal 1981-1985 confirment le dynamisme de l'urbanisation, même si le taux de croissance moyen annuel a fléchi entre 1965 et 1975 (+ 8,6 % ou 8,1 % selon les sources).

Tableau 6

Histogramme des localités classées par taille, projeté en 1985

	1965	1975	1985
2 000 - 5 000 h.	147	314	608
5 000 - 10 000 h.	36	50	87
+ de 10 000 h.	20	46	91

Source : *Plan quinquennal 1981-1985,* tome II, vol. II, Politiques urbaines, p. 699.

(69) *Schéma national d'aménagement du territoire..., op. cit.*, tome I, p. 170, chiffres de 1948.

(70) *Population de la Côte-d'Ivoire, op. cit.*

Ce fléchissement a été accompagné de modifications dans les rythmes de croissance au sein de l'armature urbaine (tableau 7).

L'analyse de l'évolution de la population urbaine entre 1965 et 1975, opérée par les rédacteurs du Schéma national d'aménagement du territoire, est révélatrice.

Tableau 7

Évolution de la population urbaine 1965-1975

	Forêt total	*%*	*Savane total*	*%*	*Total*	*%*
Abidjan 1975 Abidjan 1965	961 500 340 000	+ 11			961 500 340 000	+ 11
Bouaké 1975 Bouaké 1965			167 000 85 000	+ 7	167 500 85 000	+ 7
Villes de + de 30 000 h. (1) 1975 1965	284 540 130 100	+ 8,1	78 700 39 000	+ 7,3	363 000 164 100	+ 7,9
Villes de – de 30 000 h. 1975 1965	497 200 261 400	+ 6,6	169 500 89 800	+ 6,6	666 700 359 200	+ 6,6
Total 1975 1965	1 473 100 733 500	+ 9,0	415 900 211 800	+ 7,0	2 158 800 945 300	+ 8,6

(1) Daloa, Man, Korhogo, Gagnoa, Yamoussoukro, Divo, San-Pedro, Dimbokro, Abengourou, dans l'ordre respectif.

Source : *Schéma national d'aménagement du territoire, op. cit.*, p. 172.

Alors qu'Abidjan et, à une moindre échelle, Bouaké ont des taux de croissance comparables à ceux de la décennie antérieure, les « villes moyennes » (+ de 20 000 habitants en 1965, + de 30 000 habitants en 1975) ont perdu une partie de leur dynamisme (mis à part les cas très spécifiques de San-Pedro et Yamoussoukro), tout comme les localités du Sud-Est forestier, ce qui contraste avec les forts taux de croissance des villes à l'ouest du Bandama (plus de 10 % par an à Oumé, Sinfra, Issia). Cette évolution est caractéristique d'un schéma bien vérifié dans les aires forestières : émergence rapide de quelques villes moyennes, puis diffusion du peuplement concentré au détriment des centres précédents, enfin ralentissement et uniformisation des rythmes.

En dépit des nombreuses confusions et des difficultés d'interprétation pour certaines agglomérations, liées aux changements de définition, aux variations des cadres spatiaux de dénombrement (limites administratives fluctuantes) et à la crédibilité des recensements, l'urbanisation demeure un phénomène majeur de la Côte-d'Ivoire contemporaine : entre 1950 et 1975, le nombre de villes de plus de 10 000 habitants a été multiplié par 9, et la population qui y réside a été multipliée par 15 ; à l'horizon 2000, plus de 60 % des habitants résideront en ville.

L'organisation urbaine actuelle, largement calquée sur l'héritage du semis des postes coloniaux, résulte d'abord et avant tout du processus ivoirien de croissance. Le bon fonctionnement de l'économie d'exportation repose en effet sur un encadrement efficace du monde rural, permettant d'assumer une triple fonction de services indispensables à la production agricole (distribution et entretien des intrants, circuit monétaire), de collecte des produits commercialisés et d'échange avec les produits manufacturés dans le cadre d'une économie de plus en plus monétarisée. C'est donc en grande partie de l'échange que procède le dynamisme des cités ivoiriennes, la croissance des revenus monétaires agricoles (+ 67,9 % en francs constants par tête entre 1960 et 1978, — 24,8 % entre 1978 et 1983, + 26,9 % entre 1960 et 1983, soit en moyenne + 1,04 % par an) favorisant le dégagement de ressources et le développement de besoins en biens manufacturés et en services élémentaires dont les distributeurs (petits marchands, commerçants dioula ou libanais) sont basés en ville. L'armature urbaine ivoirienne peut apparaître, schématiquement, comme un réseau de lieux intermédiaires entre les aires de production agricole et l'exutoire principal que constitue le port d'Abidjan, les inégalités de croissance relevant alors essentiellement de l'évolution des modalités de l'échange : villes de la forêt dynamisées par l'environnement rural et l'économie de plantation, villes du chemin de fer marginalisées par l'amélioration du réseau routier, concentration sur Abidjan des infrastructures principales et des services auxiliaires du grand commerce d'import-export. Mais les villes ne sont pas seulement les rouages du système de commercialisation : ce sont des éléments fondamentaux du contrôle territorial exercé par l'État dans le processus de construction nationale, caractérisé par la recherche permanente de l'unité autour du pouvoir central. Ces relais de l'unité politique résultent de la mise en place d'une structure administrative de plus en plus fine : 6 grands départements et 113 sous-préfectures en 1965,

29 départements et 159 sous-préfectures en 1976, 34 départements et 162 sous-préfectures en 1984 (71). L'organisation urbaine est donc tout autant le produit du volontarisme d'État que du dynamisme économique comme en témoignent les villes nouvelles (San-Pedro et Yamoussoukro) et les actions de régionalisation de l'appareil industriel destinées à redynamiser les villes du chemin de fer ou les cités proches des complexes agro-sucriers. Produits de l'échange et de l'action étatique, les villes sont ainsi les lieux privilégiés du marché de l'emploi dit « moderne », fourni par les entreprises enregistrées à la Centrale des bilans et tenant une comptabilité statistiquement exploitable. La fonction mobilisatrice en force de travail de l'emploi « moderne » est liée, dans un système où la monétarisation s'amplifie, au revenu distribué ; or les revenus monétaires procurés par les emplois urbains sont plus élevés que ceux issus des activités agricoles. En 1978, la rémunération moyenne mensuelle par actif était de 39 000 FCFA à Abidjan, de 28 800 FCFA dans les autres villes et de moins de 6 700 FCFA dans les zones rurales (72). Les comparaisons demeurent certes difficiles (autoconsommation de produits vivriers dans les villages, dépenses indispensables à la reproduction moindres, comme le loyer), mais dans une économie marchande où l'accès à l'argent devient une nécessité vitale, les villes, pourvoyeuses d'emplois « modernes » procurant un revenu constant, constituent des lieux spécifiques d'attraction et de drainage des populations rurales en quête de numéraire. Toutes activités confondues (activités dites « modernes » et informelles »), c'est le secteur des services qui est de loin le plus important, regroupant plus de la moitié des actifs et les trois quarts des rémunérations.

En ne considérant que les seuls emplois dits « modernes » (73), on constate également que le tertiaire, et en particulier le tertiaire public, demeure le principal fournisseur d'emploi.

On constate surtout une concentration des activités et des emplois dits « modernes » à Abidjan, qui fournissait, en 1975, 90 % de la valeur ajoutée du commerce « moderne », 80 % de celle du secteur tertiaire, 65 % de celle du secteur secondaire, béné-

(71) 15 nouveaux départements ont été créés en 1985, ce qui porte à 49 le nombre de préfectures ivoiriennes. Les départements comprenant une seule ancienne sous-préfecture feront l'objet d'un découpage ultérieur.

(72) Ces données incluent le revenu des aides familiaux et des apprentis. Les actifs réellement rémunérés percevaient 44 470 FCFA à Abidjan et 43 510 FCFA dans les secteurs non agricoles des villes de l'intérieur (enquête budget-consommation, département de la Statistique, juin 1980).

(73) Utilisée par commodité d'écriture, cette terminologie demeure contestable : l'artisanat non recensé n'est pas moins « moderne » qu'une usine, sa forme de modernité est autre.

Tableau 8

Pourcentage des actifs selon les secteurs d'activités (1978)

	*Villes de l'intérieur**		*Grand Abidjan*	
Secteur	% des actifs	% des revenus	% des actifs	% des revenus
Primaire	20,3	4,3	1,4	1,0
Secondaire	26,3	21,0	31,5	24,7
Tertiaire	53,4	74,7	67,1	74,3

Source : Pré-enquête budget-consommation, 1978.

* Expression utilisée en Côte-d'Ivoire et désignant l'ensemble des villes à l'exception de l'agglomération d'Abidjan ; six villes sont pourtant localisées sur le littoral.

Tableau 9

Nombre d'emplois urbains selon le secteur (1978)

	Moderne	*Informel*	*Total*
Primaire	8 863	77 414	86 277
Secondaire	114 600	130 820	245 420
Tertiaire	246 800	266 260	513 060
Total	370 263	474 494	844 757

Source : Pré-enquête budget-consommation, 1978.

ficiait de 40 % de la formation brute de capital fixe et générait 50 % de la consommation finale commercialisée des ménages. En 1978, la métropole ivoirienne regroupait 62,7 % des emplois des secteurs secondaires et tertiaires « modernes », et la répartition des actifs par statut montrait le poids considérable, et unique en Côte-d'Ivoire, des effectifs de salariés (59,7 % des actifs contre 33,20 % dans les villes de l'intérieur). Le fonctionnement du système productif inventorié a donc largement bénéficié à l'entonnoir que constitue la capitale économique, laquelle apparaît ainsi comme un lieu privilégié de manifestation de la croissance économique générale, bénéficiant d'une accumulation préférentielle des moyens de production, des services et des hommes. La concentration des activités dites « modernes », et plus particulièrement celle de l'appareil de production industrielle, est souvent présentée comme naturelle et inéluctable. C'est de la composition même de cet appareil, constitué d'établissements d'import-substitution ou de valorisation des productions nationales pour l'exportation, qu'on tire généralement argument pour postuler des évidences : puisque l'utilisation du port est nécessaire à l'approvisionnement des usines où à l'exportation des produits finis ou semi-finis, la localisation portuaire « s'imposerait » comme la meilleure solution d'autant plus qu'Abidjan, par sa taille de métropole, constitue un marché de premier ordre pour les produits manufacturés, tout en disposant de terrains industriels aménagés dont les équipements fonctionnent bien. Or, des travaux menés sur les facteurs de localisation (74), il ressort que c'est moins l'immédiate proximité du port que le caractère de place centrale d'Abidjan qui apparaît comme un atout décisif pour le fonctionnement quotidien de l'activité manufacturière, et que cet atout est bien perçu comme tel par les responsables des unités de production. « Marché » et « services » sont classés en tête de toutes les contraintes absolues ou déterminantes d'installation, mais la notion de « marché » ne peut être réduite au seul volume des ventes destinées à la consommation de l'agglomération abidjanaise. Toute analyse du marché doit nécessairement, d'une part prendre en compte l'organisation du système de distribution à l'échelle nationale, tant en aval qu'en amont de la production industrielle, d'autre part être mise en relation avec le niveau et la hiérarchie des services dont est pourvue la ville. Tous les réseaux de distribution des grossistes et demi-grossistes partent d'Abidjan ; là sont localisés les éléments fondamentaux de la gestion et de l'activité répartitrice (sièges sociaux, dépôts et entrepôts, garages). Plus généralement, la centralisation du grand commerce sur Abidjan, l'inefficacité et les carences du système de distribution vers l'intérieur, en particulier pour les pièces détachées, confortent les industriels dans l'idée que la métropole ivoirienne demeure le meilleur lieu d'investissement. Or, toutes les autres caractéristiques de la centralisation fonctionnent selon les mêmes règles : on recherche la proximité des centres de décision du système bancaire, car c'est au sommet et directement que sont négociés crédits et financements, d'autant plus que les prêts avalisés par l'État sont nombreux ; c'est encore à Abidjan que sont passés les marchés publics, dont l'importance est considérable, dans des conditions où les réseaux de rela-

(74) A. Dubresson, *Les zones industrielles d'Abidjan I. Nature et localisation du parc manufacturier*, centre de Petit-Bassam, MPI 1983, 117 p.

tions personnelles l'emportent souvent sur la véritable concurrence ; enfin, la proximité immédiate du pouvoir politique et la possibilité de fréquenter assidûment les ministères, les sociétés ou les organismes publics ou parapublics sont de puissants atouts en faveur de la ville et sont bien perçus comme tels par les dirigeants d'entreprise. La preuve *a contrario* du rôle clé des fonctions de place centrale n'est-elle pas dans l'inertie industrielle du port de San-Pedro, où l'inauguration d'une minoterie et d'une usine de broyage de clinker ne saurait faire oublier que les investissements productifs réalisés à Abidjan demeurent sans commune mesure avec les modestes résultats obtenus dans le Sud-Ouest, pourtant doté d'une excellente infrastructure portuaire ? Le port est certes un outil nécessaire au fonctionnement de la majorité des établissements manufacturiers du pays, mais la proximité de cet outil n'apparaît nullement, aujourd'hui, comme une condition absolue et nécessaire de l'activité. C'est donc sur les dimensions historiques de la centralité qu'il faut s'interroger pour rendre compte des localisations industrielles, de la concentration des grands établissements commerciaux et, à un degré moindre, des emplois procurés par le secteur tertiaire public (Abidjan ne regroupant que 46 % des fonctionnaires). Certes, l'héritage colonial pèse lourd : c'est bien dans la fonction de relais assignée aux villes conçues comme de simples rouages de la traite que se trouve la genèse du phénomène. Mais la centralité n'a cessé d'être renforcée depuis l'indépendance et les règles du jeu qui en dérivent ont continuellement favorisé une ville, qui fut, dès les années soixante, appréhendée tant par les responsables nationaux que par les investisseurs étrangers comme un « pôle de croissance » qu'il fallait affermir et sur lequel il fallait s'appuyer en priorité. On peut considérer que le processus de construction d'une nation implique l'existence d'un pouvoir d'État fort et d'un appareil d'État centralisé : dans un pays où l'intervention étatique et l'investissement public constituent des facteurs essentiels de la croissance économique, la concentration géographique des attributs de la centralisation n'est plus que le corollaire d'un choix fondamentalement politique. Dès lors, il est vain de rechercher les causes profondes de la concentration des emplois salariés dans le simple effet mécanique de l'existence d'un port : ce sont bien les stratégies conduites par le pouvoir d'État (75), dont découlent les règles du jeu de la production, qui

(75) Ce qui renvoie à la nature sociale du pouvoir d'État et à la composition du groupe dirigeant (« classe » ?), aux contradictions et aux conflits internes entre groupes et individus maîtrisant l'appareil institutionnel.

sont en cause, ainsi que la perception de ces règles par les investisseurs. On ne peut affirmer, à cet égard, qu'en 1987 les mentalités et les comportements nés de l'ancienne traite, privilégiant une organisation pyramidale et centralisée dont Abidjan est à la fois le témoin et l'instrument, aient réellement disparu, même si les fonctions de capitale politique et administrative ont été symboliquement transférées à Yamoussoukro depuis le 21 mars 1983 (les ministères sont toujours à Abidjan). En ce sens, la ville apparaît bien comme un produit d'une stratégie de développement ayant dynamisé des structures antérieures sans pour autant en avoir éliminé les fondements ni évacué l'imaginaire.

Le processus de peuplement des villes ne peut toutefois être réduit aux seules conséquences de la création d'emplois salariés sur les migrations. Dans l'ensemble des villes de Côte-d'Ivoire, la majorité des emplois ne relevait pas, en 1978, du secteur dit « moderne » et la répartition des actifs par statut montrait que les salariés étaient minoritaires, et bien moins nombreux, sauf à Abidjan, que les travailleurs indépendants.

Tableau 10

Répartition des actifs urbains par statut

	Villes de l'intérieur	*Abidjan*
Patrons	1,8 %	1,1 %
Salariés	33,2 %	59,7 %
Indépendants	48,7 %	30,4 %
Aides familiaux	6,8 %	2,2 %
Apprentis	9,5 %	6,6 %

Source : Pré-enquête budget-consommation, 1978.

Jusqu'en 1978, la croissance de la population urbaine semble avoir été accompagnée d'une importante augmentation des emplois « non salariés », tant dans le domaine de l'artisanat de production que dans celui des commerces et des services : plus de la moitié des emplois urbains du pays sont fournis par des établissements artisanaux, sédentaires ou non, surtout dans les « villes de l'intérieur » (56,9 % des emplois non agricoles sont classés dans la catégorie « secteur traditionnel ») ; à Abidjan, où sont pourtant regroupés 62,7 % de la totalité des emplois urbains du secteur dit

« moderne », la part fournie par l'artisanat est proche de 50 %. Quelles que soient la diversité des appellations et les difficultés à « nommer » et à produire des catégories d'analyse pertinentes, mal ou pas du tout appréhendées par la comptabilité nationale, il est clair que ce sont les petits établissements artisanaux et commerciaux, au sujet desquels un vif débat est engagé (76), qui procurent le plus grand nombre d'emplois urbains. Quelles que soient les explications théoriques disponibles, force est de constater que ces activités contribuent, d'une part à la fourniture des biens et des services nécessaires, à des prix accessibles, à la majorité de la population citadine, et d'autre part à la formation d'un marché de l'emploi essentiellement non salarié — mais la notion de « salaire » est controversée (77) —, sans doute lié à la croissance de la population et dans lequel l'insertion n'est ni difficile ni trop onéreuse, mais souvent précaire. On ne dispose pas de données très récentes sur l'emploi urbain, ni d'éléments permettant de mesurer les effets de la crise économique sur l'évolution du marché global de l'emploi. Les estimations de la direction de l'Emploi permettent néanmoins de dresser un bilan dans le secteur dit « moderne » : 40 000 emplois ont disparu entre 1980 et 1983, toutes les branches d'activité (sauf la fonction publique) étant touchées, plus particulièrement le BTP, qui a perdu plus de la moitié de ses effectifs, soit 27 300 emplois (– 7,5 % à – 11,5 % pour les autres activités), et les offres d'emploi se sont effondrées.

Compte tenu de la concentration de ce type d'emplois dans la capitale économique, c'est à Abidjan que les conséquences de la récession ont évidemment été les plus graves : en 1987, les emplois artisanaux y sont probablement plus nombreux que ceux fournis par les établissements répertoriés.

La récession a-t-elle pour autant provoqué, sinon l'arrêt, du moins le tassement de la croissance démographique d'Abidjan, par la diminution du nombre de migrants, voire le retour vers les lieux d'origine ou le départ vers d'autres lieux de citadins directement touchés par la crise de l'emploi ? Pour répondre à cette question, il faudrait pouvoir conduire une analyse critique des conditions d'obtention des résultats du dernier recensement électoral (1984), attribuant moins d'1,7 million d'habitants à la métropole ivoirienne (78). Il faudrait surtout être en mesure de répondre à une

---

(76) Voir en particulier I. DEBLÉ et P. HUGON, *Vivre et survivre dans les villes africaines*, Paris, IEDES, PUF, 1982, 310 p.

(77) B. LOOTVOET, *Artisanat et commerce autour d'un complexe industriel : données économiques sur Agboville et Dimbokro*, ORSTOM, centre de Petit-Bassam, 133 p.

(78) 1 654 000 habitants d'après le décompte contrôlé par la direction de la Statistique.

question fondamentale : le processus d'urbanisation, en Côte-d'Ivoire comme ailleurs en Afrique de l'Ouest, ne relève-t-il pas en réalité d'une complexité plus grande que la simple quête de numéraire sur un marché du travail distributeur de revenu ? Les comportements migratoires d'épargne, dans lesquels la ville est considérée comme un simple lieu d'opportunité, favorable aux déploiements et à la mise en œuvre de stratégies familiales ou individuelles dont les objectifs sont clairement localisés ailleurs, sont suffisamment connus pour qu'on n'en détaille pas le contenu et les implications. Leur existence pose néanmoins le problème de la citadinisation : comment des migrants en quête d'épargne réagissent-ils lors de la perte de leur emploi, instrument de réalisation d'une stratégie souvent élaborée ailleurs qu'en ville ? Mis au chômage ou ballottés dans une condition d'apprenti ou d'artisan faite d'instabilité et de précarité, sont-ils pour autant conduits à quitter Abidjan, et pour quelle destination ? En dépit de la crise de l'emploi et de la baisse du revenu urbain par tête depuis 1978, la croissance démographique continue, sans doute à un taux moindre que les 10 % antérieurs, et des migrants arrivent toujours à Abidjan. Compte tenu du poids des étrangers, ces arrivées ne peuvent être analysées qu'à l'échelle d'un bassin migratoire international. C'est ce qui rend précisément difficile la réponse à la question de la citadinisation : d'une part, Abidjan, même « conjoncturé », demeure un lieu de distribution de revenus effectifs ou potentiels, recherché ou imaginé, sans équivalent ailleurs, en particulier pour les populations des pays sahélo-soudaniens ; d'autre part les migrants ivoiriens ne lient pas nécessairement le problème de leur devenir dans la ville à la seule question du gain monétaire. La perception et le vécu de la condition citadine sont infiniment plus complexes que le seul rapport à l'emploi et au revenu : Abidjan est aussi pour beaucoup de migrants un lieu du possible et de l'espoir, permettant d'échapper aux contraintes de la vie quotidienne au village et à une régulation sociale souvent contrôlée par les anciens (J.-P. Dozon, 1985 - F. Verdeaux, 1981) ; paradoxalement, c'est peut-être aussi le lieu où précisément certains espèrent jeter des bases permettant de mieux assumer la reproduction sociale au village en confortant par exemple des positions établies, où d'autres, inversement, tentent d'instaurer des stratégies contre-

---

Si ce résultat est crédible, cela signifie que le taux de croissance est passé de + 10 % par an entre 1963 et 1979 à + 3,1 % par an entre 1979 et 1984 sous les effets conjugués d'une pause dans l'exode rural, du ralentissement de l'immigration étrangère et d'éventuels départs de nationaux ; mais, d'après une enquête sur les revenus, la population serait voisine de 2 130 000 habitants en 1985.

disant l'ordre villageois ou visant à le modifier. L'agglomération abidjanaise peut être considérée comme un refuge ou un lieu spécifique permettant la manifestation de diverses formes d'indépendance. Tel semble être le cas des jeunes ou de descendants de captifs du pays baoulé pour lesquels le désir d'échapper, au moins pour un temps, aux contraintes villageoises, est souvent à l'origine des migrations ; tel est surtout le cas des femmes baoulé qui échangent contre du numéraire « et en dehors de toute institution matrimoniale, des services sexuels et les services domestiques qui leurs sont généralement associés (79) ». Mais la ville est aussi une base d'actions contradictoires, lancées par des individus et des groupes de migrants pour lesquels les véritables enjeux sont peut-être situés dans la région d'origine. Que ce déploiement passe par l'accès au système de production et de distribution des richesses est une évidence, mais croire qu'il peut être réduit aux seules modalités d'accès au travail urbain conduirait à occulter des pratiques d'utilisation de la ville qu'il est indispensable de connaître pour comprendre l'ensemble du processus d'urbanisation. Comment expliquer autrement l'absence d'intérêt de la majorité de la population lors des élections législatives ou municipales à Abidjan, contrastant avec l'activisme politique manifesté dans les circonscriptions d'origine ? On pourra certes insister sur le caractère transitoire de cette situation, et s'intéresser aux futurs comportements des descendants de migrants, nés à Abidjan, et dont les liens et les relations avec les villages d'origine des parents seront sans doute amoindris. Il n'empêche que le caractère massivement migratoire de la croissance démographique et les modalités du peuplement de la ville rendent indispensable la prise en compte des rapports avec les villages, sans lesquels on ne peut comprendre les comportements et les stratégies de « citadins » dont les pratiques, le vécu et l'imaginaire réfèrent en permanence à la ville et au village (J.-P. Dozon, 1983).

Cette permanence n'est pas toujours synonyme d'un maintien des mouvements de va-et-vient entre Abidjan et les villages. Faire référence à ces derniers ne signifie pas pour autant que les visites à la famille et la redistribution d'une partie du revenu perdurent immuablement, et nombreux sont les chefs de ménage qui espacent et écourtent de plus en plus leurs séjours au village. Ceux qui ont peu de moyens ne tiennent pas à faire constater leur médiocre capacité redistributive ; ceux qui ont mieux réussi et ont, de

---

(79) P. et M. Étienne, « L'émigration baoulé actuelle », *Cahiers d'outre-mer*, n° 82, avril-juin 1968, pp. 155-195.

ce fait, pu accéder à un système de consommation en biens manufacturés vérifient le plus souvent que le maintien d'une importante redistribution locale est contradictoire avec l'individualisation croissante des dépenses urbaines, d'autant plus que les symboles de la « citadinité réussie » coûtent parfois très cher, comme la télévision, que possèdent plus de 58 % des salariés de l'industrie. La gestion d'une telle contradiction n'est jamais facile, et les formes de rappel à l'ordre sont nombreuses et quelquefois menaçantes. Les compromis sont d'autant plus nombreux que les sollicitations en provenance du village sont quasi permanentes : les funérailles, les demandes de prise en charge des dépenses de santé, la question de la scolarisation et l'hébergement de la parentèle constituent des éléments concourant à l'existence d'une redistribution continue. Quelles que soient les situations sociales et la volonté plus ou moins exprimée de prendre des distances avec le milieu d'origine, il est clair que les citadins qui vont moins souvent au village constatent qu'en revanche le village vient maintes fois à eux. Pour beaucoup, la construction d'une maison où sont hébergés les ascendants concrétise l'attachement au village, auquel on témoigne ainsi de l'intérêt tout en édifiant une demeure pour les vieux jours. Pour les plus fortunés, cette maison n'est qu'un élément d'un plus vaste dispositif territorial, incluant parfois des superficies forestières, des plantations ou un patrimoine urbain locatif.

S'il est vrai qu'on ne peut comprendre certains dynamismes urbains ou ruraux sans prendre en compte les transferts monétaires en provenance d'Abidjan, il est non moins vrai que beaucoup de citadins ne veulent plus ou ne peuvent pas transférer beaucoup. Quel que soit le cas, la référence au village vient souvent justifier la condition de citadin : en ce sens, l'accumulation continue de la population à Abidjan peut aussi être interprétée comme l'une des conséquences des stratégies et des comportements tendant au dépassement de l'ordre villageois.

CHAPITRE II

LE PROJET URBAIN ET SON ÉVOLUTION

Dans la stratégie d'exploitation des territoires coloniaux, les villes remplissent des fonctions spécifiques : elles sont une condition de l'exploitation économique et l'instrument de la domination politique. Cette logique est d'abord affirmée par la création d'un réseau de postes militaires et commerciaux jalonnant les principales voies d'évacuation des produits vers l'Europe. Avec l'installation de l'Administration et l'arrivée des cadres de la métropole, une nouvelle structuration de l'espace urbain s'impose, dans les villes existantes comme pour la construction des nouvelles cités. L'organisation du tissu urbain, qui se résumait à l'idée d'un ordonnancement général de la population autour de l'emblème du nouveau pouvoir (chef de poste ou administrateur de cercle), ainsi que l'habitat des premiers colons, qui ne se distinguait guère de celui des Africains, font progressivement l'objet de réglementations particulières (1), dont l'ensemble constitue un véritable projet urbain. La cohérence et l'évolution de ce dernier renvoient à trois questions fondamentales : pourquoi, pour qui et comment faire la ville ? Après avoir tenté d'éclairer la première interrogation en corrélant le fait urbain abidjanais à l'héritage colonial et aux choix économiques opérés par le pouvoir d'État lors de l'indépendance, nous chercherons à répondre aux deux autres en analysant l'histoire de la politique urbaine.

---

(1) P. Kipre, *Villes de la Côte-d'Ivoire, 1893-1940,* tomes 1 et 2, NEA, 1985, 238 p. et 290 p.
D. Domergue, 1978, *op. cit.*

I. LE PROJET URBAIN COLONIAL : DE L'EXCLUSION DES AFRICAINS À L'INTÉGRATION DES « ÉVOLUÉS »

1. Principes et actions de l'urbanisme colonial

La lutte contre les « fièvres » constitue un élément important d'explication de la morphologie des nouveaux centres coloniaux et d'Abidjan en particulier, où les moustiques apparaissent comme la cause principale des maladies. L'identification d'un moustique comme vecteur de la fièvre jaune date de 1881 et ce n'est qu'en 1900 que la nature virale de la maladie est confirmée, mais les premières vaccinations n'auront lieu qu'en 1931. La quinine, découverte depuis 1820, utilisée contre le paludisme, n'est employée qu'à titre curatif et non préventif. Les moyens d'une lutte réelle et efficace contre les « fièvres » sont donc tardifs et le début du XXe siècle est dominé par une recherche sur l'hygiène du site et de l'habitat (2). Les médecins qui ont suivi les expéditions coloniales construisent un savoir sur les causes de la propagation des fièvres qui privilégie les effets de l'environnement sur l'état physique et moral des hommes. Les recommandations concernent donc principalement l'assainissement du sol, la construction des maisons, les plantations d'arbres. Les conditions climatiques et topographiques sont particulièrement importantes ; la circulation de l'air, la ventilation, l'aération sont des composantes de l'hygiène. Tout ce qui est mouvement est sain et tout ce qui est stagnant est malsain : c'est la reprise des conceptions hygiénistes développées aux XVIIIe et XIXe siècles en Europe (3), qui sont appliquées au projet urbain colonial. Le site salubre est défini d'abord par la présence d'un plateau élevé et aéré, permettant d'échapper à l'humidité et aux marécages (4). Selon cette analyse, c'est le site de Bingerville qui sera d'abord préféré à Abidjan pour le transfert de la capitale politique. L'épidémie de fièvre jaune de 1899 à Grand-Bassam déclenche une panique qui rend nécessaire et urgent le déplacement de l'administration locale : celle-ci choisit le site le plus salubre possible, celui de Bingerville, situé sur un plateau à 80 m d'altitude,

---

(2) *Urbanisme et habitat en Afrique noire francophone avant 1960.* Ministère de l'Urbanisme et du Logement, mission de la Recherche urbaine, Coopération et Aménagement, 1984.

(3) *Histoire de la France Urbaine*, IV : La ville de l'âge industriel, 2 : La production de la ville, p. 72, Le Seuil, 1983, 665 p.

(4) Ch. WONDJI 1972, *op. cit.*

qui apparaît plus favorisé que celui d'Abidjan-Santey. Le département des Colonies admet donc provisoirement le transfert du chef-lieu à Bingerville, bien que le centre économique de la colonie demeure Grand-Bassam. Quelques années plus tard, le gouverneur de la Côte-d'Ivoire, Angoulvant, dira, en parlant du choix de Bingerville, qu'il s'agit du chef-lieu « où s'est concrétisé à grand frais le rêve égoïste formé il y a quelques dix ans de créer en un point élevé, aéré, isolé et éloigné, une thébaïde difficilement accessible au commun (5) ».

Avec la mise en place de l'administration coloniale et la nécessité de protéger les cadres européens, ces recommandations constituent la base de la réglementation et engendrent une politique d'aménagement hygiéniste. D'abord appliquée au Sénégal, cette politique est généralisée à l'ensemble de l'Afrique-occidentale française avec le décret du 14 avril 1904 relatif à la protection de la salubrité publique. Ce décret organise un Service d'hygiène et de protection de la santé publique en Côte-d'Ivoire, qui a pour mission d'améliorer la salubrité du pays et d'empêcher l'éclosion et l'extension des épidémies (6). Sa compétence est étendue au fur et à mesure du développement des localités : à Abidjan, le Service contrôle la zone surveillée par le commissaire de police dès 1905, aire progressivement élargie. Des comités d'hygiène et de salubrité publique sont formés et des programmes d'assainissement sont élaborés. Ils prescrivent la lutte contre les eaux stagnantes et la divagation des animaux domestiques. Le débroussement et le dessouchement des terrains, bâtis ou non, doivent être effectués régulièrement. Les plans des habitations doivent être approuvés par le médecin du Service d'hygiène ; les surfaces des pièces d'habitation sont fixées, l'aération des maisons doit être favorisée au maximum. Les dépotoirs doivent être organisés, les fosses septiques et les puits être creusés à une distance réglementaire. Des lieux d'inhumation doivent être créés, car l'on a constaté une coïncidence entre épidémie et remuements de sols où des cadavres avaient été enterrés. Des périmètres d'isolement, « zones de danger imminent », sont constitués au moment des épidémies afin d'isoler les facteurs de contagion. La circulation des individus est alors théoriquement contrôlée, mais en fait ces périmètres sont inefficaces en raison de l'insuffisance du personnel et de l'impossibilité de surveiller les nombreux sentiers de brousse, inconnus la plupart

---

(5) Compte rendu du voyage du gouverneur général de l'AOF dans la colonie de Côte-d'Ivoire, JOCI, n° 6 du 31 mars 1911.

(6) D. Domergue, 1978, *op. cit.*

Figure 2

PREMIER PLAN DE LOTISSEMENT D'ANOUMABO (1914)

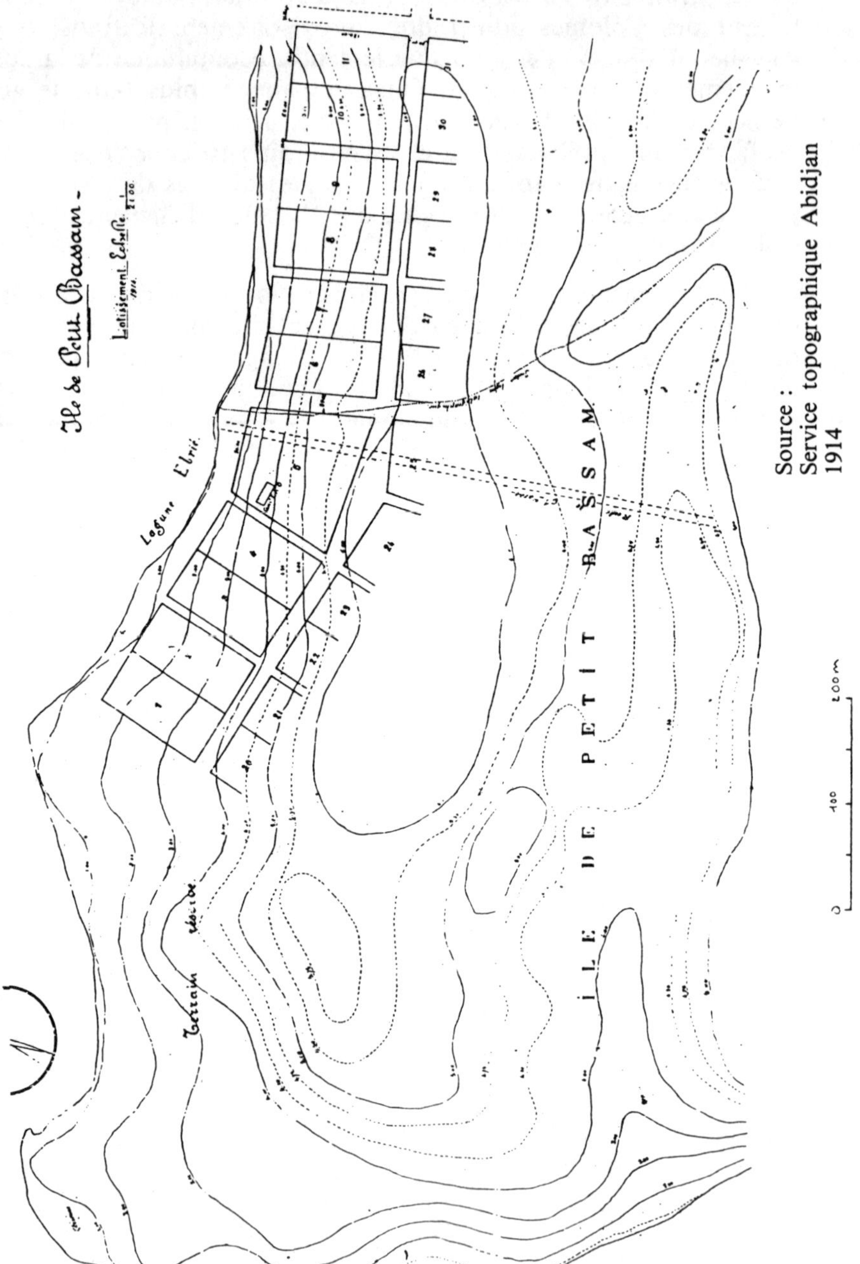

Source :
Service topographique Abidjan
1914

du temps des Européens (7). En 1911, une Commission d'hygiène et de salubrité publique est constituée à Abidjan « en raison de l'accroissement de la population et de l'extension de la ville » (JOCI n° 19 du 15 octobre 1911). Cette Commission est appelée à émettre un avis sur la salubrité des logements, sur la propreté des rues, places et marchés et sur toutes les questions qui peuvent intéresser la santé publique. En 1913, un budget urbain (8) est créé pour la ville d'Abidjan et les villages de Kokody et Petit-Bassam, qui y sont rattachés. Ce budget est affecté à l'exécution des services d'hygiène, de voirie et d'entretien courants. La politique d'assainissement prend de plus en plus d'ampleur, à l'échelle de la ville, et les règles de santé publique servent de fondement aux interventions urbaines.

Cette politique d'aménagement hygiéniste pèse lourdement dans le projet urbain colonial. L'importance attachée à l'idée de circulation perçue comme un moyen d'assurer la salubrité explique l'organisation des tissus urbains. La technique du lotissement constitue avant 1914 le principal moyen d'organisation de l'espace, aussi bien pour la ville européenne que pour la ville africaine. Le plan de lotissement du village de Kokody, situé sur le Plateau, est mentionné dès 1905 dans les demandes de concession publiées au JOCI. Cette technique permet d'assurer une image urbaine ordonnée : le lotissement est source d'espace, de circulation de l'air et des hommes, et il uniformise, en apparence, les trames des quartiers africains et ceux de la ville européenne. Pour canaliser l'augmentation démographique de la population africaine, l'administration réalise d'abord au coup par coup des lotissements qui, à partir de 1928, s'intègrent dans des plans d'aménagement. Dès 1914, une partie du plan de lotissement de l'île de Petit-Bassam est approuvée, puis des lotissements complémentaires sont tracés dans le prolongement des trames existantes. Le lotissement assure cependant des fonctions différentes selon les quartiers. Pour la ville européenne, il est synonyme d'amélioration des conditions de vie et d'aménagement ; progressivement, des travaux de drainage, d'équipéenne, il concourt à l'amélioration des conditions de vie et d'aménagement ; progressivement, des travaux de drainage, d'équipement en eau et électricité sont entrepris. Le lotissement est vraiment synonyme de disponibilité en espace dans la ville européenne, car les parcelles délimitées sont vastes : en 1912, un arrêté fixe la superficie des terrains de 250 à 2 375 m² pour le lotissement du Plateau d'Abidjan ; un autre arrêté délimite en 1934 la

(7) D. Domergue, 1978, *op. cit.*

(8) Abidjan acquiert le statut communal le 29 octobre 1915.

superficie des parcelles du Terre-Plein Commercial à 1 000 m² et celles de la zone résidentielle à 1 500 m² : la dimension de ces parcelles engendrera ultérieurement des coûts d'urbanisation élevés. Pour les quartiers africains, le lotissement se réduit à un alignement. C'est un cadre constitué par un tracé de voirie beaucoup plus qu'une amélioration des conditions de vie et d'hygiène du milieu. Le tracé du plan ne prend pas en compte le site sur lequel est implantée la trame orthogonale, les rues ne sont pas aménagées, elle sont marécageuses ou ensablées, comme à Treichville, et aucun aménagement, jusqu'en 1950, ne permet l'évacuation des eaux de pluies ou des eaux usées. La trame urbaine est beaucoup plus serrée que pour la ville européenne. Des blocs de 40 m × 40 m sont délimités et subdivisés ensuite en carrés de 20 m × 20 m formant une parcelle. Les objectifs essentiels sont le contrôle de la ville africaine et la sécurité de la ville européenne beaucoup plus que l'aménagement. L'importance donnée aux points hauts, aérés, contribue à renforcer l'idée de séparation des quartiers : les sites les plus salubres sont réservés à la population européenne lors de la construction des nouvelles villes, en particulier celles de Bingerville et d'Abidjan. Le Plateau devient le siège de la ville européenne et administrative, et la destruction des habitations indigènes est préconisée à l'intérieur du quartier européen. L'emploi du terme « ville » est d'ailleurs limité au Plateau. Les arrêtés et les circulaires du Journal officiel de Côte-d'Ivoire évoquent la « ville d'Abidjan » et les villages qui y sont rattachés. La circulation de l'air, thème important des théories hygiénistes, est privilégiée et aboutit à une disposition physique ségrégationniste de la ville coloniale, qui va être doublée d'un dispositif social. Les préoccupations hygiénistes conduisent en effet à imposer à la fois des normes de construction élevées et un régime foncier différent selon les quartiers.

En 1907, un arrêté définit les matériaux de construction utilisables par les bénéficiaires des concessions provisoires urbaines. Il est recommandé « de construire une maison en maçonnerie ou en bois couverte en tuile, ardoise ou toute autre substance employée dans les constructions européennes (9) ». Cette définition sera reprise, complétée, dans de nombreuses circulaires, arrêtés ou décisions d'attribution de concession provisoire. Les matériaux à utiliser sont précisés après la Première Guerre mondiale, en raison du développement des constructions et de la variété des matériaux utilisés par les populations africaines, mais aussi par les Européens, et en particulier par les sociétés commerciales. « L'immeuble devra

(9) Arrêté local du 26 septembre 1907, JOCI n° 19 du 15 octobre 1907.

être construit en matériaux européens : pierre de taille ou brique, mortier, chaux et ciment, couverture en tôle ou en tuile ; l'emploi de murs en pisé et de couverture en chaume est formellement interdit. Le bois pourra être utilisé, mais à l'étage seulement. Les dépendances devront être construites avec les mêmes matériaux que l'immeuble principal (10) ». L'utilisation du bois, d'abord autorisée dans les constructions en 1906, sera souvent remise en cause afin de limiter l'utilisation des bois de récupération. Les matériaux insalubres qui nuisent à l'image urbaine sont cités dans de nombreux textes : torchis, banco, pisé, carton bitumé, paillotes, clayonnages, douves ou cercles de barrique. Après 1950 (ouverture du canal de Vridi et construction du port), ces matériaux seront remplacés par du bois provenant de la récupération des caisses (11). Les compagnies commerciales construisent le plus souvent à côté de la factorerie une maison d'habitation pour le représentant de la compagnie et des dépendances « à usage d'habitation » pour le personnel africain sur la même parcelle. Les dépendances sont édifiées en matériaux définis comme insalubres. L'administration s'oppose à toute construction qui nuit à l'hygiène publique et à l'image urbaine. Sur ce point, le projet urbain de l'administration et celui des commerçants divergent ; pour ces derniers compte le profit immédiat, et la présence d'une main-d'œuvre à proximité des magasins représente un avantage important, les recommandations de l'administration apparaissant coûteuses et peu efficaces. Les réglementations d'hygiène et de salubrité publique énoncées avant 1914 sont précisées et complétées après 1920. Le principal texte qui réunit ces directives sous un angle urbanistique est l'arrêté de 1934 réglementant à Abidjan la construction et la salubrité des maisons ainsi que les permissions de voirie, l'alignement et les servitudes d'esthétique. Les servitudes d'esthétique sont inspirées de la loi française du 31 décembre 1913 sur les monuments historiques et les servitudes d'esthétique (12). Cet arrêté, d'abord établi en 1930 pour la circonscription de Dakar, reprend de façon très détaillée les normes et les conditions de construction et énonce les réglementations concernant l'équipement des logements (eaux, sanitaires, égouts). Il mentionne des servitudes d'esthétique imposées pour les matériaux de construction : l'usage de la tôle ondulée n'est pas autorisé pour les immeubles à usage d'habitation

(10) Décision du 29 mars 1919 relative à la mise à prix d'un lot du Terre-Plein Commercial d'Abidjan, JOCI n° 6 du 31 mars 1919.

(11) A. Bonnassieux : *De Dendraka à Vridi-Canal, chronique de la précarité à Abidjan*. Thèse de Doctorat de 3e cycle, EHESS, Centre d'études africaines, 1982, 262 pages.

(12) *Urbanisme et habitat en Afrique noire francophone avant 1960*, 1984 *op. cit.*

et ayant façade sur rue ; les règlements s'appliquent différemment sur la commune d'Abidjan qui est divisée en trois zones :

— la ville d'Abidjan et les zones de résidence et de repos sur le Plateau à l'est de la baie de Cocody. La « ville d'Abidjan » est divisée en deux secteurs, commercial et résidentiel ;

— les zones industrielles (à l'est de la baie de Cocody et zone des grandes industries à l'ouest de la baie du Banco) ;

— les lotissements d'Anoumabo, d'Adjamé et de Port-Bouët.

Les prescriptions doivent être rigoureusement appliquées dans la « ville d'Abidjan » et sont exigées pour les constructions à usage d'habitation dans les zones industrielles. Elles ne s'appliquent pas aux villages qui restent soumis au contrôle de l'administrateur-maire et du chef du Service d'hygiène, lesquels doivent faire appliquer les conditions d'hygiène et de salubrité indispensables. Après de nombreuses circulaires et arrêtés municipaux interdisant l'usage de la terre dans les constructions et dont le dernier date de 1933 (arrêté municipal n° 93 du 10 juillet 1933, réglementant les conditions d'occupation, d'hygiène, de voirie, d'état civil, d'inhumation, dans les villages d'Anoumabo, d'Adjamé et de Nouveau-Cocody), l'arrêté de 1934 autorise dans les villages la construction de maisons en torchis, pisé ou banco à condition que les parois intérieures et extérieures, ainsi que le sol, soient recouverts d'un enduit en mortier de ciment. Les préoccupations sanitaires ont pour conséquence de faire adopter des normes de construction contraignantes, hors des possibilités financières des populations africaines, et d'engendrer une ségrégation sociale correspondant à une ségrégation raciale avant 1945. Cependant, la succession des arrêtés et des circulaires réglementant l'organisation et la construction du cadre bâti traduisent bien les difficultés d'agencement de l'espace urbain.

En Afrique occidentale, la ségrégation foncière n'a pas été institutionnalisée dès les premières années de l'implantation européenne, mais à partir de 1909. En 1906, un décret organise la propriété foncière en AOF et institue la procédure d'immatriculation qui permet le passage à la propriété absolue et immédiate du sol (13). Jusqu'en 1909, des concessions sont accordées selon ce régime sur le Plateau, le Terre-Plein Commercial et le village de Kokody. Cependant, sur le Plateau d'Abidjan et au fur et à mesure que la ville se développe, l'administration est confrontée à l'organisation des « établissements indigènes » et au problème posé par

(13) Décret du 24 juillet 1906. Avant cette date, le régime foncier du Code civil est appliqué dans les colonies françaises d'Afrique. Ce régime reposait sur le principe qu'une possession longue de trente ans prouvait la propriété du sol.

les villages préexistants à l'implantation européenne. L'hygiène est utilisée comme argument justifiant la mise en place d'un régime foncier particulier aux « villages indigènes ». L'inconvénient que présente le régime de l'immatriculation est ainsi exposé par le gouverneur Angoulvant :

« L'attribution de concessions régulières aux indigènes pourvus de ressources insuffisantes présente d'autres inconvénients plus graves. Le développement de la colonie a pour conséquence l'accroissement rapide des centres européens. Or l'agrandissement de ces centres est parfois ralenti par la présence dans la ville même des rudimentaires, informes et insalubres installations d'indigènes détenteurs de titres réguliers délivrés conformément aux règles du droit français et qui ne peuvent être révoqués sans d'autres longues formalités : mise en demeure, indemnité préalable, etc. (14) ».

La circulaire maintient cependant, pour les commerçants pourvus de ressources et pouvant satisfaire aux conditions de l'arrêté de 1907 concernant la mise en valeur, la possibilité de s'installer dans les centres urbains. De même, l'arrêté du 22 août 1912 portant réglementation des habitations européennes et indigènes à Abidjan stipule dans l'article 2 : « Les villages indigènes de Cocody et Petit-Bassam sont réservés à l'habitation des indigènes dont les constructions ne rempliraient pas les conditions de l'arrêté de 1906. » Selon ces arrêtés, il s'agit plutôt d'une ségrégation sociale, mais, compte tenu de la situation économique dans laquelle sont maintenus les Africains, les barrières sont très difficilement franchissables. L'arrêté du 23 mars 1909 crée des périmètres destinés à l'établissement de villages exclusivement affectés à l'habitation des indigènes aux environs et à proximité des agglomérations européennes de la colonie (article 1). Sur ces réserves, les normes de construction ne sont pas imposées, seuls comptent les règlements de police, d'hygiène, de voirie et d'alignement. Le régime foncier du permis d'habiter y remplace celui de l'immatriculation : est alors accordé un droit d'usage et non un titre de propriété (15). Cet arrêté autorise les déplacements des villages et constitue le premier texte permettant « les déguerpissements » du fait de la croissance de la ville européenne, et plus tard de la ville moderne. L'article 6 stipule :

« L'administration se réserve la faculté de déplacer ou d'éten-

---

(14) Circulaire à Messieurs les administrateurs au sujet des permis d'habitation à accorder aux indigènes aux abords des agglomérations européennes conformément à l'arrêté du 23 mars 1909 (JOCI du 31 mars 1909).

(15) Arrêté du 23 mars 1909 réglementant les permis d'habitation à accorder aux indigènes aux abords des agglomérations européennes (JOCI du 31 mars 1909).

Figure 3

LE NORD DE L'ÎLE DE PETIT-BASSAM EN 1931

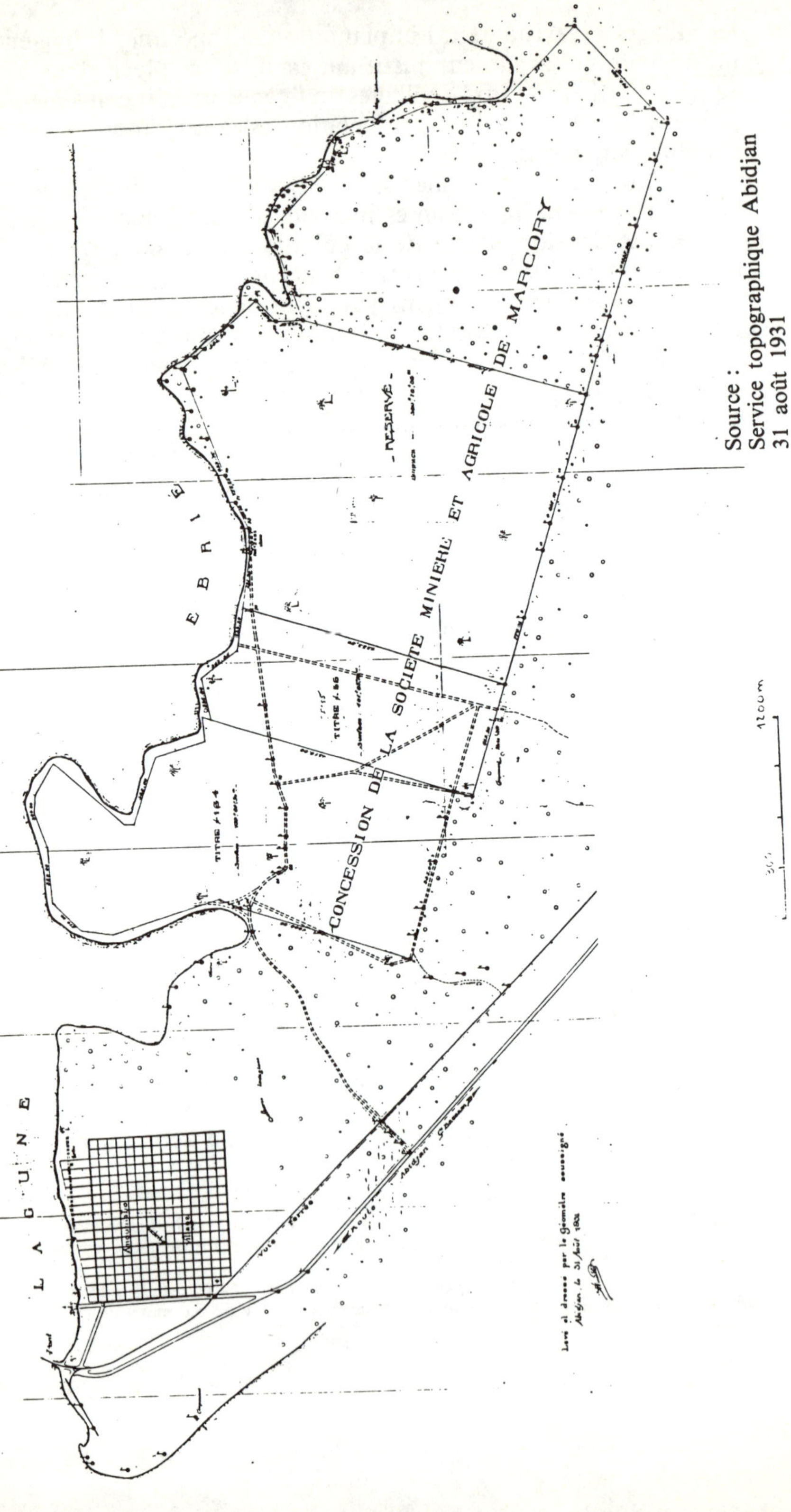

Source :
Service topographique Abidjan
31 août 1931

dre les villages si l'hygiène publique ou la densité de la population l'exige ; elle ne devra de ce fait aucune indemnité aux usagers, à charge seulement de leur assigner un autre emplacement. » Ainsi est juridiquement levé l'obstacle que constituent les villages et quartiers indigènes pour la salubrité et l'image urbaine, mais aussi pour la sécurité de la ville européenne (16).

Les travaux du chemin de fer et l'occupation du lotissement du Terre-Plein Commercial ont repoussé très tôt les villages ébrié d'Anoumabo et de Locodjoro hors de la presqu'île du Plateau (17) ; par contre, le transfert du village de Kokody (18) fut beaucoup plus long. L'arrêté de 1909 va s'appliquer à Abidjan pour le village de Kokody situé dans l'enceinte de la ville européenne. Cependant, entre le projet et la réalité, vingt ans vont s'écouler : c'est dire que l'intervention des différents groupes sociaux est déterminante pour comprendre la ville et son évolution. Le village est d'abord, dans les différents arrêtés, réservé à l'habitation des indigènes, puis son déplacement est préparé par un arrêté local de novembre 1912 portant retrait des titres de concession provisoire du village indigène d'Abidjan. Les terrains du plan de lotissement du village sont placés sous le régime du permis d'habiter. Les constructions qui répondent aux normes de l'arrêté de 1906 ne peuvent pas conserver la concession provisoire et sont indemnisées pour la dépossession. En 1920, la décision de transfert de la capitale de Bingerville à Abidjan est adoptée. L'organisation de la ville prend une importance particulière, d'autant plus que les réglementations urbanistiques se précisent après la Première Guerre mondiale. Le village de Kokody, situé sur le Plateau, rompt l'harmonie de la ville européenne en particulier par les matériaux utilisés pour les constructions. A cette même date, un site de remplacement est désigné et loti pour l'implantation du nouveau village au nord du Plateau et des camps militaires, à Adjamé Kokody. Après un rapport de la commission d'hygiène, il est interdit, compte tenu du surpeuplement du village, d'édifier ou de réparer des constructions qui ne répondent pas aux conditions de l'arrêté de 1906. Les nouveaux permis d'habiter pourront être accordés à ceux qui en font la demande dans le « village neuf ». Après l'adoption du premier plan d'urbanisme de la ville en 1928, une commission de transfert se réunit à Abidjan, et, le 27 juin 1929, demande à l'unanimité la disparition du village de Vieux-Kokody, « qui n'est qu'une

---

(16) A cette date, les révoltes contre la pénétration française sont nombreuses en Côte-d'Ivoire ; il s'agit non seulement d'une sécurité sanitaire mais aussi d'une sécurité politique.

(17) Niangoran Bouah, 1972, *op. cit.*

(18) Nous adoptons ici l'orthographe du Journal officiel de la Côte-d'Ivoire.

organisation malpropre constituant un danger permanent pour la santé publique de la ville d'Abidjan (19) ». En conséquence, l'arrêté du 17 décembre 1929 prononce la démolition des cases pour l'assainissement de cette partie de la ville et accorde une indemnité globale aux habitants. La préoccupation sanitaire légitime le déguerpissement des villages indigènes hors de l'enceinte de la ville administrative et européenne.

Les plans d'aménagement, dont le premier date de 1928, permettent de planifier le dispositif social. Après la Première Guerre mondiale, il devient nécessaire d'organiser la croissance urbaine selon un plan d'ensemble, en particulier pour les capitales, dont la croissance urbaine est plus forte que celle des autres villes. Jusqu'en 1915, la gestion de la ville est assurée par des commissions consultatives nommées par l'administrateur de cercle, auxquelles participent les commerçants, le médecin du service d'hygiène à partir de 1910, le chef du service des réseaux et voies de pénétration (Service des travaux publics). En 1915, la ville est dotée d'un statut communal en sus du budget autonome, lequel existait depuis 1913. Des commissions d'urbanisme municipal sont mises en place pour traiter des problèmes urbains, mais les membres qui en font partie sont les mêmes que précédemment. Le décret du 29 septembre 1928 porte réglementation du domaine public et des servitudes d'utilité publique, et pose la notion de plan d'aménagement et d'extension. La commission municipale d'urbanisme est créée en vue de réaliser le projet d'extension et d'aménagement de la ville. Elle définit l'affectation des différents secteurs et des aires d'extension. Un nouvel espace est réservé à l'habitat européen, à l'ouest du plateau de la presqu'île de Cocody. En 1932, une commission d'agrandissement de la ville d'Abidjan est instituée. Elle a pour mission de déterminer des réserves de terrains dans un rayon de 5 km à partir des limites du lotissement d'Abidjan-Plateau. L'extension des quartiers africains est prévue sur les sites existants par le quadrillage de nouveaux espaces.

Avant 1945, le projet urbain tel que les pouvoirs publics le conçoivent et tentent de l'appliquer est celui de la mise en place d'un cadre européen produit par une politique d'urbanisme et accessible aux seuls Européens. Les fonds, puis les budgets urbains, sont essentiellement utilisés pour la ville européenne. Les aménagements réalisés pour les établissements ou les villages indigènes sont sommaires et organisent provisoirement l'espace en attendant l'adoption du modèle par les populations. En ce sens, le projet urbain

(19) JOCI n° 1 du 15 janvier 1930.

colonial met aussi en place un dispositif symbolique. Avant 1920, le souci d'imposer une image urbaine est assuré en termes de salubrité. Ensuite débute à Abidjan un programme de grands travaux destinés à doter la ville de tous les attributs esthétiques d'une capitale. Les mesures d'esthétique se différencient à partir de 1934 (20) de la simple idée de salubrité, mais seulement pour la ville européenne. L'architecture a valeur de symbole, elle diffuse un nouvel art de vivre et doit initier les populations autochtones à la « civilisation ». Le logement gratuit est assuré pour les fonctionnaires de l'administration coloniale. Les seuls africains admis dans l'enceinte européenne sont les commis de l'administration et les employés du chemin de fer. Les commis sont logés à partir de 1928 dans des cités construites par l'administration, mais celles-ci restent très isolées dans le tissu urbain de la ville blanche (cité Paris-Village sur le Plateau d'Abidjan en 1928). Le chemin de fer construit également pour ses employés, à l'ouest du Plateau, sur le vaste territoire qui lui est attribué, mais les logements pour le personnel européen et africain sont séparés. Dans l'ensemble, les plans des logements destinés aux Africains sont d'une extrême simplicité : pièce ou ensemble de deux pièces accolées les unes aux autres et ouvrant sur un espace libre commun. Les plans des logements des employés du chemin de fer sont plus élaborés mais la taille, le confort et l'architecture varient selon le grade de l'occupant. Les comparaisons entre les prix des logements construits pour les expatriés et ceux construits pour les Africains indiquent des coûts de cinq à seize fois moins élevés pour les seconds (21). Des changements politiques et économiques issus de la Seconde Guerre mondiale résulte un élargissement du projet urbain initial.

2. L'évolution du projet urbain après 1945

Les changements politiques, dont l'objectif majeur est de préserver l'avenir du système colonial, associent les Africains à la gestion des territoires. Le retour dans leur pays de ceux qui ont com-

---

(20) Arrêté du 31 janvier 1934 réglementant à Abidjan la construction et la salubrité des maisons ainsi que les permissions de voirie, l'alignement et les servitudes d'esthétique (JOCI du 28 février 1934).

(21) *Architecture coloniale en Côte-d'Ivoire*, publications du ministère des Affaires culturelles, CEDA 1985. Sur ce point, voir également : SEMI BI ZAN : *La politique coloniale des travaux publics en Côte-d'Ivoire (1900-1940)*, Annales de l'université d'Abidjan, série I, tome II, 1973-1974, 362 p.

battu en Europe ainsi que la contestation qui s'est développée dans les colonies devant les contraintes administratives constituent d'importants facteurs d'évolution des idées. Le pouvoir colonial est amené à prendre en compte la contestation dirigée par une élite en formation afin de sauvegarder les intérêts de la métropole (22). La nouvelle politique économique, dont l'objectif est de produire mieux et plus, est associée au développement social, dans le sens où l'amélioration de la production passe par une amélioration des conditions de vie : « Or il n'est pas douteux qu'un essor dans le domaine économique doit se poursuivre de pair avec l'amélioration du bien-être du producteur et du travailleur. Un vaste programme de construction, d'urbanisme, d'hygiène, devra être étudié lorsqu'un plan pour l'ensemble de la Fédération aura été adopté (23) ». L'urbanisme et l'habitat deviennent, de ce fait, des domaines importants de l'intervention étatique. Les migrations vers les villes s'accentuent, et en particulier vers les capitales dotées d'une infrastructure portuaire. Abidjan, à la fois terminus du chemin de fer Abidjan-Niger, ville portuaire en 1950, et capitale de la colonie, joue un rôle essentiel dans le circuit des échanges coloniaux.

Ville moyenne en 1939, Abidjan multiplie sa population par six en quinze ans, ce qui représente un record pour l'Afrique occidentale avec un taux de croissance moyen annuel de 14 % entre 1948 et 1955. Face à la croissance démographique, dont l'ampleur a toujours été et reste encore largement sous-estimée en 1950, l'administration coloniale est confrontée à la crise du logement pour les Africains. Le déséquilibre entre les deux communautés s'accentue et il est renforcé par les inégalités qu'illustre de façon flagrante le sous-équipement des quartiers africains par rapport au Plateau. La ville africaine est une menace pour la ville européenne et les différentes réglementations ainsi que la technique du lotissement ne résolvent pas le problème du logement pour les populations africaines arrivant en ville. Maîtriser cette question devient un impératif du maintien de l'ordre social et d'une colonisation « toujours meilleure » : l'évolution du projet urbain devient nécessaire.

---

(22) Nous citerons pour mémoire les principales dates qui rythment l'évolution du cadre politique. En 1944, la Conférence de Brazzaville préconise l'intégration des colonies dans la communauté française ; en 1946, le statut de l'indigénat et le travail forcé sont abolis et, la même année, la loi Lamine Gueye accorde la citoyenneté française à tous les Africains ; en 1956, la Loi-Cadre introduit une large décentralisation administrative et, en 1958, le régime de la Communauté ouvre des perspectives d'évolution future jusqu'à l'indépendance.

(23) Gouvernement général de l'AOF, colonie de la Côte-d'Ivoire, plan de développement économique de la Côte-d'Ivoire, Abidjan 1947.

De nouvelles recommandations sont édictées, inspirées des réglementations retenues pour organiser la restructuration de la France de l'après-guerre (24). Recommandations et décisions sont adoptées en France, car il s'agit d'éviter les particularismes provenant des administrations locales ; elles sont valables pour l'ensemble des territoires coloniaux. C'est en métropole, au niveau ministériel, qu'est décidée la répartition sectorielle et géographique des fonds. Dans l'ensemble, les territoires côtiers sont favorisés par rapport aux territoires de l'intérieur, qui fonctionnent comme des réservoirs de main-d'œuvre pour les premiers, où les cultures d'exportation sont en plein essor. Les villes portuaires sont particulièrement favorisées : la capitale de l'AOF, Dakar, mais aussi deux villes en plein développement après la guerre, Conakry et Abidjan. L'ordonnance du 28 juin 1945 est le texte de base en matière d'urbanisme dans les territoires d'outre-mer : elle prévoit la création d'un Comité de l'urbanisme et de l'habitation aux colonies, constitué en 1946. Ce dernier définit une doctrine qui est présentée à la Réunion internationale des experts de l'habitat tropical à Caracas, en décembre 1947. Les recommandations affirment le droit pour tous d'accéder à une habitation convenable, ainsi que la prédominance du social, qui doit être considéré avant les nécessités économiques. L'ordonnance de 1945 impose aussi l'établissement de plans d'aménagement pour les villes et le comité dresse la liste de celles qui doivent obligatoirement faire l'objet d'un tel plan. Dans le contexte de l'après-guerre, le statut foncier réservé aux Africains dans les centres urbains présente de nombreux inconvénients : il ne permet pas l'accession à la propriété et aucune condition de mise en valeur n'y figure. Le statut du permis d'habiter favorise la prolifération des établissements insalubres. En 1943, la réglementation foncière permet le passage du permis d'habiter à celui de la concession provisoire, puis définitive, après mise en valeur pour l'« agglomération indigène de Treichville (25) » (arrêté) du 11 octobre 1943). Le préambule de l'arrêté mentionne que « le statut domanial et foncier s'accorde avec l'importance chaque jour grandissante de Treichville et consacre les droits précaires de ses occupants ». Les clauses de mise en valeur pour assurer la salubrité des constructions restent celles définies précédemment pour la ville européenne. Cette évolution ne signifie pourtant pas que les quartiers africains après 1945 soient inclus dans le projet urbain

(24) *Urbanisme et habitat en Afrique noire avant 1960,* 1984, *op. cit.*

(25) Par arrêté du 27 décembre 1934, « l'agglomération d'Anoumabo, faubourg d'Abidjan », prend le nom de Treichville.

colonial. Cette procédure n'est d'abord valable que pour l'agglomération de Treichville, qui, par son importante population (26), a acquis une existence de fait, et la ségrégation demeure avec la ville européenne. L'article 2 de l'arrêté de 1943 stipule que « les terrains sont affectés à usage exclusif d'habitation pour métis et indigènes citoyens ou sujets français à l'exclusion de tous autres ». La possibilité d'accéder à la procédure d'immatriculation reste soumise à la mise en valeur selon un modèle qui reste inchangé et qui est celui de la ville européenne. Des moyens financiers nouveaux et beaucoup plus importants sont mis en place pour permettre de faire face aux impératifs économiques et sociaux sans paralyser les budgets locaux. Deux organismes de financement sont créés, le FIDES (Fonds d'investissement pour le développement économique et social) et la CCFOM (Caisse de coopération de la France d'outre-mer, ou Caisse centrale). Les FIDES proposent des programmes à long terme aussi bien dans le domaine économique que social, en milieu rural ou urbain. La Caisse centrale est l'organisme financier qui accorde des avances à long terme et à faible intérêt. Pour les projets d'urbanisme, les dépenses peuvent être supportées par le FIDES. Le FIDES et la Caisse centrale ne participent pas directement à la création de logements mais interviennent dans le capital des organismes publics, comme les sociétés immobilières qui sont créées dans les différents territoires autour des années 1950. Cependant les fonds affectés à l'urbanisme et à l'habitat sont très minoritaires par rapport à l'ensemble des fonds affectés à l'équipement des territoires d'outremer (27).

Une politique d'habitat social est mise en œuvre et concrétise l'élargissement du projet urbain. Elle marque aussi l'engagement des pouvoirs publics dans la politique du logement. Avant 1945, l'effort est limité aux fonctionnaires ; après 1945, le principe du logement aidé apparaît, en raison des faibles ressources des populations, comme la solution pour résoudre le problème du logement des citadins africains. Le programme de construction est orienté vers le logement économique. Dès 1926 avait été créé à Dakar l'Office des habitations économiques (OHE). Jusqu'en 1949, son activité est réduite et concentrée sur la capitale fédérale. En 1949, un décret institue dans chaque territoire de la Fédération une section de l'OHE. L'article 2 de ce décret définit les objectifs de

(26) En 1947, Treichville compte 30 000 habitants et 55 000 en 1956. Aux mêmes dates, Abidjan compte 50 000 et 127 000 habitants.

(27) *Urbanisme et habitat en Afrique noire francophone avant 1960*, 1984, *op. cit.*

l'Office : « La construction de logements salubres, à bon marché et orientée vers l'accession à la propriété individuelle. » La SIHCI (Société immobilière d'habitations de Côte-d'Ivoire) naît en 1952. Elle a pour but le développement de l'habitat urbain et rural. Les constructions sont définies comme « des habitations à bon marché spécialement conçues et étudiées pour satisfaire aux besoins de la population africaine laborieuse et de la classe moyenne (28) ». L'État accorde des concessions pour les constructions de la SIHCI, subventionne l'équipement des terrains en ne faisant pas intervenir ces coûts dans le prix des loyers et accorde différentes exonérations (exonération de taxes sur les constructions nouvelles, réduction du droit d'enregistrement pour les achats de terrains à bâtir). La SIHCI est une société d'économie mixte : le financement associe à la fois des prêts consentis par la Caisse centrale de la France d'outre-mer, des avances, et des subventions du budget général, dont le financement sera ensuite poursuivi sur crédits du FIDES. Après 1950, les réalisations de la SIHCI constituent les opérations d'habitat les plus importantes. La SIHCI construit sur les extensions des quartiers d'Adjamé et de Treichville. En 1952, l'État accorde une concession de 43 ha à Treichville, sur un terrain qui faisait office d'hippodrome en saison sèche, situé entre le lotissement ancien de Treichville et la zone industrielle de Petit-Bassam. A Adjamé, les réalisations sont moins importantes et concernent deux lotissements dont la surface totale est de 10 ha. Trois types de produits sont mis sur le marché jusqu'en 1958 :

— « le caravansérail » ; certains articles de presse parlent de caravansérails « mossis », suite de chambres individuelles accolées avec sanitaires et cuisines collectifs situés dans des bâtiments annexes. Ce type de logement est en location simple. Il est essentiellement destiné aux manœuvres et travailleurs saisonniers « instables », appelés aussi « population flottante » ;

— la maison ou le pavillon individuels de trois ou cinq pièces en location-vente ;

— l'immeuble destiné à une classe très européanisée, avec pour objectif d'économiser le terrain en construisant en hauteur (29).

L'attribution des logements passe par des garanties de solvabilité (emploi salarié) que ne possède pas la majorité de la population africaine. Il est prévu que les revenus, pour assurer le paiement des loyers, se situent entre 8 000 et 20 000 FCFA par mois. L'en-

---

(28) Revue *Urbanisme,* Abidjan, Côte-d'Ivoire, n° 111-112, 1969, p. 95.

(29) Vers 1957, la ville fait environ 9 km à vol d'oiseau d'Adjamé à Koumassi et 5 km de Marcory aux quais du port.

quête SEMA de 1963, dix ans plus tard, donne un revenu moyen du chef de ménage de 19 888 FCFA par mois à Abidjan ; il est donc probable qu'en 1952 la grande majorité de la population africaine a un revenu beaucoup plus proche de 8 000 FCFA que de 20 000 FCFA. La recherche menée par l'ACA (30) conclut que, dans les villes coloniales africaines, environ 75 % des citadins ne disposent pas d'un revenu ni suffisamment élevé, ni suffisamment stable pour accéder au logement économique. Les études concernant la répartition des revenus des ménages dans différents pays de l'AOF et de l'AEF donnent la répartition suivante des ménages par tranche de revenu :

— 5 % environ de ménages à hauts revenus, essentiellement les Européens ;

— environ 20 % de ménages à revenus moyens (classe moyenne : employés de l'administration, fonctionnaires, « évolués ») ;

— environ 55 % de ménages à faibles revenus (ouvriers, artisans, plantons) ;

— environ 20 % de ménages à revenus insignifiants (manœuvres, cultivateurs...).

Un loyer de 1 700 FCFA mensuels équivaut à 20 % d'un revenu de 8 000 FCFA, ce qui représente un effort important ; de plus la notion de très bas prix (1 700 FCFA) est en fait réservée à un petit nombre de logements. La majorité des logements, plus spacieux et plus chers en accession à la propriété, s'adresse à une clientèle beaucoup plus aisée. L'article d'E. Bernus publié en 1962 (31) décrit la population des quartiers de la SIHCI : « nombreux petits fonctionnaires et agents spécialisés de l'administration ou des services semi-publics... Il s'agit donc de locataires qui forment une classe particulière, d'un niveau de vie à peu près constant. Ils sont rattachés, par leur métier, par leur type d'habitat, à un mode de vie qui tend à s'écarter des normes traditionnelles... ». Ce nouvel habitat répond à un mode de vie organisé autour d'une famille restreinte et ne correspond pas à l'organisation de la famille africaine. Il « intègre » l'Africain dans la mesure où celui-ci accède à la « civilisation », c'est-à-dire à un mode de vie européen. « L'Africain a ainsi compris l'intérêt qu'il pouvait trouver à améliorer ses conditions de logement et à se sacrifier au mode de vie européen, présentant de nets avantages pour lui (32) ». Dans les années 1950,

---

(30) *Urbanisme et habitat en Afrique noire francophone avant 1960,* 1984, *op. cit.*

(31) E. Bernus : « Abidjan, note sur l'agglomération d'Abidjan et sa population », *Bulletin IFAN,* T. XXIV, sér. B, n° 1-2, 1962, p. 54 à 85.

(32) Nouveaux habitats : l'Afrique et le monde, 22 décembre 1956 ; source : service de la documentation du ministère de l'Information, Abidjan.

la population pouvant accéder au programme de logement est donc minoritaire par rapport à l'ensemble de la population africaine. Les constructions SIHCI, quartiers chics pour les Africains dans les années 1955-1960, ne sont cependant qu'une étape vers la ville européenne. La majorité de la population construit elle-même son habitat à partir des lotissements administratifs ou hors lotissement.

L'administration reste donc confrontée à un projet urbain trop restreint face à l'afflux des migrants mais tente cependant de conserver une image ordonnée de la ville. Un second plan d'aménagement, le plan Badani, adopté en 1951, organise le développement des quartiers que laisse prévoir l'ouverture du canal de Vridi. Le troisième plan quadriennal de développement économique et social (1958-1962) note à ce propos : « Ce plan était indispensable, permettant de parer au désordre qui n'aurait pas manqué de se produire... » De nouveaux lotissements sont ouverts en 1950 sur l'île de Petit-Bassam, à Treichville, à Koumassi ainsi qu'au nord de l'agglomération, à Adjamé, puis en 1956 à Attécoubé. Cependant le plan Badani sous-estime l'importance de la croissance démographique et traduit la priorité de l'économique sur le social, à l'image de la répartition des investissements : le plan surestime l'étendue des zones industrielles, prévues à Petit-Bassam, Vridi et sur la rive ouest de la baie du Banco, par rapport aux secteurs d'habitat. Ses insuffisances ont pour corollaire le développement des secteurs d'habitat illégal non lotis ou lotis par les propriétaires coutumiers. Les migrants sont attirés beaucoup plus par l'espoir de trouver un emploi que par la possibilité d'y accéder, et les travailleurs recrutés par les grands chantiers restent dans la capitale pour y trouver un nouvel emploi plutôt que de rentrer chez eux. Des quartiers africains non lotis ont ainsi été développés très tôt sur la bordure maritime où ont débuté les grands travaux d'infrastructures qui nécessitaient une main-d'œuvre importante. Port-Bouët, village de pêcheurs alladian au début du siècle, s'est progressivement peuplé avec le développement de l'activité commerciale : les navires débarquent des marchandises à Port-Bouët - Abidjan à partir de 1904 avec la première tentative de percement du cordon littoral, et une voie ferrée Decauville relie la lagune à la mer pour le transport des marchandises et des billes de bois (33). La construction du wharf en 1930 provoque une augmentation importante de la population. En 1960, le quartier compte 10 000 habitants (34). Vridi-Canal est le quartier des travailleurs du canal de Vridi. La seconde

---

(33) JOCI n° 20 du 31 octobre 1905.
(34) E. Bernus, 1962, *op. cit.*

tentative de percement du canal commence en 1936, à l'ouest du premier emplacement, et le peuplement du quartier s'intensifie. Au nord de la ville, derrière Adjamé, le ravin d'Attécoubé constitue avant 1960 le quartier non planifié le plus important de l'agglomération. Les nouveaux arrivants s'installent sans titre avec une simple autorisation des chefs coutumiers des villages voisins. Les parcelles ne font pas à cette époque l'objet de transactions monétaires, mais d'un cadeau symbolique, et l'occupation est souvent réalisée sans plan, en gagnant sur la forêt. A partir de 1950, « la taille des cours augmente... On coupe toujours la forêt aux alentours afin d'élargir la concession (35) ». Les implantations sont déterminées par la proximité ou la facilité d'accès aux zones d'emploi. Les constructions sont précaires, souvent en matériaux de récupération ; l'habitat est peu différencié de celui des quartiers africains lotis, et les équipements font partout défaut. Face à la forte demande de parcelles à bâtir, les propriétaires coutumiers du sol, les Ébrié, lotissent et vendent leurs terrains. Les lotissements ont une apparence légale avec une trame orthogonale, mais l'administration ayant le monopole du lotissement, ils échappent à la réglementation générale. Une enquête réalisée à Adjamé-Liberté et Fraternité montre que la majorité des parcelles a été vendue vers les années 1955 et 1956, une parcelle de 500 m² se négociant alors autour de 50 000 FCFA. Cette auto-indemnisation pour la perte des terrains de culture devant la progression de l'urbanisation est plus intéressante que les indemnités versées par l'État lors de la création d'un lotissement (36). En 1956, il est versé une indemnité de déguerpissement de 558 400 FCFA aux villageois d'Attécoubé pour la première tranche du lotissement (37) : la vente clandestine de 10 parcelles seulement permet d'obtenir une somme équivalente.

Avec l'extension des lotissements, un programme d'amélioration des quartiers africains de Treichville et d'Adjamé est également entrepris. Il s'agit essentiellement d'opérations d'assainissement (drainage, aménagement de la voirie en matériaux « durables et définitifs ») et d'équipements (dispensaires, WC publics, marchés). Cependant, E. Bernus note qu'au recensement de 1955

---

(35) A. Bonnassieux, 1982, *op. cit.*

(36) Le décret du 23 octobre 1904 reconnaît une valeur aux droits coutumiers :

(a) Les terres formant la propriété collective des autochtones ne peuvent être cédées sans indemnisation à des particuliers.

(b) L'administration a obligation d'accorder des compensations pour l'occupation des terres coutumières nécessaires à la création de centres urbains, à des constructions ou à des travaux d'utilité publique.

(37) JOCI n° 12 du 15 mai 1956.

5 % des concessions (habitat urbain et fortune) sont équipées en eau et électricité. En 1959, l'enquête IFAN-SETAP souligne que les WC n'existent que dans la moitié des concessions, sous des formes très sommaires, et qu'il n'y a qu'un WC public pour 7 000 habitants à Treichville et un pour 15 000 habitants à Adjamé.

Le projet urbain colonial, même élargi à l'habitat dit social, traduit bien la volonté d'imposer de nouvelles normes servant de cadre spatial et de référence d'abord aux citadins nantis, puis, ultérieurement, au plus grand nombre, progressivement appelé à adopter les normes définies. Mais en 1960, la ville est beaucoup plus vaste que le projet ne le prévoyait. Les choix économiques ont privilégié l'entonnoir abidjanais et, dès l'après-guerre, le problème de l'habitat du plus grand nombre est posé. Sur les trois questions autour desquelles s'articule la cohérence du projet urbain, une seule évolue : pour qui faire la ville ? Les réponses aux autres questions demeurent inchangées, bien que des moyens plus importants soient mis en place pour pouvoir y répondre. Le projet urbain ne change donc pas fondamentalement, et la Côte-d'Ivoire indépendante hérite des résultats d'une politique urbaine réservée à une minorité européenne et africaine.

II. LE PROJET URBAIN IVOIRIEN ET LA RÉORIENTATION DE LA POLITIQUE URBAINE : UNE VILLE POUR TOUS LES IVOIRIENS

Avec la naissance de l'État ivoirien, la question de l'habitat urbain est posée en termes nouveaux : de l'« habitat africain », on passe à l'habitat pour tous les Ivoiriens, dans toutes les villes et pour tous les quartiers.

1. Le choix du modèle

Les choix économiques effectués à l'indépendance ont des implications évidentes en matière d'habitat et d'urbanisme. Ils renforcent le poids démographique de la capitale, et c'est d'abord là qu'est posée avec acuité la question de l'habitat du plus grand nombre. Ils s'accompagnent d'un afflux de main-d'œuvre d'origine rurale aux revenus faibles, à la fois ivoirienne et étrangère, provenant des pays limitrophes à la croissance économique moins spectaculaire. Ils engendrent l'appel à une assistance technique étrangère, en majorité française, aux revenus élevés, très urbanisée, et attachée à un modèle urbain calqué sur les normes occidentales. Le choix du modèle libéral et du maintien de la dépendance utilisés comme stratégie pour accéder au développement économique (38) a donc, *a priori*, pour conséquences de reproduire et d'amplifier les blocages et les tensions issus de la période coloniale. Cependant, la priorité donnée au développement économique doit permettre de financer le développement global. « Si vous ne voulez pas végéter dans des huttes de bambou, concentrez vos efforts en faisant pousser du bon cacao et du bon café (39). » Adoptée avant l'indépendance, cette stratégie est réaffirmée après 1960 : « Que serait le social le plus hardi s'il n'est soutenu par l'économie (40) ? » La politique d'urbanisation est considérée comme faisant partie de la stratégie de développement : elle est un moyen de « distribuer les fruits de la croissance », constitue le reflet du progrès économique, et prône la réalisation d'un urbanisme moderne. Le thème de la « modernisation », dérivé du modèle occidental contemporain d'organisation sociale, est l'idée force exprimée dans tous les discours des responsables politiques. C'est le début d'une « politique sociale hardie » dont l'objectif est « de faire disparaître le dernier taudis de Côte-d'Ivoire d'ici dix années, au plus tard, aussi bien à la ville qu'à la campagne (41) ». En 1969, dans le discours d'ouverture des Journées mondiales de l'urbanisme, le ministre de la Construction et de l'Urbanisme, Goly Kouassi, souligne : « Nous voulons un urbanisme dynamique afin d'accélérer la promotion de nos villes et d'inciter les investisseurs à des réalisations de qualité. Chaque opération entraîne un effet multiplicateur sur le développement de nos villes, par l'effet d'émulation qu'elle crée... Les Ivoiriens ont conscience de l'immensité de la tâche, mais ils savent qu'il ne peut y avoir de progrès social sans la construction de logements décents pour tous. C'est pourquoi le gouvernement et la population autorisent un financement et un effort humain importants pour doter le pays d'un habitat qui reflète l'image d'une nation en plein développement (42). » Si

---

(38) Sur ce point, voir Y.-A. Fauré et J.-F. Médard, 1982, *op. cit.*

(39) Allocution prononcée à la Foire de Dimbokro en mars 1953, cité par Y.-A. Fauré, *in État et bourgeoisie en Côte-d'Ivoire,* Karthala, 1982, p. 23.

(40) Discours d'Houphouët-Boigny, Korhogo, le 7 mai 1965.

(41) Houphouët-Boigny, Yamoussoukro 1964, repris dans le discours prononcé à l'occasion du Quatrième Congrès du PDCI-RDA en 1965.

(42) Allocution présentée à l'ouverture des Journées mondiales de l'Urbanisme, 1969.

aucune définition précise n'est donnée du taudis, il est certain qu'il s'agit de l'habitat rural traditionnel et de l'habitat urbain construit par les populations elles-mêmes durant la colonisation. La « modernisation » sous-entend la recherche d'un urbanisme de qualité, aux normes élevées et capables de soutenir la comparaison avec l'Occident. Il faut faire grand et beau pour tous... « parce que ce à quoi nous aspirons, ce n'est pas l'égalité dans la misère mais l'égalité dans la prospérité (43) ».

En ce sens, il est certain, comme le constate Ph. Haeringer, que ce projet s'accompagne « d'une volonté très forte de "promotion" sociale, quelles que soient les insuffisances et les ambiguïtés du système (44) ». La modernisation est illustrée par des images-guides transmises par les médias et dont une publicité utilisée par la BNEC (45) pour encourager l'épargne constitue le meilleur exemple. Au bas de l'échelle de modernisation se trouve l'habitat de cour où plusieurs ménages partagent la même cour, les mêmes sanitaires, la même cuisine. Le sommet de l'échelle correspond à la villa spacieuse, également synonyme de réussite sociale. Entre le bas et le haut de l'échelle s'inscrit la politique urbaine de l'État ivoirien : la lutte contre les taudis privilégie la création d'un parc public de logements de qualité ayant pour objectif d'être sociaux, c'est-à-dire de satisfaire la demande et de répondre aux moyens financiers des plus deshérités, qui constituent la grande majorité de la population. De plus, dans le projet ivoirien de développement, Abidjan doit présenter une image moderne inspirant confiance aux investisseurs : projets d'urbanisme prestigieux, structures d'accueil modernes et transformation de l'habitat font partie intégrante de la stratégie de développement : « Des ouvrages considérés par beaucoup comme de pur prestige, lors de leur réalisation, ont été en réalité le moteur du développement de notre capitale. Le palais de la Présidence a illustré le vieil adage qui veut que l'on ne prête qu'aux riches... (46) » Le Plateau, par sa position sur un promontoire et sa situation au centre de la ville, symbolise, par son architecture d'avant-garde, le dynamisme économique de la Côte-d'Ivoire (47).

L'enjeu de cette politique est important : la politique du logement soutenue par une croissance économique forte est un moyen

---

(43) Discours d'Houphouët-Boigny, Korhogo, le 7 mai 1965.

(44) Ph. Haeringer, « Vingt-cinq ans de politique urbaine à Abidjan, ou la tentation de l'urbanisme intégral », *Politique africaine*, n° 17, 1985.

(45) BNEC : Banque nationale d'épargne et de crédit.

(46) Journées mondiales de l'urbanisme, 1969, *op. cit.*

(47) M. Armand, *Abidjan : Structures urbaines et différenciations sociales*, thèse de 3e cycle, université d'Aix-Marseille III, 1984, 292 pages plus cartes.

d'assurer la stabilité sociale ainsi que la transformation des mentalités et des structures familiales. « Dans des cités qui grossissent très rapidement en faisant craquer le cadre et le rythme de l'Afrique ancienne, la politique de l'habitat endigue la misère et toutes ses conséquences, canalise ou empêche certaines revendications spectaculaires (48). »

Si l'on se réfère aux premières enquêtes socio-économiques réalisées après l'indépendance, plus de 70 % de la population d'Abidjan vit à cette époque dans un habitat de type cour. On se rend ainsi compte de la distorsion entre le modèle et la réalité et de l'ampleur des moyens nécessaires. C'est ce que Ph. Haeringer appelle « ce grand jeu de quitte ou double dans lequel Abidjan, par sa volonté de modernisation, s'est engagée... (49) » En effet, le modèle urbain ivoirien fait peu de place au changement progressif, à la transition.

2. Les moyens et leur accroissement

Le pari libéral n'est pas synonyme de laisser-faire : il s'accompagne d'une politique urbaine volontariste visant à contrôler l'ensemble du processus de production de l'espace urbain. De 1960 à 1975, l'État met en place, puis renforce, des structures de production dont la capitale va bénéficier en priorité.

L'administration publique se réserve le monopole de l'organisation de la ville en matière de contrôle du foncier. Avec l'indépendance, la mise en valeur du pays est un des objectifs du développement dont l'État est le principal acteur ; il ne peut donc reconnaître un droit sans limite aux autochtones (50). L'État est reconnu propriétaire des terres incultes, du sous-sol, des rivières et des lagunes (loi du 20 mars 1963). Cependant, comme les terres vacantes et sans possesseur sont rares, le processus d'incorporation dans le domaine privé de l'État se fait au moyen de la procédure d'expropriation pour cause d'utilité publique lors de l'établissement des plans d'urbanisme (c'est la procédure de la « purge » des droits coutumiers), qui prescrivent des plans de lotissements : ceux-ci sont immatriculés au nom de l'État et divisés en parcelles

(48) Troisième Congrès du PDCI-RDA, Rapport sur la santé publique et l'habitat en Côte-d'Ivoire par le Dr Djessou Lobo.

(49) Ph. Haeringer, « L'habitat à Abidjan », *Urbanisme,* n° 111-112, 1969, p. 89 à 93.

(50) Selon la coutume foncière en Côte-d'Ivoire, la notion de propriété privée n'existe pas. Les droits fonciers, de caractère collectif, résultent d'une première occupation collective sous la direction d'un chef.

distribuées à des particuliers selon le régime foncier de l'immatriculation (51). Avec ce dernier, l'administration coloniale a toujours eu le souci de subordonner le droit de propriété à la mise en valeur du sol : le même souci est conservé au moment de l'indépendance. Il est renforcé par une surtaxe foncière sur les propriétés insuffisamment bâties en zone urbaine (1961) et le délai de mise en valeur reste fixé à deux ans, faute de quoi le terrain peut être repris par la puissance publique. La loi sur le permis de construire doit permettre de faire respecter les normes élevées de construction répondant à la définition de quartiers dits modernes. La propriété coutumière est ainsi limitée aux villages ébrié et à leur extension, dont le périmètre est fixé à six fois la surface du village : un lotissement dit « villageois » morcelle cet espace en lots de 400 à 600 m^2. Si le droit à l'indemnisation est reconnu depuis 1904, les indemnités sont faibles et sans commune mesure avec les pertes subies par les communautés villageoises. Ce n'est qu'à partir de 1970 qu'un compromis, passé avec les détenteurs coutumiers du territoire de l'agglomération, fixe une triple indemnisation (52).

Des organismes spécialisés sont mis en place, des études nombreuses, globales et régulières, sont entreprises afin de planifier la croissance et d'atteindre le modèle défini (53). En 1961, le ministère de la Construction et de l'Urbanisme est créé : il succède au Service de l'habitat et de l'urbanisme mis en place en 1958 par l'administration coloniale. Ce ministère fera l'objet de nombreux remaniements ; la direction de l'Habitat et de l'Urbanisme (DHU), qui deviendra successivement la direction de l'Urbanisme et de l'Architecture (DUA), la direction centrale de l'Urbanisme (DCU), puis la direction de l'Urbanisme (DU), en constitue le service le plus important, avec la direction du Domaine urbain chargée de l'attribution des terrains. En 1966, le BNETD (Bureau national d'études techniques et de développement) est constitué ; il a pour principale mission de réaliser les plans d'urbanisme et des études de développement concernant l'ensemble du pays. Au sein du BNETD est créé en 1968 un atelier s'occupant essentiellement des projets urbains de la ville d'Abidjan : l'AURA (Atelier d'urba-

---

(51) J.-F. TRIBILLON : *La question du Code de l'urbanisme et de l'aménagement foncier*, rapport préliminaire et d'orientation rédigé à la demande du MTPTCU, CI, décembre 1980, 31 p.

(52) A. YAPI DIAHOU, *Étude de l'urbanisation de la périphérie d'Abidjan, l'urbanisation de Yopougon*, thèse de doctorat de 3e cycle, université de Toulouse-Le Mirail, novembre 1981, 322 p.

(53) Sur le détail de la mise en place de l'appareil de production du développement urbain, voir aussi : M.A. COHEN : *Urban Policy and Political Conflict in Africa, a Study of the Ivory Coast*, the University of Chicago Press, 1974, 228 p.

nisme de la ville d'Abidjan). Ce bureau d'étude emploie un nombre important d'expatriés, ingénieurs, architectes, urbanistes, économistes, jusqu'aux années 1975 ; ces expatriés jouent un rôle fondamental dans l'importation et la transmission d'un savoir-faire urbain s'appuyant sur des normes occidentales qui se trouvent de plus valorisées par la définition du modèle urbain ivoirien. « Pays extraordinaire où tout est à faire, tout de suite ! » Les plans directeurs (54), qui guident le développement de la ville depuis 1926, indiquent la volonté de freiner l'extension urbaine qui suit un axe linéaire nord-sud (axe de la voie ferrée) au profit d'un axe est-ouest. Cette option doit permettre d'éviter l'extension de l'habitat de cour, caractéristique des quartiers de Treichville et d'Adjamé, en planifiant l'urbanisation selon les normes du modèle sur de nouveaux espaces. Des seuils de population sont fixés pour l'urbanisation de l'île de Petit-Bassam au sud, et d'Abobo-Gare au nord.

Les quartiers existants, selon leur organisation (55), font l'objet de deux types d'interventions programmées dans les plans directeurs : restructuration ou rénovation. La restructuration suppose l'implantation d'un réseau de voirie afin de favoriser la circulation et de libérer des emplacements destinés aux équipements : il s'agit d'en faire des quartiers de la ville, la loi foncière sur la mise en valeur du permis de construire facilitant les opérations et conduisant à une modernisation de l'habitat. Ainsi sera libéré un emplacement pour la construction du marché de Treichville ; un réseau de voirie sera ouvert à Adjamé-Nord en respectant plus ou moins l'habitat existant, qui doit être modernisé par les occupants. La rénovation s'applique aux secteurs où l'habitat a progressé sans alignement, hors des lotissements administratifs. En 1960, deux quartiers de ce type sont particulièrement importants : le ravin d'Attécoubé à l'ouest d'Adjamé, et le quartier de Port-Bouët (estimé à 45 000 habitants en 1969) au sud, le long de la route menant à l'aéroport. Ces quartiers n'ont pas droit de cité et il est fait table rase de l'habitat ; de plus, situés sur les voies d'accès de la capitale, ils doivent présenter une image conforme au modèle. Le ravin d'Attécoubé, inconstructible, est remblayé en partie et planté ; Port-Bouët est reconstruit, par étapes, sur fonds publics, en logements économiques. Des justifications sociales accompagnent les opérations de rénovation. Les quartiers non lotis étant appré-

---

(54) Plan SETAP (Société pour l'étude technique d'aménagements planifiés) en 1960, schéma de structure BNETD-AURA (Bureau national d'études techniques et de développement, Atelier d'urbanisme de la région d'Abidjan) en 1947 et plan directeur de 1969 révisé en 1974 (AURA).

(55) Lotissement administratif antérieur à 1960 ou quartiers non lotis.

hendés comme les repaires privilégiés des malfaiteurs, la rénovation permet d'épurer la population urbaine : soit les inactifs « se décident à travailler, soit ils retournent au village (56) ». Les lotissements DUA et DUH (57) sont l'instrument d'atténuation des conflits que déclenche ce type d'intervention sur des secteurs non lotis mais très peuplés : ils permettent d'attribuer rapidement une parcelle pour une réinstallation, mais l'attribution reste provisoire et les logements doivent être construits en matériaux précaires ; ces lotissements sont le plus souvent réalisés à la périphérie du bâti existant (58), celui-ci étant reconstruit avec des logements modernes. Les populations perdent de ce fait un avantage important constitué par la proximité du lieu d'habitat et du lieu d'emploi. Ainsi des lotissements sont-ils réalisés à Williamsville, Abobo-Gare et Yopougon entre 1968 et 1973, lors de la démolition de l'habitat installé sur les pentes du ravin d'Attécoubé, dans différents quartiers d'Adjamé (Bolibana, Santé, Agban) et sur la route de Bingerville (lycée technique). Selon une estimation Banque mondiale, 20 % du patrimoine immobilier d'Abidjan a ainsi été détruit entre 1969 et 1973. Il s'agit donc de faire face à des opérations urgentes, selon l'expression de Ph. Haeringer, et ces lotissements sommaires ne permettent pas de parler d'une politique de lotissements urbains pour Abidjan entre 1960 et 1970. Le lotissement est, pour l'habitat rural et pour les villes de l'intérieur, le signe de la modernisation, mais, pour Abidjan, celle-ci reste axée sur une politique du logement jusqu'en 1970.

Des sociétés immobilières sont chargées de construire les logements économiques, qui constituent la caractéristique principale de la politique d'accueil de l'État. Cette dernière s'inscrit dans la continuation de la politique coloniale lancée après 1950 avec la création des sociétés immobilières. Elle s'en différencie par l'ampleur des moyens que le nouvel État va accorder et par les normes adoptées. Les principales extensions prévues dans les plans d'urbanisme seront réalisées sur le plateau du Banco en majorité, et à Cocody en partie. La SUCCI (Société d'urbanisme et de construction de Côte-d'Ivoire) est créée en 1959 par deux filiales de la Caisse des dépôts et consignations. Bien que la SUCCI ait le même objectif que la SIHCI, c'est-à-dire la construction de logements économiques, les normes sont plus exigeantes : tous les logements sont indi-

---

(56) Interprétation de la destruction du quartier de Port-Bouët donnée par un journaliste dans *Fraternité-Matin,* numéro spécial des Fêtes de l'indépendance an 13, 1973, p. 32.

(57) Ces lotissements portent le nom du service qui les réalise.

(58) Voir la carte de Ph. Haeringer, Opérations officielles de recasement 1958-1978, dans la notice de la planche B4C de *l'Atlas de Côte-d'Ivoire*, ORSTOM/IGT. 1977.

viduels, il s'agit dans la majorité des cas d'immeubles, et la SUCCI construit de véritables quartiers avec équipements. Elle produit des ensembles immobiliers à petite échelle. La première réalisation de la SUCCI est celle de l'immeuble des 220 logements (première tranche de la construction d'un quartier d'Adjamé), dont l'inauguration a lieu en 1960. En 1965, une nouvelle société dans laquelle l'État est majoritaire (56 % des actions), la SICOGI (Société ivoirienne de construction et de gestion immobilière), est mise en place après fusion des deux précédentes sociétés. La SICOGI conserve la tendance de la SUCCI, la construction d'ensembles économiques équipés. La SOGEFIHA (Société de gestion financière de l'habitat), société immobilière d'État, est créée en 1963. Les logements économiques sont en location simple (jusqu'en 1986, ils restent patrimoine d'État) et, pour en faciliter l'attribution aux revenus faibles, les loyers sont bloqués à partir de 1970. L'attribution des logements est, en priorité, réservée aux Ivoiriens.

Pour pallier les faibles capacités de l'épargne locale, dans le secteur économique comme dans celui de l'urbanisme, des capitaux extérieurs apportent les moyens financiers afin de pouvoir réaliser le modèle. De 1960 à 1975, un appareil financier complexe, dans lequel les subventions de l'État vont prendre de plus en plus d'importance, est mis en place pour promouvoir un habitat social moderne. Jusqu'en 1970, le système de financement des sociétés immobilières repose en majorité sur des apports extérieurs dont les origines sont diverses : capitaux norvégiens (Port-Bouët), israéliens (Cocody et Vridi), libanais (Yopougon), américains (Williamsville et Abobo-Gare). La Caisse centrale de coopération économique (CCCE) reste le principal bailleur de fonds de la SICOGI jusqu'en 1970. L'aide publique ivoirienne transite par l'intermédiaire du Crédit de Côte-d'Ivoire (CCI), dont l'État est le principal actionnaire (59). Cette orientation des crédits extérieurs vers le logement économique permet de doubler le parc de logements hérité de l'époque coloniale. En 1963, les sociétés immobilières (SIHCI et SUCCI) ont réalisé environ 6 000 logements, qui abritent à peu près 10 % des ménages d'Abidjan ; en 1971, le parc immobilier est d'environ 11 700 logements et regroupe environ 20 % de la population. Cependant, le rythme d'accroissement des logements économiques reste inférieur à celui de la population, qui dépasse 10 % par an sur cette période. En 1970, le problème du logement du plus grand nombre reste donc posé, et avec lui les

---

(59) Le CCI est une banque de développement créée en 1955 ; son capital est souscrit pour 75 % par la Côte-d'Ivoire et pour 25 % par la CCCE et la Banque centrale des États d'Afrique de l'Ouest.

questions de la redistribution des fruits de la croissance et de l'équilibre social. La presse insiste sur la cherté des loyers, mais aussi sur le détournement des attributions des logements économiques ; des articles dénoncent l'inégale redistribution des ressources. La période difficile des années 1968-1970 (mécontentement populaire, contestation estudiantine) est traitée par le « dialogue à l'ivoirienne » (60) et permet de faire adopter un consensus sur le « passage de la bataille de la croissance à la bataille du développement (61) ». Le succès remporté dans la première bataille est présenté comme la possibilité de pouvoir redistribuer mieux et plus et répond ainsi à la contestation (une augmentation générale des salaires a lieu en 1970). Le modèle du développement urbain ne change pas, mais les moyens sont renforcés : c'est le début de la diversification des produits.

En 1968, dans son message à la nation à la veille du huitième anniversaire de l'indépendance, le président déclare : « Force est de reconnaître que nos moyens ne sont pas à la mesure de nos besoins... Je suis parvenu à la conclusion que seule une participation au financement à la fois directe, massive et immédiate de l'État pourra résoudre en partie ce problème et répondre à l'attente de nos compatriotes. » Dans un premier temps, un organisme financier, l'OSHE (Office de soutien à l'habitat économique), doté de ressources fiscales affectées (62), est mis en place en 1969. L'État finance par l'intermédiaire du BSIE (budget spécial d'investissement et d'équipement) l'équipement des terrains destinés aux constructions de logements économiques. A ce premier renforcement s'en ajoute un second en 1975 ; une nouvelle structure financière, la BNEC, est créée. Elle gère l'ancien OSHE, qui devient FSH (Fond de soutien de l'habitat) en 1977, et collecte également l'épargne des particuliers pour la construction et les prêts à l'habitat économique. Ce renforcement de l'appareil financier permet d'augmenter la production de logements économiques puisqu'entre 1971 et 1977 environ 5 000 logements par an sont construits. Cependant, si l'affermissement de l'appareil financier permet de maintenir l'objectif de la modernisation selon des normes élevées, le logement économique d'État n'est plus conçu comme la solution unique dans la lutte contre les taudis. Devant la persistance des

(60) Sur ce point voir les analyses de M.A. Cohen, 1974, *op. cit.*, et de Y.-A. Fauré et J.-F. Médard, 1982, *op. cit.*

(61) Termes employés dans le discours de Mohamed Diawara, ministre du Plan, Ve Congrès du PDCI, 1970.

(62) Affectation d'une taxe de 1 % sur les salaires, affectation de 1 % de la taxe sur les prestations de service (TPS) et d'une surtaxe de 3 francs par litre d'essence.

secteurs non lotis et la densification des anciens lotissements administratifs ouverts pendant la période coloniale, une « politique foncière intensive » s'impose comme complément de la politique de construction de logements économiques. Une nouvelle structure, destinée à promouvoir la production à grande échelle de parcelles à bâtir, est créée en 1971 : la SETU (Société d'équipement des terrains urbains) (63). Cette société réalise plusieurs types de lotissements (64), mais tous sont entièrement équipés (réseau complet d'infrastructures) selon les normes du modèle. La SETU produit des terrains pour les opérations de logements sociaux construits par la SICOGI et la SOGEFIHA. De 1974, date du début des programmes, jusqu'en 1981, elle a ainsi aménagé 1 545 hectares, soit 10 813 parcelles au total, dont 77 % en lotissements évolutifs ou en LEM (lotissements à équipement minimum). Sur les 571 hectares aménagés pour les sociétés immobilières publiques, 77 % ont été attribués à l'habitat social. Les lotissements SETU sont réalisés en majorité sur le plateau du Banco (75 % du total des surfaces aménagées), principal secteur d'extension prévu au plan directeur de 1969.

L'effort financier consenti pour la modernisation de l'habitat est donc considérablc, puisqu'entre 1973 et 1977 46 % des sommes investies dans la construction de logements ont été consacrées à l'habitat économique des sociétés immobilières publiques (65). L'étude des Perspectives décennales d'Abidjan (65), effectuée en 1977, estime qu'environ 60 % du coût des logements des sociétés immobilières est subventionné par le biais des exonérations de taxe, des bonifications d'intérêts ou des subventions à l'équipement des terrains.

---

(63) La SETU est une société d'État chargée de l'aménagement des terrains urbains à usage d'habitat et à usage industriel (elle exécute aussi des projets de drainage et d'assainissement primaire). Elle est chargée de l'ensemble des problèmes posés par l'administration des zones d'habitat prévues dans les plans directeurs : indemnisation des propriétaires coutumiers, études d'urbanisme de détail, études techniques et opérationnelles, financement et contrôle des travaux.

(64) — lotissements résidentiels : parcelles de 800 à 1 500 m² dont le prix au m² est de 1 500 FCFA en 1976 et de 3 500 FCFA en 1982 ;

— lotissements évolutifs : parcelles de 500 à 600 m² dont le prix au m² est de 2 700 FCFA en 1982 ;

— équipement de terrains pour les opérations de logements sociaux construits par la SICOGI et la SOGEFIHA ;

— petites parcelles LEM (lotissements à équipement minimum) de 100 à 225 m² réalisées à partir de 1978, dont le prix au m² est de 2 100 FCFA en 1982 ;

— d'autres opérations sont aussi réalisées : secteurs de logements et commerces pour les promoteurs privés, centres de quartier (commerces et petits ateliers artisanaux, terrains pour les équipements communautaires et les zones industrielles).

(65) *Perspectives décennales d'Abidjan*, rapport de première phase, RCI, MTPCU, 1977.

3. L'impossible renforcement des moyens : vers un nouveau modèle ?

L'objectif de modernisation, poursuivi à un rythme soutenu, a été favorisé par la vigueur de la croissance économique basée sur l'agriculture d'exportation, qui a permis, jusqu'en 1978, de dégager d'importants moyens de financement et de subventionner dans des proportions importantes la politique d'habitat social. Sur la période 1971-1977, les subventions couvrent environ le quart du financement affecté au logement économique. L'appel aux crédits extérieurs joue un rôle important pour tenter d'atteindre l'objectif fixé. Ces crédits représentent plus de 37 % du financement global de l'urbanisation sur la même période. Si l'on considère uniquement le logement économique construit par les sociétés immobilières, ce pourcentage atteint plus de 60 %. Le financement de la politique d'habitat social est donc particulièrement dépendant de l'évolution de la conjoncture internationale qui, à partir de 1973, avec la première augmentation des prix du pétrole, commence à changer. Les crédits à long terme et à faibles intérêts deviennent difficiles à trouver et la Caisse centrale (CCCE) ne finance plus le logement économique à partir de 1976 ; elle est cependant relayée par un financement bilatéral américain avec des prêts de l'US-AID (66) — dont les crédits sont plus chers —, jusqu'en 1979. A partir de 1976 toutefois, ces difficultés conduisent à un ralentissement du rythme de construction des logements économiques, tandis que l'on assiste à une augmentation des constructions de logements de standing, dont les financements se font sur des crédits à moyen terme. Il y a ainsi une modification de l'offre de logements alors que le taux de croissance de la population reste élevé, autour de 10 % par an. De plus, à partir de 1978, la SOGEFIHA, dont le financement est basé sur des crédits extérieurs à paiement différé (avec un taux d'intérêt élevé sur une courte période) ne peut faire face à ses engagements de remboursement (elle bénéficie d'avances de la Caisse autonome d'amortissement jusqu'en 1980) (67) et n'a plus ni les moyens, ni l'autorisation de construire à partir de cette date. La SICOGI est donc seule à produire du logement économique, et, étant donné l'effacement progressif de l'aide extérieure, sa dernière livraison importante date de 1979. L'arrêt des crédits extérieurs ainsi qu'une baisse des cours du café-

(66) US-AID : Agence des États-Unis pour le développement international, organisme bilatéral financé par des capitaux privés américains.

(67) La Caisse autonome d'amortissement est chargée de gérer le service de la dette.

cacao entraînent une diminution importante des ressources, donc des moyens d'atteindre le modèle fixé.

S'il faut attendre 1982 pour qu'une prise de position officielle marque les principales orientations d'une nouvelle politique urbaine et peut-être d'un nouveau modèle, la recherche de ressources neuves conduit à la rencontre d'un bailleur de fonds tard venu dans le domaine de la politique urbaine, la Banque mondiale (68). Ce nouvel acteur expérimente depuis 1971 des projets de développement urbain (en Turquie et au Sénégal) et accorde une importance particulière aux problèmes de logement, car ils conditionnent en grande partie les problèmes sociaux. Les enjeux politiques des réformes sont clairement soulignés dans les discours de R. MacNamara, président de la Banque mondiale pendant cette période, et sont aussi repris par le président ivoirien lors du congrès du PDCI en 1970. Cependant, les conditions de financement de la Banque mondiale font référence à un modèle différent du modèle ivoirien. La critique adressée au modèle de modernisation porte sur l'augmentation des déséquilibres à la fois à l'échelle nationale (entre le Nord et le Sud), à l'échelle citadine (entre les centres urbains secondaires et Abidjan) et à l'échelle des quartiers (quartiers entièrement équipés et quartiers sans aucun équipement). Les raisons de ces déséquilibres sont à rechercher, pour la Banque mondiale, dans les choix effectués par la Côte-d'Ivoire. Les divergences portent sur trois points essentiels en ce qui concerne le secteur urbain : les expropriations, la politique des logements et des terrains axée sur des normes élevées, l'importance des subventions. La politique urbaine de la Banque mondiale est au contraire fondée sur le concept de coût acceptable pour les bénéficiaires, qui inclut deux aspects :

— La non-subvention ou la subvention réduite au minimum des services et des logements. Les pauvres doivent accéder aux services essentiels dont ils peuvent payer le prix ; c'est le principe de l'autofinancement sous la forme de la récupération des coûts. Ainsi, les subventions sont réduites dans les projets et ceux-ci pourront être reproduits à grande échelle et répartis entre un plus grand nombre de personnes.

— Un abaissement des normes d'équipement et d'aménagement étant donné les besoins considérables et les faibles ressources des populations. Il ne faut pas adopter des normes globales fixées

---

(68) La Banque mondiale finance des projets en Côte-d'Ivoire depuis 1968, dans le secteur des transports, de l'agriculture et de l'éducation jusqu'en 1973. Depuis lors, les financements sont plus diversifiés.

d'après les critères internationaux, mais des normes axées sur le pays, la ville et le quartier.

Ces principes s'inscrivent dans le premier projet de développement urbain financé conjointement par la Banque mondiale, l'US-AID et le gouvernement ivoirien. Dans sa définition initiale, il s'agit d'un projet ambitieux. C'est en effet la première fois qu'un bailleur de fonds tente une action d'ensemble sur le secteur urbain. La logique du projet est de gérer la croissance urbaine d'Abidjan selon une nouvelle méthode et de nouvelles normes ; le projet comprend ainsi plusieurs composantes (habitat, transport et assistance technique) incluant plusieurs programmes (69). Par l'ampleur de son financement, le projet est important puisqu'il est évalué en 1976 à 27,5 milliards de FCFA : cela représente plus de la moitié de la somme consacrée aux investissements urbains (logements et autres investissements publics) chaque année sur la période 1973-1977 à Abidjan (évaluée à environ 41,5 milliards par les PDA).

La part que prennent les financements Banque mondiale et US-AID, soit 66 % du coût du projet, laisse supposer que ces organismes pèsent lourdement dans la définition du projet et que le gouvernement ivoirien abandonne les normes élevées du modèle. Par la nature du projet et les financements mis en jeu, l'aide est indiscutablement un moyen de réorienter la politique ivoirienne vers un autre modèle. Les opérations de restructuration, principal programme de la composante habitat, ne sont plus des questions d'urgence : elles font partie de la nouvelle politique urbaine inspirée par la Banque mondiale ; elles diffèrent des précédentes opérations entreprises par le gouvernement ivoirien car elles privilégient une augmentation du niveau de service des quartiers.

La mise en œuvre du projet, dont les accords de prêts sont signés en 1977, ne démarre en fait qu'en 1981. Dans l'intervalle se produit ce que l'on peut appeler une redéfinition du projet par le jeu des rapports de force entre la Banque mondiale et le gouvernement ivoirien. Pour la première, aide et changements sont liés, pour le second la relation n'est pas aussi nette. Accepter est une chose, appliquer les principes acceptés et réorienter la politique urbaine en est une autre. Dans ce projet, le gouvernement ivoirien tente de faire valoir ses priorités en matière d'infrastructures et de standing.

La question de la révision en baisse des normes est la raison

---

(69) Sur ce point, voir A. MANOU-SAVINA, *Politiques et pratiques urbaines à Abidjan*, thèse de 3e cycle, université de Paris I, 1985, 2 tomes, 445 p. et annexes.

essentielle de l'opposition entre les deux principaux décideurs. Avant la signature des accords de prêts, la Côte-d'Ivoire impose des limites à cette révision, préconisée par la Banque mondiale. Le projet de restructuration d'un bidonville (70) d'Abidjan, le poto-poto de Koumassi (dont la population est estimée à 75 000 ou 80 000 habitants en 1980), est catégoriquement refusé et le volet logement est élargi à la réalisation de parcelles neuves, en plus des opérations de restructuration. Après la signature des accords de prêt, la restructuration du Bardo (71), puis la création de lotissements et la construction de logements dans un secteur de Koumassi, ne bénéficient plus de financements Banque mondiale ou US-AID devant les exigences du gouvernement ivoirien en matière de normes d'aménagement au moment du lancement des appels d'offres. Les projets sont cependant repris par des structures et par des financements ivoiriens.

Les contraintes financières sévères dans lesquelles la Banque mondiale tente d'inscrire la réorientation de la politique urbaine n'empêchent pas les acteurs ivoiriens de continuer la programmation de projets prestigieux ; c'est ainsi qu'il est décidé de prolonger la Voie triomphale (72) jusqu'à Abobo-Gare, qui devient ainsi la porte nord de la ville. Non seulement cette décision va à l'encontre des principes de la Banque mondiale, mais de plus, l'extension prévue traverse un des sites du projet affectés à la réalisation de lotissements, ce qui nécessite la recherche d'un autre emplacement pour cette dernière opération ! De même, après une émission de télévision très suivie des Ivoiriens (73) et traitant des problèmes d'assainissement du marché d'Abobo-Gare, la presse annonce dans les jours qui suivent la construction de trois nouveaux marchés dans la capitale, d'un coût équivalent à un milliard de FCFA chacun, dont celui d'Abobo-Gare.

Ces marchés n'ont rien à voir, par leur importance, avec le « petit marché » que prévoyait le projet Banque mondiale à Abobo-Gare. Tout se passe comme si le gouvernement ivoirien détournait le projet Banque mondiale pourtant accepté dans un

---

(70) Nous employons ici le terme de bidonville, car il caractérise un habitat sommaire et illégal construit sur un site marécageux particulièrement insalubre.

(71) Quartier juridiquement illégal, construit en habitat précaire, de la ville de San-Pedro, second port de la Côte-d'Ivoire dans le Sud-Ouest ivoirien.

(72) Projet urbain inscrit au plan SETAP de 1960 mais qui n'a jamais été exécuté. Il prévoit la réalisation en ligne droite d'une artère, d'une emprise de 170 mètres réduite par la suite à 120 mètres, allant du palais présidentiel à la sortie nord d'Abidjan (Adjamé). Ce projet nécessite des démolitions particulièrement importantes et des coûts d'indemnisation élevés (le tracé passe dans le domaine de la RAN et dans le village ébrié d'Adjamé).

(73) *Comment ça va ?*, émission à tendance satirique, diffusée le samedi soir, de Léonard GROGHUËT.

premier temps. Cependant, cette dernière décision déclenche un violent conflit foncier au cœur de la composante habitat du projet (74). En 1976, le projet initial prévoit la construction d'un nouveau marché pour laquelle aucune démolition n'est nécessaire. En 1979, la décision ivoirienne de construire un grand marché implique la recherche d'un autre site dans le périmètre du projet et entraîne de nombreuses démolitions. Sur l'ancien emplacement, un espace vert est prévu alors que la plate-forme d'Avocatier, désignée pour réinstaller les populations concernées, est en voie d'occupation « spontanée » rapide.

On en arrive à expulser des « déguerpis illégaux » (ceux d'Avocatier) pour y installer des « déguerpis légaux » (ceux du marché) sur un projet financé par la Banque mondiale qui, dans ses principes, s'oppose aux déguerpissements. La logique de la Banque mondiale se heurte à la logique ivoirienne, et, sur l'un de ses projets, la Banque se retrouve en contradiction avec sa doctrine.

Le contenu du projet Banque mondiale, comme les décisions ivoiriennes qui se surimposent au projet, ont pourtant un même objectif : intégrer à la ville moderne des quartiers jusque-là oubliés par la planification urbaine ; mais les voies et les moyens restent différents. L'improvisation apparente de certaines décisions ivoiriennes (décisions présidentielles non programmées) n'en a pas moins une logique : Abobo-Gare est considérée en 1976, beaucoup plus qu'aujourd'hui, comme une banlieue marginale particulièrement absente des grands projets urbains. C'est l'« envers » du modèle, qui compte environ 250 000 habitants en 1977, soit près d'un quart de la population d'Abidjan. L'intégration de cette banlieue à la ville moderne constitue donc un enjeu essentiel. La Voie triomphale établit un premier lien ; le nouveau marché répond aux besoins de la population de l'ensemble du quartier et non d'un périmètre limité (celui du projet appelé aussi « 112 ha ») ; Avocatier est un quartier dit « spontané », dont la genèse et l'extension ne suivent pas le processus normal d'accès à la terre urbaine fixé par l'administration ; il est en marge de la légalité et, dans cette logique, peut donc être détruit (74). L'État ivoirien entend ainsi rester maître de sa politique urbaine et applique les méthodes habituelles vis-à-vis de la Banque mondiale mais aussi des populations, pour lesquelles l'intégration au modèle signifie l'arrêt

---

(74) Voir sur ce point les analyses de :
P. Cazamajor, *Avocatier, naissance, évolution et destruction d'un quartier spontané d'Abidjan*, ORSTOM, centre de Petit-Bassam, 1981, 50 pages.
P. Haeringer : « Stratégies populaires pour l'accès au sol dans la ville africaine », *Enjeux fonciers en Afrique noire*, ORSTOM/Karthala, 1983, p. 342 à 359.

du laisser-faire. Il nous semble donc qu'au cours de la période 1976-1980 le gouvernement ivoirien cherche à défendre son modèle, s'appuyant sans doute sur les espoirs suscités par la découverte des gisements pétroliers.

1980 marque un tournant imposé par la conjoncture économique. Une réorientation de la politique urbaine est énoncée dans le plan quinquennal 1981-1985, qui reprend certains des principes défendus par la Banque mondiale : le développement de l'initiative et de l'épargne privée (« Ne comptons que sur nous-mêmes »), la diversification de l'offre de terrains comprenant cette fois des parcelles sommairement équipées (« Bouleverser nos habitudes... Nous ne pouvons rivaliser en matière de normes de service avec des pays qui ont un niveau de revenu six ou huit fois plus élevé. ») et surtout le désengagement de l'État et la décentralisation des pouvoirs avec la création des communes (« les communes pleinement responsables ») (75). Les tâches de l'État sont ainsi considérablement réduites, mais celui-ci entend conserver la maîtrise de l'extension de la ville par un équipement minimal des nouveaux espaces afin d'éviter le développement de l'habitat illégal. Les quartiers existants et les nouveaux espaces urbanisés sont remis aux communes qui en assurent la gestion et l'entretien. La municipalisation permet ainsi de décentraliser la question de l'habitat et peut-être d'atténuer les tensions qui pourraient peser sur le pouvoir central, autrefois principal acteur du développement urbain. Les interventions urbaines entreprises depuis 1979 répondent à une réduction des normes mais reproduisent aussi des méthodes « traditionnelles » de la politique urbaine ivoirienne. Une diminution sensible de la taille des parcelles (300 m^2 au lieu de 600 m^2) des lotissements évolutifs SETU dans l'opération Niangon-Nord ainsi qu'un début de recouvrement des coûts inclus dans le programme de restructuration du quartier SAGBE à Abobo-Gare et dans le programme de réinstallation des populations d'une partie du bidonville de Koumassi sont des indicateurs de l'infléchissement de la politique urbaine.

Cependant, ces interventions restent très limitées et ne permettent pas de discerner un véritable changement. Les restructurations-remodelages (Sagbé à Abobo-Gare), les lotissements d'urgence (plate-forme Adou-Saint-Omer à Koumassi) sont une continuation des actions antérieures et constituent toujours des « soupapes de sécurité » face à l'avance des bulldozers dont la marche a certes

(75) Les citations sont extraites du discours du président prononcé à l'occasion des Journées mondiales de l'urbanisme en novembre 1982.

été ralentie, mais pas arrêtée : en 1984, l'important quartier illégal d'habitat sommaire de Gobelé a été entièrement démoli, le quartier précaire de Port-Bouët face à la mer a aussi été détruit et il ne reste plus qu'une faible surface d'habitat précaire à Koumassi après l'aménagement du canal. Amorce de changement ou poursuite des actions antérieures, la principale modification reste l'arrêt des programmes de construction des logements économiques d'État. Y a-t-il réorientation du modèle ou arrêt de sa mise en pratique faute de ressources ? La question de l'habitat social reste à l'ordre du jour et fait l'objet de discussions depuis 1979. De 1980 à 1982, différentes missions des principaux bailleurs de fonds se sont succédé en Côte-d'Ivoire ; en réponse, le gouvernement ivoirien refuse d'appliquer des normes minimales comme celles des lotissements sommaires type DUA et DUH (propositions US-AID) ; il reste axé sur une politique du logement (propositions CCCE) pour laquelle les moyens financiers font défaut. Enfin, tous les bailleurs de fonds, y compris la Banque mondiale, accordent une grande importance à l'amélioration des moyens de gestion et des systèmes financiers urbains, à la fois au niveau central et municipal. Ces nouveaux montages d'une possible nouvelle politique urbaine sont en gestation depuis 1979, mais rien n'indique qu'une profonde modification du modèle initial soit en cours, tant il est vrai que le retranchement derrière un urbanisme « bancable », basé sur la récupération des coûts (76), ne peut constituer une rupture avec les choix antérieurs.

(76) Sur cette question, voir *Politique africaine*, 1985, 17.

DEUXIÈME PARTIE

LE PEUPLEMENT ET LA VILLE DES COURS

CHAPITRE III

LE PEUPLEMENT DE LA MÉTROPOLE

Abidjan, qui ne comptait que 17 000 habitants en 1934, a connu une fulgurante croissance après l'ouverture du canal de Vridi : 65 000 habitants en 1950, 125 000 en 1955, 951 000 en 1975, probablement plus de 2 millions en 1986. De 1935 aux années soixante-dix, le rythme de croissance s'est maintenu à 10-11 % par an, soit en moyenne un doublement de population tous les sept ans.

Cependant, depuis le début des années quatre-vingt, la croissance démographique s'est fortement ralentie, avoisinant les 4 à 5 % par an (voir *infra*). Ce ralentissement résulte à la fois des conséquences de la mauvaise conjoncture économique et d'une nette diminution des flux migratoires vers la métropole abidjanaise. Aucun élément ne permet, pour l'instant, de savoir si ce changement est purement conjoncturel, traduisant ainsi une grande sensibilité des flux démographiques à l'activité économique et laissant donc prévoir un renouveau des migrations vers Abidjan aux premiers signes d'une reprise économique. Il est fort possible également que cet infléchissement soit plus structurel, et que dans l'avenir la croissance de la population soit plus lente. Si le croît démographique de la ville reste supérieur à celui de l'ensemble du pays (3,5 %), il devient toutefois plus faible que celui des autres centres urbains de Côte-d'Ivoire (6,5 %), traduisant une nouvelle orientation des mouvements migratoires depuis 1980. Le peuplement rapide et une croissance continue sur une longue période, procédant d'un afflux de migrants dont une forte proportion est étrangère, constituent des données majeures de la question de l'habitat du plus grand nombre, qui pèsent nécessairement sur le devenir du projet urbain.

I. MIGRATIONS ET CROISSANCE SPATIALE

La population qui migre vers l'agglomération provient d'un vaste bassin démographique dépassant les frontières nationales actuelles, et englobant principalement trois pays : la Guinée, le Mali et le Burkina Faso (ex Haute-Volta) (1). Ces migrants affluent lors des périodes de grands travaux (chemin de fer, port, canal), mais recherchent aussi les emplois salariés des secteurs commercial et administratif. Assez rapidement, la communauté originelle ébrié est devenue minoritaire, cédant une partie des terres aux nouveaux arrivants dans les années trente à cinquante, à Adjamé en particulier.

L'essor de la ville encourage des migrants, Burkinabè principalement, à délaisser les plantations de café et de cacao pour venir tenter leur chance à Abidjan. Nombre d'entre eux, dans les années cinquante, s'installent à la périphérie de Treichville et de la zone portuaire, et fondent des campements à Vridi et à Koumassi. L'arrivée d'autres membres de la famille n'a alors pas de conséquences spectaculaires sur l'environnement : il suffit de défricher un peu de forêt aux alentours afin d'élargir l'unité d'habitation. Les murs des habitations sont édifiés avec des bambous et des feuilles de palme, les toitures sont confectionnées en feuilles de cocotier : les ruraux venus à la ville trouvent là un cadre à leur mesure (A. Bonnassieux, 1982). De plus, les nombreux espaces inoccupés permettent de développer les cultures vivrières et des activités de maraîchage comme à Koumassi, dans les bas-fonds marécageux. Mais peu à peu ces campements sont rejoints par le front d'urbanisation. Pour rendre compte de l'évolution du peuplement d'Abidjan, nous distinguerons trois communautés : les occupants autochtones ébrié, les autres Ivoiriens et les étrangers.

1. Les Ébrié submergés par le nombre

La population actuelle de l'ex-capitale comprend très peu d'autochtones. Au recensement de 1936, l'effectif des Ébrié était de 6 474, soit 37 % de la population totale de la ville et 39,5 % de la population africaine. En 1955, leur nombre atteint 8 196 et représente

(1) En 1984, la Haute-Volta est devenue le Burkina Faso, et ses habitants les Burkinabé. Par commodité, ces termes ont été repris, ce qui permet d'éviter la confusion avec les ressortissants du grand groupe ethnique ivoirien dit « voltaïque ».

alors 6,8 % de la population totale et 7,3 % de la population africaine. Ces données conduisent à formuler deux remarques : l'accroissement de la population ébrié durant cette période est relativement modeste, 1,2 % par an, et cette faiblesse du mouvement naturel résulte certainement d'un niveau élevé de la mortalité à cette époque ; en 1955, l'effectif des Européens (8 126) rejoint celui des Ébrié, et dépassera ensuite largement celui des originaires de la ville.

Au fil des ans, la proportion des Ébrié au sein de la population abidjanaise ne va cesser de décroître. Leur effectif atteint 13 880 personnes en 1963, soit 5,5 % de la population totale et 6 % de la population africaine : à cette date, la plupart d'entre eux (70 %) vivent encore dans différents villages insérés dans la ville. En 1975, malgré l'absorption de nombreux villages périphériques, l'effectif des Ébrié est de 31 380 individus, soit seulement 3,3 % de la population totale.

Cette résorption relative du nombre des autochtones n'entraîne pas leur élimination de la vie politique et sociale de la cité. Bien au contraire, sur l'ensemble des 10 communes qui composent l'agglomération d'Abidjan, ils ont obtenu en 1980 sept sièges de député, six mairies et ils conservent encore après les élections de 1985 la mairie d'Abidjan ainsi que la direction de trois des 10 communes de la ville : le maire ébrié d'Attécoubé, Ngounou Mobio, succède à Emmanuel Dioulo, l'ancien maire ébrié du Plateau. Ce pouvoir politique s'appuie en partie sur la maîtrise foncière de certaines portions de quartier (Adjamé, Marcory, Abobo...) et repose sur des stratégies d'alliance avec d'autres communautés, comme celle des Dioula.

Les Ébrié profitent encore du désintérêt relatif des allochtones ivoiriens pour l'administration d'Abidjan. Les cadres, conformément à la doctrine présidentielle, préfèrent agir et investir dans leurs villages et régions d'origine. La plupart des députés et des maires de l'intérieur du pays résident dans la capitale, et si leur réussite économique urbaine assoit leur pouvoir local, ce dernier conforte en retour leur insertion au sein des classes dirigeantes. Ce renvoi à la vie politique illustre bien la complexité du peuplement de la ville et des faits migratoires. L'intégration à la ville, même chez les personnes les plus citadinisées, n'est pour l'instant jamais absolue, et la région d'origine s'intègre dans l'espace de vie de l'Abidjanais d'adoption.

Avec le temps, une première génération d'Abidjanais apparaît ; cependant, les « natifs d'Abidjan » sont dès vingt ans très minoritaires. Ils représentent, d'après les résultats de l'EPR de 1978, 82 % des enfants du groupe d'âge 0-4 ans, et leur proportion

Figure 4

PYRAMIDE PAR GROUPES D'ÂGE QUINQUENNAUX E.P.R. 1978
PROPORTION DE PERSONNES NÉES À ABIDJAN

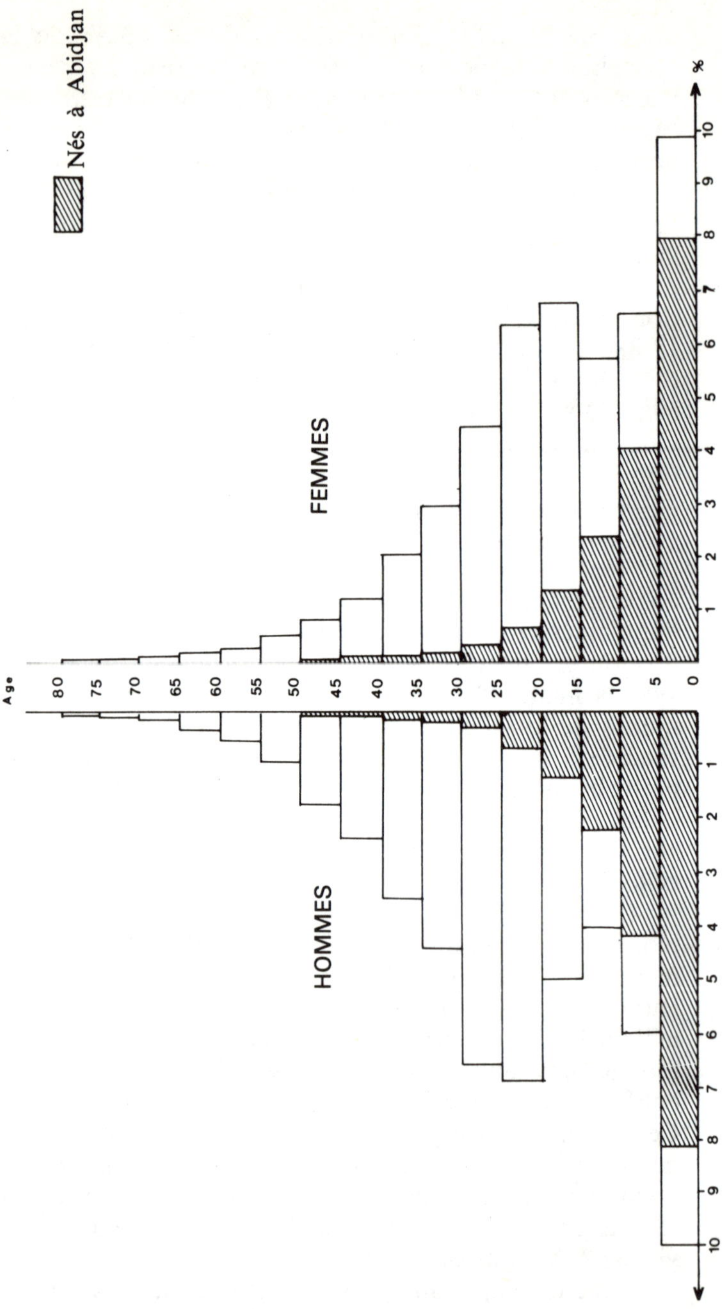

décroît régulièrement pour atteindre 22 % à 15-19 ans et 10 % à 20-24 ans. Passé l'âge de trente ans, les Ébrié constituent l'essentiel de ces natifs de la ville. C'est seulement au cours de la décennie quatre-vingt-dix que les premières générations de citadins arriveront massivement à l'âge adulte. Les réseaux de sociabilité se trouveront alors sans doute fortement modifiés. Actuellement, ils reposent le plus souvent sur des relations ethniques, entretenues par les associations d'originaires qui coexistent dans la ville ; à l'avenir, ils reposeront sans doute plus sur les liens de camaraderie de quartier ou d'école, noués durant l'enfance ou l'adolescence.

2. Une forte communauté étrangère en voie de diminution

De multiples communautés peuplent la ville et lui donnent un caractère particulièrement composite. Cette agglomération est souvent présentée comme une vitrine de l'Occident, mais il ne s'agit là que d'une apparence, car, bien au contraire, c'est un reflet de toute l'Afrique de l'Ouest qui est offert à l'attention de l'observateur : à la diversité des ethnies ivoiriennes s'ajoute la multiplicité des groupes étrangers. A travers les rares données existantes, une esquisse des mouvements migratoires peut être proposée, en distinguant, de façon parfois artificielle, étrangers et Ivoiriens.

L'Empire français était composé de plusieurs territoires, dont les ressortissants étaient considérés comme appartenant à la même entité française. De plus, la Haute-Volta, de 1932 à 1947, était rattachée à la Côte-d'Ivoire, avec laquelle elle formait une entité unique ; la notion de nationalité n'existait pas aux yeux de l'administration. Dès les années trente, les ressortissants de différentes colonies migrent, volontairement ou non, vers la Côte-d'Ivoire, mais c'est surtout à partir des années cinquante que le flux des étrangers s'intensifie, après l'abolition du travail forcé, qui conduit des travailleurs, principalement burkinabè, vers les plantations ivoiriennes. La population qui migre vers Abidjan provient d'un vaste bassin démographique dépassant largement les limites nationales actuelles et englobant économiquement le Burkina et le Mali et, à partir de 1958, surtout pour des raisons politiques, la Guinée. Si l'on ne retient que ces trois pays, leur volume de population est passé de 10,5 millions d'habitants en 1950 à 18 millions en 1980 ; dans le même temps, la population de la Côte-d'Ivoire s'est accrue de 2,8 millions à 8 millions, principalement par l'absorption d'environ 2 millions d'étrangers, dont plus de 80 % originaires de ces trois États.

En 1950, la population de la Côte-d'Ivoire était équivalente à celle de la Guinée (2,8 millions) et nettement inférieure à celles du Mali et du Burkina (environ 3,8 millions d'habitants chacun). Ce rapport a évolué positivement pour la Côte-d'Ivoire, puisqu'en 1970 sa population est identique à celle du Mali (5,5 millions) et supérieure à celle du Burkina (5,1 millions) et de la Guinée (3,9 millions). En 1980, avec ses 8 millions d'habitants, la Côte-d'Ivoire est l'État d'Afrique de l'Ouest francophone le plus peuplé, le Mali comptant 6,9 millions d'habitants, le Burkina 6,1 millions et la Guinée 5 millions. Abidjan n'attire qu'une part de cette population étrangère, mais l'absence de données ne permet pas de retracer de manière fiable l'évolution comparée des effectifs, puisque les opérations démographiques antérieures au recensement de 1975 n'ont pas pris en compte le critère de nationalité. Toutefois, à partir des données du recensement de 1955, il s'avère possible d'estimer la population étrangère à l'aide de deux variables, le lieu de naissance et la répartition par ethnie. Le lieu de naissance sous-estime fortement l'évaluation du nombre des étrangers ; en effet, bon nombre d'entre eux, et particulièrement les très jeunes enfants, sont nés en Côte-d'Ivoire. A titre indicatif, signalons qu'au recensement de 1975 72 % seulement des étrangers étaient nés hors de la Côte-d'Ivoire ; cette proportion révèle combien l'étude des nationalités à partir du lieu de naissance est hasardeuse. Pourtant de nombreux travaux ont assimilé à tort lieux de naissance et nationalités. Ainsi Bernus (1962), commentant les résultats du recensement de 1955, estime-t-il que les Ivoiriens « représentaient 62 % de la population d'Abidjan, les Voltaïques 13,2 % et les Maliens 8,9 % ». Ce mode de calcul engendre en fait une nette sous-estimation du nombre des étrangers.

Une reconstitution par nationalité s'avère possible à partir des groupes ethniques, qui sont présentés de façon très détaillée dans les résultats du recensement de 1955. Quelques difficultés subsistent pour les groupes mandingue et sénoufo, mais, en combinant lieu de naissance et ethnie, on peut présenter une évaluation plausible de l'effectif de chaque nationalité pour 1955, qui permet la comparaison de la répartition de la population avec celle de 1975 (tableau 11, p. 102).

Globalement, en excluant la population européenne, la proportion d'Ivoiriens passe de 53,6 % en 1955 à 61,1 % en 1975. Contrairement à une idée répandue, la population étrangère a fortement diminué durant cette période, passant de 46,4 % à 38,9 % de la population de la ville, et tout incite à penser que cette tendance persiste. Cependant, la proportion d'étrangers est bien plus élevée aux âges actifs : 41 % entre 15 et 40 ans et 49 % entre 40 et 65 ans. Ces résultats globaux masquent des évolutions différentes. Ainsi les Burkinabè marquent-ils davantage leur prééminence au sein de la communauté étrangère en 1975, et leur installation devient plus durable, puisque 40 % des femmes et 28 % des hommes de cette communauté sont nés en Côte-d'Ivoire. Leur durée de séjour est de plus en plus longue et la migration familiale se développe aux dépens des migrations individuelles. Toutefois, et peut-être plus que les autres étrangers, les Burkinabè sont touchés par la crise économique, et il est fort possible que leur nombre ait relativement diminué depuis le début des années quatre-

Tableau 11

Répartition par ethnie et nationalité

Ethnie-Nationalité	1955		1975	
	Effectif	%	Effectif	%
ÉBRIÉ	8 200	6,8	31 380	3,3
AUTRE AKAN	24 500	20,4	250 309	26,3
KROU	12 400	10,4	123 759	13,0
MANDÉ NORD	7 100	6,0	70 225	7,4
MANDÉ SUD	4 800	4,0	42 157	4,4
VOLTAÏQUES	2 300	1,9	34 514	3,6
TOTAL IVOIRIEN	**59 300**	**49,4**	**560 659**	**58,9**
BURKINA FASO	17 000	14,2	157 188	16,5
MALI	12 000	10,0	83 507	8,8
GHANA	4 800	4,0	16 293	1,7
BÉNIN	4 000	3,3	13 137	1,4
NIGERIA	3 500	2,9	24 539	2,6
TOGO	3 100	2,6	8 648	0,9
GUINÉE	2 700	2,2	20 827	2,2
SÉNÉGAL	2 200	1,8	13 291	1,4
NIGER	1 300	1,1	13 156	1,4
AUTRES AFRICAINS	950	0,8	5 800	0,6
NON DÉTERMINÉS	1 075	0,9	8 921	0,9
TOTAL AFRICAIN	**111 925**	**93,2**	**925 966**	**97,3**
NON AFRICAIN	**8 126**	**6,8**	**25 250***	**2,7**
TOTAL	**120 051**	**100**	**951 216**	**100**

Sources : Évaluation à partir du recensement de 1955 et résultats du recensement de 1975.

* Le nombre des Européens et Libanais a été sous-estimé au cours du recensement : il faut compter entre 40 000 et 50 000 non-Africains à cette époque.

vingt. Plusieurs observations ponctuelles confirment un retour au pays des épouses et des enfants de nombreux Burkinabè résidents de longue date. Mais il se peut également que l'évolution politique du Burkina engendre un arrêt de ces retours et induise de nouvelles migrations, hypothèse qui reste à vérifier.

La part relative des ressortissants du Mali a décliné depuis 1955. Cependant, de nombreux Maliens bénéficient de la nationalité ivoirienne, soit par leur naissance sur la terre ivoirienne, soit par leur mariage, soit par leur naturalisation. Ils constituent toujours la seconde communauté étrangère de l'agglomération. Le nombre des Guinéens, recensés en 1975, est certainement sous-estimé.

Les données du tableau 11 permettent de comparer l'évolution des effectifs des autres nationalités. Trois communautés ont vu la proportion de leurs ressortissants fortement diminuer : le Togo, le Bénin et le Ghana. Les événements de 1958, montée xénophobe à l'égard des Togolais et Béninois, expliquent en partie cette baisse. Il convient de rappeler que la communauté béninoise occupait de nombreux postes qualifiés dans l'administration et dans l'enseignement avant l'indépendance. Alors que 17 % des personnes de plus de quatorze ans savent lire et écrire le français en 1955, environ 65 % des Béninois et 56 % des Togolais ont une parfaite maîtrise de la langue du colonisateur. Les résultats de l'enquête SEMA 1963 montrent déjà un net déclin des originaires du Bénin et du Togo. Les sentiments xénophobes ont certainement constitué un frein à leur migration vers Abidjan. L'émigration ghanéenne a changé de nature et ses flux s'orientent davantage vers le Nigeria. Un constat qui peut sembler anecdotique : en 1955, on comptait environ 104 hommes pour 100 femmes parmi les ressortissants de ce pays, alors qu'en 1975 le rapport de masculinité passe à 0,56 c'est-à-dire presque deux femmes pour un homme. Ce rapport prête immédiatement à sourire pour tout Abidjanais, qui sait fort bien que nombre de Ghanéennes exercent le plus vieux métier du monde. Il apparaît clairement que cette activité s'est particulièrement développée dans certains quartiers « populaires ». Ce phénomène, lié à la présence de nombreux travailleurs migrants célibataires, interfère aussi sur l'habitat. En effet, dans certains quartiers, les propriétaires ont souvent modifié leur cour pour louer, bien plus cher, des pièces aux prostituées « toutous » ghanéennes ou nigérianes.

Certaines communautés étrangères se concentrent plus particulièrement à Abidjan, comme les ressortissants du Sénégal (66 % des Sénégalais installés en Côte-d'Ivoire résident à Abidjan) et les originaires du Nigeria (58 %) (tableau 12, p. 104). Les Burkinabè, qui prédominent en effectif absolu dans la capitale, n'y représentent qu'un cinquième de leur communauté, dont les membres résident plutôt en milieu rural, où ils sont employés comme manœuvres agricoles ou deviennent exploitants de leurs propres plantations dans les zones pionnières ; les Guinéens sont également présents dans une faible proportion (21 %), car ils sont plus particulièrement regroupés dans l'ouest du pays, à proximité de la frontière guinéenne, dans les régions de Man et Danané ; les Maliens, essentiellement migrants urbains, sont présents dans toutes les villes du pays, et un quart d'entre eux ont choisi de résider à Abidjan.

L'importance de la communauté étrangère dès le démarrage économique de l'agglomération abidjanaise explique, en partie, le développement rapide du secteur locatif dans la ville. La présence massive d'étrangers n'exerçant leur activité que temporairement a conforté la demande de logements locatifs. Mais ce comportement n'est pas propre aux étrangers, et bon nombre de migrants ivoiriens ne veulent pas, ou ne peuvent pas, s'installer eux non plus définitivement.

Tableau 12

Proportion de résidents à Abidjan parmi les résidents en Côte-d'Ivoire

	IVOIRIENS		ÉTRANGERS	
AKAN	13 %		BURKINABÈ	20 %
dont Baoulé		9 %		
Agni		11 %	MALI	24 %
Akyé		16 %		
			GUINÉE	21 %
KROU	15 %			
dont Bété		19 %	GHANA	34 %
Guéré Wobé		12 %		
			NIGERIA	58 %
MANDÉ NORD	10 %			
			SÉNÉGAL	66 %
MANDÉ SUD	7 %			
			NIGER	39 %
VOLTAÏQUES	4 %			
TOTAL IVOIRIEN	11 %		TOTAL AFRICAIN	25 %

Source : Recensement de 1975.

3. Les Ivoiriens à l'assaut de leur métropole

Le peuplement de la ville par les Ivoiriens peut être différemment appréhendé. Sur le long terme, les données par ethnie permettent de retracer une évolution de la part relative de chacun des groupes au sein de la capitale ; mais on peut également procéder à une étude des lieux de naissance afin de caractériser les principaux flux.

Analyser le peuplement d'Abidjan sur des bases ethniques, c'est soulever la question de la complexité des fondements de l'identité nationale ivoirienne. Toutefois, il ne s'agit pas d'analyser des rapports de force, mais seulement de dégager des indications quant à la diversité des origines des Ivoiriens présents dans la ville. Cette présentation reste très sommaire, car la plupart des données statistiques disponibles retiennent une présentation devenue classique, et cependant discutable, en cinq grands groupes : Akan, Krou, Mandé Nord, Mandé Sud et Voltaïque (2).

La Côte-d'Ivoire a hérité de frontières arbitraires et son territoire recouvre en partie cinq ensembles culturels dont chacun s'étend hors des frontières nationales. Ces cinq grandes familles ethnolinguistiques comprennent plusieurs « ethnies » ; chacune d'elles, outre un certain nombre de caractères communs a son grand groupe, possède sa culture propre. Ces diverses ethnies ne peuvent être considérées indépendamment les unes des autres, mais, comme le font remarquer J.-P. Chauveau et J.-P. Dozon (1985), « ces groupements sont continuellement informés, tantôt par des processus anciens qui ont présidé à la "constitution" de l'ethnie, tantôt par des phénomènes nouveaux qui "produisent" tout autant de l'identité que de la différence. Dans tous les cas, l'ethnie et ses représentations apparaissent comme des produits historiques qui n'ont de sens que rapportés à un contexte spatial historique englobant ». Malgré les importantes migrations et l'intense brassage de populations depuis la colonisation, ces groupes continuent de s'inscrire dans de grandes entités régionalisées.

La répartition par grands groupes au sein de la ville ne connaît pas de profondes mutations entre 1955 et 1975. En effet, si l'on exclut les autochtones ébrié, les Akan représentent toujours environ 47 à 48 % de l'effectif des Ivoiriens, les Krou 23 à 24 %, les Mandé du Nord 13 %. La proportion de Mandé du Sud décline

---

(2) Pour une présentation plus complète des différentes ethnies, se référer à l'*Atlas de Côte-d'Ivoire*. Par ailleurs, un panorama des migrations urbaines selon les différentes ethnies a été dressé par Y. MARGUERAT (1981-1982).

de 9,5 % à 8 % et celle des Voltaïques (Sénoufo et autres ethnies voltaïques de Côte-d'Ivoire) passe de 4,5 % à 6,5 %. Faut-il en conclure que chaque grand groupe conserve son emprise sur la ville et se reproduit socialement grâce au maintien des réseaux de solidarité et d'accueil ? Une analyse plus fine confirme cette hypothèse, puisque les Baoulé représentent toujours 20 % des Ivoiriens, les Bété 10 à 11 %, les Guéré et Wobé 6 à 7 %. Seule la proportion des groupes ethniques proches d'Abidjan est en augmentation (Akyé, Agni, lagunaires). Certains groupes sont plus particulièrement représentés à Abidjan : ainsi 19 % des Bété résident-ils dans la métropole ivoirienne, et 16 % des Agni sont également dans ce cas. Pour d'autres groupes, comme les Sénoufo, la migration vers Abidjan reste un phénomène marginal (4 % seulement des Sénoufo sont présents dans la ville).

Tout comme les étrangers, les Ivoiriens ont connu une féminisation de leurs effectifs marquant le passage d'une migration individuelle des travailleurs à une migration plus familiale. Toutefois, ce processus présente quelques exceptions notables : chez les Baoulé, en 1955, le recensement dénombre 6 636 femmes pour 4690 hommes, et, en 1975, 60 191 femmes et 53 495 hommes. Selon P. Étienne (1968), l'archétype de la migrante baoulé se trouva élaboré dès les débuts de la colonisation. « Les premiers noyaux de peuplement non traditionnel constituèrent très vite un milieu d'accueil pour les filles et les jeunes femmes qui voulaient échapper à des contraintes sociales imposées par une union trop précoce à leur gré. En effet, les liaisons qu'elles pouvaient entretenir avec les étrangers de la ville, même en cas de grossesse, n'impliquaient aucun engagement de caractère durable. » Il y a une trentaine d'années, la femme baoulé recherchait son indépendance, mais aujourd'hui, à Abidjan, l'équilibre entre les sexes au sein de ce groupe se rétablit, sauf pour les jeunes âges : se développe alors le schéma inverse d'un rattrapage masculin ; la campagne baoulé, qui ne retenait plus ses filles, ne retient plus ses garçons. Dans d'autres ethnies, où l'excédent d'hommes d'âge actif était marqué en 1955, comme les Krou (rapport de masculinité de 128 pour les Bété, 142 pour les Wobé, 163 pour les Dida), la féminisation relative de la population abidjanaise est nette. Ainsi, au sein du groupe d'âge 20-39 ans, le rapport de masculinité entre 1955 et 1975 passe-t-il de 164 à 135, et, pour le groupe d'âge 40-59 ans, de 720 à 240 ; cette évolution traduit-elle l'installation et l'insertion de couples dans la ville, ou au contraire le développement d'une migration féminine indépendante ? Une partie des femmes cherchent à échapper à la condition qui leur est réservée en milieu rural. Ainsi, en milieu bété, « les femmes, bien qu'elles soient censées partager une vie commune avec leur mari, constituent la première main-d'œuvre utilisée par ces derniers ; lorsqu'on les interroge, elles formulent un rapport d'employeur à employée en toute lucidité. (...) L'exode rural féminin est donc un phénomène qui prend aujourd'hui de plus en plus d'ampleur et qui, par contre-coup, augmente et justifie celui des hommes » (J.-P. Dozon, 1985).

Il apparaît nettement que la féminisation de la pyramide ne correspond pas simplement à l'implantation de familles à Abidjan. La proportion de chefs de ménage féminins s'accroît de façon sensible : 6 % en 1963, plus de 10 % en 1978, dont 12,5 % pour les Ivoiriennes. Le phénomène s'accentue pour des groupes ethniques comme les Krou, où la proportion passe de 2 % en 1963 à 10 % en 1978. Cette féminisation progressive de la ville entraîne une modification des relations familiales et des rapports entre les hommes et les femmes.

Si intéressante qu'elle soit, l'analyse de la répartition ethnique dans la capitale économique reste insuffisante pour rendre compte des migrations vers la capitale, car elle mêle des courants migratoires anciens et des flux plus récents.

Les migrations vers Abidjan s'inscrivent dans un ensemble plus large de flux de population où dominent les courants à destination du milieu rural, principalement du centre du pays vers l'Ouest et le Sud-Ouest. Une appréhension des migrations ivoiriennes récentes nous est fournie par l'analyse du recensement de 1975 à laquelle a procédé Ph. Fargues (1982), et dont nous reprenons quelques résultats. La comparaison des lieux de naissance et des lieux de résidence permet d'identifier les principaux flux. Les migrations urbaines, en valeur absolue, se dirigent majoritairement vers Abidjan et proviennent de la plupart des départements de la Côte-d'Ivoire, mais, ramenés à leur poids relatif, les courants sont relativement plus forts vers les villes petites et moyennes (3). Le tableau n° 13 met en évidence les principaux flux vers la ville d'Abidjan et les centres urbains du département (Bingerville, Anyama). Le département de Bouaké est le premier pourvoyeur, en effectifs absolus, de migrants vers le département d'Abidjan (4). Ce cou-

(3) Sur les migrations urbaines, voir la thèse de Fr. Dureau, *Migrations et urbanisation*, université de Paris I, institut de démographie. A paraître à l'ORSTOM dans la collection « Études et thèses » (1987).

(4) L'analyse des courants migratoires a été entreprise au niveau des départements. Pour celui d'Abidjan, le recensement distingue, d'une part la ville composée de 12 arrondissements, et d'autre part le reste du département, incluant la sous-préfecture de Bingerville dont dépendaient alors Abobo et Yopougon. La non-pertinence de ce découpage ne permet donc pas une analyse plus fine des flux en provenance des sous-préfectures avoisinantes de l'agglomération abidjanaise, qui fournissent de forts contingents de citadins.

rant migratoire est plus féminin que masculin (rapport de masculinité = 81) et confirme les tendances déjà décrites des migrations féminines baoulé vers les villes et Abidjan plus particulièrement. Puis viennent les autres départements où prédomine l'économie de plantation, et qui devancent les entités administratives limitrophes d'Abidjan, c'est-à-dire celles d'Agboville, d'Adzopé, de Divo et d'Aboisso.

Tableau 13

Les principaux courants à destination urbaine au recensement 1975
Courants de plus de 10 000 Ivoiriens (H + F)
à destination d'Abidjan (ville et zones urbaines du département)

Département de provenance	Effectif	Pourcentage des résidents d'Abidjan	Rapport de masculinité
Bouaké (v. + département)	62 170	9,6	81
Gagnoa	28 917	4,5	107
Dimbokro	24 745	3,8	107
Daloa	20 274	3,1	113
Bouaflé	17 815	2,8	108
Man	16 834	2,6	127
Agboville	15 258	2,4	114
Adzopé	15 184	2,4	120
Divo	14 300	2,2	110
Guiglo	13 183	2,0	119
Aboisso	12 413	1,9	115
Séguéla	11 341	1,8	115
Sassandra	10 911	1,7	122
Odienné	10 731	1,7	119

Source : Ph. FARGUES (1982), p. 49.

Les résultats du recensement apportent d'autres informations sur les facteurs des migrations vers Abidjan. Ph. Fargues s'est livré à des analyses de corrélations et de régressions multiples de certaines variables liées à la migration. Il retient cinq ou six variables qui paraissent assez bien décrire les principaux facteurs de migration vers Abidjan. Le taux de scolarisation dans le département de naissance apparaît comme la principale variable explicative de la variance des courants migratoires vers Abidjan. La scolarisation est souvent présentée comme l'un des facteurs contribuant à l'exode rural, et l'analyse statistique confirme cette opinion. Mais cette liaison est aussi largement une relation indirecte ; comme le remarque Fargues, « le taux de scolarisation d'un département est un indice révélateur de l'état de développement social et économique de ce département. Les départements les plus développés sont ceux qui entretiennent avec Abidjan les relations économiques les plus intenses : la circulation de main-d'œuvre n'est qu'un aspect de ces relations, à côté de la circulation de marchandises ». La seconde variable explicative est le revenu agricole moyen par agriculteur : ce sont donc les départements potentiellement les plus riches en production agricole monétarisable qui connaissent l'émigration la plus importante vers la métropole.

Les autres variables interviennent moins dans le modèle, si ce n'est la distance, qui reste en corrélation étroite avec la probabilité de migrer vers Abidjan. Cette variable n'explique que très peu la variance, c'est-à-dire que plus l'on est proche d'Abidjan, plus s'accroissent les chances de migrer vers cette ville, mais cette proximité suffit d'autant moins à expliquer la migration que les régions les plus proches de l'agglomération sont aussi les plus riches.

L'analyse du recensement permet donc de singulariser les principaux départements d'origine des migrants, mais elle ne nous renseignc pas sur les itinéraires migratoires vers Abidjan. L'enquête à passages répétés apporte quelques informations complémentaires en ce domaine. La métropole constitue-t-elle l'étape ultime de cheminements migratoires complexes ? Les résultats de l'enquête démographique à passages répétés (EPR) montrent qu'une part importante des migrations s'effectue directement du lieu de naissance vers l'agglomération. Il semble donc qu'Abidjan constitue un objectif clairement affiché pour de nombreux migrants. Les données dont nous disposons sont à la fois ponctuelles et globales : elles concernent l'année 1978 et prennent en compte le lieu de naissance de chaque personne et le lieu de résidence précédant sa venue à Abidjan. Les itinéraires très complexes ne sont donc saisis que depuis leur avant-dernière étape (tableau 14, p. 110) (5). Respectivement 42 % des hommes et 40 % des femmes nés en Côte-d'Ivoire arrivent directement de leur lieu de naissance vers Abidjan. Évidemment, parmi eux se trouvent de nombreux enfants, migrants passifs qui suivent leurs parents, mais il y a aussi un courant induit d'enfants confiés ou placés comme aides familiaux par la parenté auprès de leur famille résidant à Abidjan. Ces enfants migrants précoces, devenus adultes, préféreront rester à Abidjan

---

(5) Nous avons exclu de ce tableau les individus (33 %) nés à Abidjan et qui n'ont effectué aucun séjour en dehors de la ville.

Tableau 14

Parcours migratoire vers Abidjan

Lieu de naissance	Étape intermédiaire	Hommes		Femmes	
		Effect.	Pourc.	Effect.	Pourc.
Né à Abidjan	Divers lieux	10 940	2,5	9 882	2,5
Villes intérieures	Sans étape	53 783	12,1	54 850	13,8
Villes intérieures	Villes intérieures	68 077	15,4	82 639	20,8
Villes intérieures	Milieu rural	4 704	1,1	5 270	1,3
Villages	Sans étape	50 322	11,4	42 269	10,6
Villages	Autres zones rurales	36 752	8,3	50 458	12,7
Villages	Villes intérieures	22 192	5,0	16 388	4,1
Étranger	Sans étape	54 339	12,3	34 617	8,7
Étranger	Étapes dans le pays d'origine	122 046	27,6	91 764	23,0
Étranger	Milieu rural ivoirien	2 242	0,5	1 070	0,3
Étranger	Villes intérieures ivoiriennes	16 678	3,8	8 941	2,2
TOTAL		442 075	100	398 148	100

Source : A partir de l'EPR 78-79.

plutôt que de retourner dans leur milieu d'origine, qu'ils ne connaissent plus.

Les migrants « ivoiriens » vers Abidjan sont avant tout originaires du milieu urbain (à plus de 50 %), et ce sont ces « urbains » qui transitent surtout par une autre ville de l'intérieur, bien souvent pour des raisons de scolarisation, car un échec scolaire dans un établissement conduit l'élève à tenter une nouvelle année scolaire dans un autre établissement localisé dans une ville différente. Il sera alors pris en charge par un tuteur, parent ou relation de sa famille. Parmi les originaires du milieu rural, les femmes sont plus nombreuses à transiter par un autre village, souvent pour rejoindre celui du mari, avant de partir à leur tour vers la capitale économique du pays. Rares sont les itinéraires qui conduisent du village vers une ville de l'intérieur, étape intermédiaire vers l'agglomération abidjanaise.

Ces migrations des natifs de Côte-d'Ivoire apparaissent donc, sous l'angle des statistiques, plutôt comme le résultat d'un choix délibéré : les flux vers Abidjan se distinguent des flux vers les villes de l'intérieur et le milieu rural, où d'autres stratégies président à des choix différents.

Les étrangers, dans leur grande majorité, ne viennent pas directement de leur lieu de naissance vers Abidjan, la plupart transitant quelque temps par une autre localité de leur propre pays. Par contre, très peu de ceux qui partent vers le milieu rural ivoirien se réorientent ensuite vers Abidjan. Il apparaît que le choix de la destination finale est opéré dès le pays de départ, principalement en fonction des possibilités et des réseaux d'accueil déjà existants.

Des récits de vie confirment ces informations statistiques. Lors d'une enquête menée en 1984 auprès d'un sous-échantillon de l'EPR comprenant une cinquantaine de chefs de ménage, toutes les personnes interrogées ont fait référence à un parent qui a pu les prendre en charge dès leur arrivée à Abidjan (voire leur ont proposé de venir), et bien souvent les a introduites dans le même secteur professionnel : un tailleur forme un tailleur, un comptable aide son petit frère à passer le concours de commis comptable... Toutefois cette « reproduction » n'est pas toujours automatique : il s'avère que les anciennes générations (celles de plus de 65 ans) ont rencontré plus de difficultés d'insertion et ont multiplié les métiers avant de pouvoir bénéficier d'une situation stable. On relève au sein des ménages actuels de nombreux parents accueillis, surtout dans les familles résidant dans les logements économiques modernes, mais, pour les jeunes, la situation est devenue plus précaire, car il y a de nombreux déscolarisés sans emploi : l'esprit « aventurier » semble alors disparaître au profit d'une attitude d'assisté que leur reprochent d'ailleurs souvent leurs aînés.

La migration vers la métropole ne relève plus, comme autrefois, d'une épreuve initiatique et, particulièrement pour les Ivoiriens, les réseaux d'accueil familiaux ou villageois deviennent les garants d'une tentative sans risque. Mais faute de trouver un emploi, au bout de plusieurs mois ou années, de nombreuses personnes renoncent à séjourner à Abidjan. La mobilité est donc particulièrement intense ; 272 000 personnes sont arrivées à Abidjan au cours de l'année 1978-1979, et 192 000 en sont reparties durant la même période. La métropole brasse ainsi une masse de population importante, dont une partie n'effectue qu'un court séjour dans la première ville du pays. A ce rythme, la majeure partie de la population de la Côte-d'Ivoire aura séjourné, à un titre ou à un autre, dans l'agglomération d'Abidjan. Toutefois, le ralentissement de la croissance démographique de la ville constaté depuis quatre à cinq ans conduit à s'interroger sur l'éventuelle persistance des nouvelles orientations des flux migratoires vers certaines villes de l'intérieur.

4. Les étapes de la croissance spatiale

La croissance régulière de la population a profondément modifié la répartition des sites habités. Avant la colonisation, plusieurs villages ébrié ponctuaient l'espace couvert aujourd'hui par l'agglomération. Une fraction des Ébrié, les Bidza, occupait plus précisément certains quartiers actuels, dont les noms, comme le souligne Bouah (1969), sont ceux d'anciens villages ébrié tels Santé, Attécoubé, Cocody (Kokoli), Lokodjoro. Il fut même un temps où Adjamé, Attécoubé et Agban formaient un seul et même village : Attécoubé était le quartier Até (bas), Adjamé le centre, et Agban le quartier Ato (haut). Très souvent, les villages ébrié ont éclaté, et chaque nouveau village a gardé, accolé à son nouveau nom, celui du quartier d'origine. L'emplacement actuel des villages ne correspond pas toujours à leur site originel. Les scissions et conflits ont provoqué la création de nouveaux établissements, mais l'application du projet urbain colonial a aussi entraîné de nombreux déguerpissements.

Avant le recensement de 1955, il n'existe pas de données localisées par quartier. Les diverses études entreprises depuis cette date permettent d'appréhender l'évolution de la population par grandes aires géographiques (tableau 15, p. 114). Jusqu'en 1980, l'agglomération comprenait 12 arrondissements et de nombreuses localités rattachées à la sous-préfecture de Bingerville (Abobo, Yopougon, villages ébrié). La définition des limites spatiales de ces différentes unités variait d'un organisme à l'autre. Depuis 1980, la ville d'Abidjan est divisée en 10 communes (loi n° 80-1182 du 17 octobre 1980). Certaines d'entre elles correspondent aux arrondissements existant précédemment (Plateau, Treichville, Koumassi), d'autres communes sont le produit de la fusion de plusieurs quartiers, telle celle de Marcory, qui regroupe Marcory et Zone IV. Dans d'autres cas, le découpage ne suit pas l'ancienne division en quartiers : la commune d'Adjamé englobe également une partie de Williamsville. Les recensements effectués en 1979 et 1984 afin d'élaborer les listes électorales prennent en considération les nouvelles communes d'Abidjan (tableau 16, p. 115) (6). *A priori*, les chiffres de popu-

(6) Plusieurs séries de données existent concernant les résultats du recensement de 1979.

lation sont de qualité inégale suivant les communes : la population du Plateau peut difficilement avoir perdu 5 000 personnes en cinq ans ! En ce qui concerne les autres communes, le degré de sous-estimation varie et doit se situer dans une fourchette allant de 2 à 5 % selon les cas. A partir des données du dernier recensement électoral, on peut donc évaluer en 1984 la population à 1 800 000 habitants, soit une croissance d'environ 5 % par an depuis 1978, et, si ce rythme s'est maintenu, à 2 100 000 habitants en 1987. D'autres estimations fournissent des effectifs plus importants. Ainsi une enquête de l'US-AID estime-t-elle la population, en 1985, à 2 130 000 habitants. Ces hésitations numériques montrent à quel point le démographe est désarmé pour suivre la croissance d'une grande agglomération africaine. Malgré leurs imperfections, ces données fournissent de précieuses indications sur la répartition récente de la population abidjanaise. Elles confirment le développement rapide de la population d'Abobo et de Yopougon, et elles aident à dresser un bilan de la croissance démographique des différentes entités géographiques de la ville depuis 1955.

Trois grandes étapes, trois changements d'échelle caractérisent la croissance spatiale d'Abidjan, selon la distinction opérée par Ph. Haeringer (1977) : la ville coloniale, dont le développement a eu lieu durant la période 1912-1950 ; la ville portuaire, dont la croissance s'est opérée entre 1950 et 1970 ; le nouveau périmètre, qui accueille une grande partie de la population abidjanaise depuis 1970.

Nous considérerons, l'une après l'autre, ces trois entités urbaines.

La ville coloniale, capitale de la Côte-d'Ivoire à partir de 1934, doit son essor au chemin de fer. De 1930 à l'après-guerre, la ville ne compte que trois quartiers : le Plateau, centre administratif et quartier européen, protégé des deux quartiers africains, au nord par les camps militaires et au sud par la lagune ; ces deux obstacles le séparent nettement des quartiers « populaires » de Treichville et Adjamé. L'emprise urbaine couvre alors 600 hectares, et cet ensemble ne compte guère plus de 60 000 habitants en 1950. Malgré l'extension spatiale de la ville, les deux quartiers « populaires » ont continué à accueillir des résidents, et leur peuplement régulier s'est maintenu jusqu'aux années soixante-dix. Si le rythme de croissance s'est nettement ralenti ces dernières années, ces quartiers, et plus particulièrement Adjamé, accueillent toujours de nouveaux arri-

Mais les données par quartier ne sont pas entièrement cohérentes avec les données par commune. La première série (tableau 15) provient d'un dépouillement manuel, la seconde donne les résultats officiels définitifs.

Tableau 15

Population d'Abidjan par quartiers

	Recensement 1955	Enquête SEMA 1963	Évaluation photoaérienne 1973	Recensement 1975	Perspectives décennales 1977	EPR 1978	Évaluation à partir recensement communal 1979
Plateau	8 816	6 900	12 000	17 795	18 000	18 528	19 018
Treichville	51 062	81 640	111 750	113 666	115 000	119 000	100 395
Adjamé	38 434	86 330	104 550	127 548	131 000	146 763	152 858
Attécoubé	431	11 450	29 200	47 802	53 000	56 160	68 464
Marcory	—	13 150	66 800	67 576	80 800	89 177	116 551
Zone 4	4 108	8 880	15 150	14 241	16 100	16 354	18 194
Koumassi	3 047	12 610	149 150	146 370	162 000	180 995	197 907
Port-Bouët-Vridi	12 401	21 640	59 650	80 900	76 000	72 311	99 878
Cocody-Riviera	1 188	8 090	42 150	47 300	56 200	58 014	58 206
Williamsville	—	—	30 650	31 233	53 400	36 296	36 624
Yopougon-Banco	564	6 690	58 250	112 600	180 000	185 100	223 165
Abobo-Gare	—	4 000	109 600	138 000	206 800	231 933	254 633
Divers (banlieue)	—	—	—	6 185	10 600	58 440	65 335
Total	120 051	261 380	788 900	951 216	1 158 900	1 269 071	1 411 228

Tableau 16

Population résidente dans les dix communes d'Abidjan

Commune	Recensement de 1979	Recensement de 1984
PLATEAU	16 094	11 248
TREICHVILLE	102 059	94 459
ADJAMÉ	200 000	179 956
PORT-BOUËT	113 893	133 008
ATTÉCOUBÉ	98 000	125 800
KOUMASSI	200 007	206 550
MARCORY	134 625	128 734
COCODY	98 000	109 195
ABOBO	241 015	338 060
YOPOUGON	219 630	312 422
TOTAL ABIDJAN	1 422 323	1 639 432

Sources : ZANOU (1986) et direction de la Statistique.

vants malgré une densité de population très élevée. Il est vrai qu'une grande partie des activités y sont regroupées et que la proximité des emplois du secteur secondaire à Treichville ou du secteur tertiaire au Plateau ainsi que les trois grands marchés de quartiers incitent de nombreuses personnes à y résider.

La population du Plateau ne progresse plus depuis de nombreuses années. Celle de Treichville se modifie, car le quartier est peu à peu transformé par le développement de la fonction commerciale, la modernisation de l'habitat selon les normes du modèle des cours laissant la place à un habitat groupé moderne (cité Arras par exemple), et le début d'extension de la fonction centrale du Plateau sur la rive sud de la lagune (tours SODECI et ONFP). Enfin, Adjamé enregistre une croissance lente et régulière de ses effectifs jusqu'en 1963 et une légère diminution depuis le début des années quatre-vingt.

Mais ce sont surtout les conceptions urbaines de l'époque coloniale qui marquent encore la structuration de cette partie de la ville : la distinction antérieure entre les quartiers a certes été accentuée par l'édification des tours du Petit Manhattan, mais, à une autre échelle, c'est toujours la trame quadrillée héritée qui délimite et dessert les lots habités.

La physionomie actuelle de l'agglomération sera esquissée à partir de 1948, lors de la préparation du plan d'urbanisme, plus connu sous le nom de plan Badani (1952), qui marque le passage de la cité administrative à la ville portuaire et industrielle.

La ville portuaire, deuxième étape du développement de l'agglomération, correspond au démarrage économique consécutif à l'ouverture du canal de Vridi et à l'aménagement du port. Le plan d'urbanisme de 1952 (7), qui combine affectations d'espaces et tracés de voiries, accentue le cloisonnement des quartiers, avec par exemple la programmation de l'autoroute de l'aéroport, qui coupe l'île de Petit-Bassam en deux : zones industrielles au sud-ouest et quartier d'habitation au nord-est. Les nouvelles zones d'habitat projetées esquissent certains quartiers d'aujourd'hui : Adjamé-Nord, Cocody, Marcory, Koumassi. Le Plateau est conforté dans ses fonctions de centre administratif et commercial de la ville.

Cette distribution des fonctions urbaines engendre de graves déséquilibres dans la répartition de la population et des lieux d'emploi, responsables de l'intensification des déplacements quotidiens.

Le développement de la ville et la croissance démographique trop rapide provoquèrent l'abandon de certaines propositions du plan et révèlèrent l'insuffisance de certaines autres. La Zone 4 C, initialement industrielle, devint progressivement résidentielle. De même, aucune activité industrielle ne fut implantée au Banco. Les plans ultérieurs répondront à la volonté de l'État de faire d'Abidjan, et surtout du Plateau, le reflet du « modernisme ivoirien ». Certains projets, les plus ambitieux, ne sont d'ailleurs toujours pas réalisés, comme celui de la Voie triomphale, partant de la présidence, au Plateau, pour se terminer d'abord à Adjamé, puis à Abobo-Gare ; proposé une première fois en 1960 par la SETAP, le projet fut repris par tous les plans d'urbanisme successifs. De même, le troisième pont, devant joindre le Plateau au Banco, n'a jamais été construit.

La priorité donnée à l'urbanisme de prestige n'a pas permis de dégager les moyens financiers nécessaires pour freiner l'occupation de l'île de Petit-Bassam, qui pourtant n'est guère propice à l'habitat, du fait de mauvaises conditions naturelles de drainage. La « ville portuaire » résulte donc de l'urbanisation d'une grande partie de l'île de Petit-Bassam, d'une fraction du cordon littoral

---

(7) Pour une analyse des plans successifs d'urbanisme, voir *Perspectives décennales, rapport de 1re phase* (pp. 201-209) et M. ARMAND (1984), pp. 151-168.

Figure 5

ABIDJAN - LIMITES COMMU

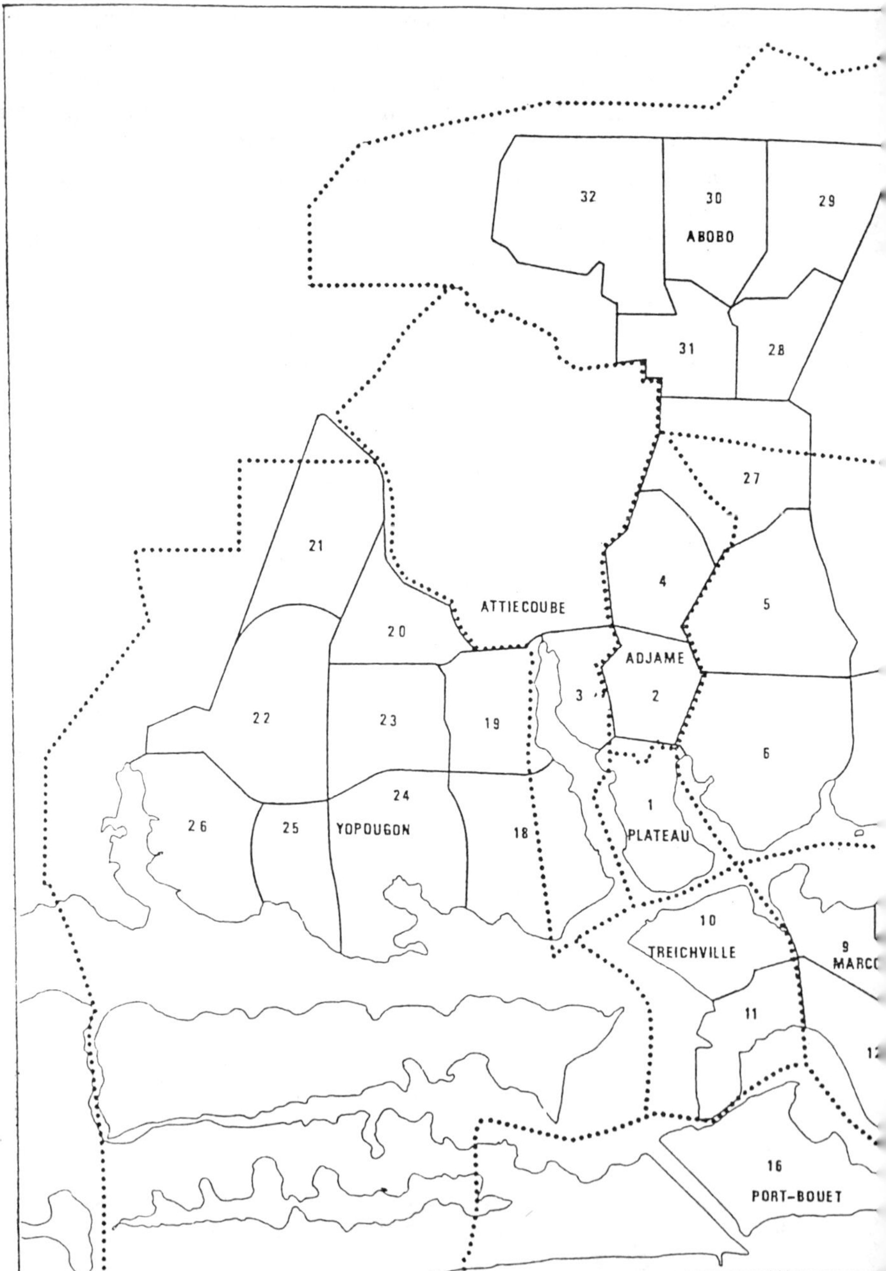

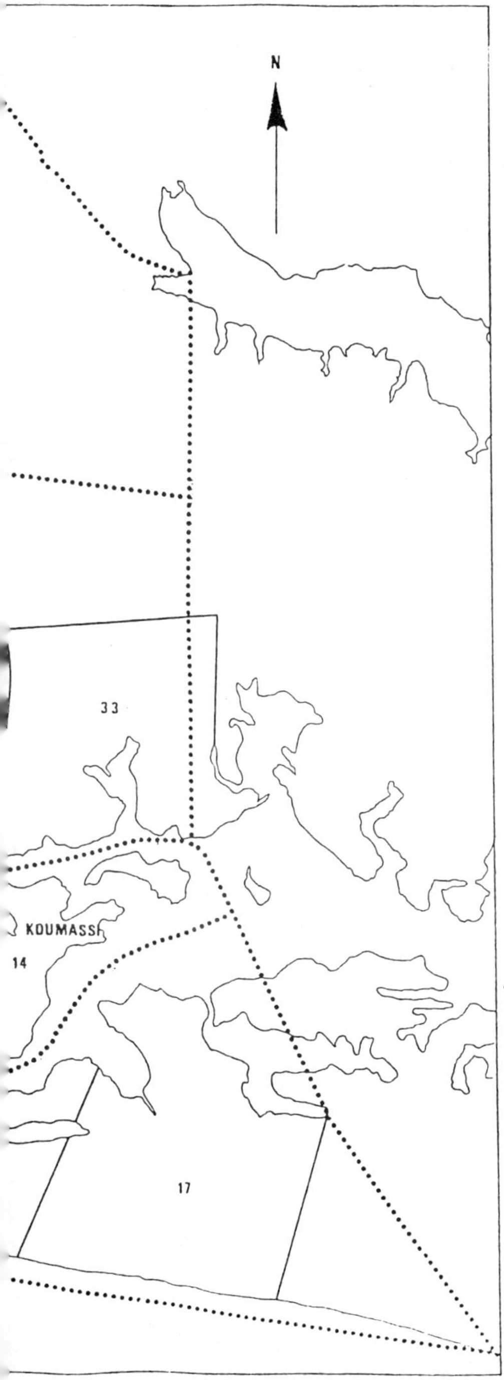

—— SECTEURS

1 Plateau
2 Adjamé Est
3 Adjamé Ouest
4 Williamsville
5 Deux-Plateaux
6 Cocody
7 Riviera
8 Marcory-Anoumabo
9 Marcory
10 Treichville
11 Zone 3 - Zone portuaire
12 Zone 4C - Biétri
13 Koumassi
14 Koumassi-N.-E. - Zone ind.
15 Port-Bouët
16 Vridi
17 Zone aéroport
18 Banco Sud
19 Banco Nord
20 Yopougon-Gare
21 Zone ind. Yopougon
22 Niangon Nord
23 Yopougon-Attié
24 Yopougon-Kouté
25 Niangon Sud-Est
26 Niangon Sud-Ouest
27 Abobo Sud
28 Abobo-Té
29 Abobo Nord-Est
30 Abobo Nord
31 Abobo Centre
32 Abobo Nord-Ouest
33 Akouédo

······ COMMUNES

vers Port-Bouët, et de l'occupation de zones nouvelles d'habitat, principalement au nord et à l'est du Plateau.

Au-delà de Treichville, de nouveaux quartiers apparaissent : Marcory et, plus à l'ouest, Koumassi, ainsi que la Zone 4 C et, le long du cordon littoral, Port-Bouët et Vridi.

Sur le plateau continental, le nord d'Adjamé et son prolongement, Williamsville, sont occupés ; Cocody, quartier mieux aéré, accueille un habitat de standing ; au sein des villages ébrié de la baie du Banco, l'habitat évolutif se développe.

Durant cette période, l'extension et le peuplement de la ville concernent principalement le sud de l'agglomération et, paradoxalement, les aires les moins facilement constructibles. Les citadins semblent rechercher la proximité des lieux d'emploi, principalement localisés dans l'île de Petit-Bassam. Ainsi la population de Koumassi croît-elle très rapidement, passant de 3 000 habitants en 1955 à 12 600 en 1963 et probablement 70 000 habitants en 1970. Marcory, inhabité en 1955, compte déjà 13 000 personnes en 1963 (tableau 15), alors que, dans les quartiers anciens de Treichville et d'Adjamé, la densification se poursuit.

Puis l'explosion de la ville hors de ses limites va entraîner la conquête de nouveaux espaces sur le plateau continental. Jusqu'en 1955, l'agglomération est inscrite dans un rayon de 4 km, et la superficie urbanisée (8) atteint 1 350 ha. En 1970, le rayon a doublé et les espaces construits couvrent une surface d'environ 6 000 ha. A partir de cette date, de nouveaux pôles d'urbanisation apparaissent, contenus dans un rayon de 10 km, à l'exception d'Abobo, distant de 12 km du Plateau.

Le nouveau périmètre est le produit d'une croissance démographique soutenue. L'espace urbanisé gagne le Plateau continental à partir des années soixante-dix. Certains quartiers naissent sous une forme plus ou moins planifiée comme Yopougon, la Riviera ou les Deux-Plateaux. D'autres, comme Abobo, procèdent d'une occupation illégale du sol. En 1980, plusieurs quartiers composent le nouveau périmètre : Yopougon, localisé sur le plateau du Banco, connaît une urbanisation de masse, comprenant des lotissements évolutifs au nord et de nombreux programmes de logements économiques construits par des sociétés d'État au sud. Une zone industrielle est réalisée afin de rééquilibrer la répartition des activités et de créer des pôles d'emploi dans la partie septentrionale de l'agglomération.

Abobo, qui n'était, il y a une vingtaine d'années, qu'une mo-

---

(8) Aires d'habitat et d'emploi, grands équipements et réserves administratives.

deste concentration d'habitations autour de la gare, s'est développée rapidement pour constituer, avec Yopougon, l'une des deux plus importantes communes de la capitale. L'habitat de cour construit dans l'illégalité a longtemps dominé, mais « Abobo-la-guerre » a connu d'importantes restructurations, et dans certains secteurs les équipements ont été considérablement améliorés.

Les Deux-Plateaux et la Riviera constituent des prolongements nord et est de Cocody. Enfin, le long du cordon littoral, autour de la route de Grand-Bassam, croît un habitat précaire réalisé en bambou et feuille de palme ou en planche, sous les cocoteraies du bord de mer.

La ville coloniale a constitué pendant de nombreuses années le noyau quasi exclusif de peuplement de l'agglomération ; ainsi, en 1963, cette entité centrale accueillait-t-elle encore 67 % de la population de la ville (tableau 17 a ci-contre). Mais, très rapidement, à partir des années soixante-dix, la répartition de la population entre les périmètres va être profondément modifiée pour atteindre un équilibre passager vers 1973. Depuis lors, la majeure partie de la population tend à résider de plus en plus à la périphérie actuelle de la ville (32 % de la population en 1973 ; 55 % en 1984). Si le rythme annuel de croissance de l'agglomération reste élevé, cette croissance concerne davantage les aires récemment urbanisées. En dépit d'une forte densité, l'augmentation de la population demeurant dans la ville coloniale s'est maintenue à un rythme relativement élevé (4,5 % durant la période 1973-1978), mais, depuis le début des années quatre-vingt, la population du centre-ville diminue (– 1,7 % durant la période 1978-1984).

La croissance soutenue du nombre d'habitants, malgré une multiplication des surfaces urbanisées (1 350 ha en 1955, 12 000 ha en 1980), a eu pour corollaire une réduction de l'espace disponible par habitant, qui est passé de 108 m² en 1955 à 77 m² en 1980 (9). L'extension de la ville va donc de pair avec une raréfaction de l'espace habitable. L'organisation concentrique laisse place à une structuration s'appuyant sur plusieurs pôles. Mais le déséquilibre s'accroît entre le nord de la ville, qui regroupe la majorité des habitants, et le Plateau, l'île de Petit-Bassam et la presqu'île de Vridi, où demeurent concentrés la plupart des emplois salariés de la sphère d'activité dite « moderne ».

---

(9) *Perspectives décennales,* 1978.

Tableau 17 a

L'évolution de la population selon les trois périmètres

	1936	1955	%	1963	%	1973	%	1978	%	1984	%
Ville coloniale	17 000	98 300	82	174 900	67	228 300	29	284 000	22	255 000	16
Ville portuaire	—	21 200	17,5	80 500	31	310 600	39	405 000	32	474 000	29
Nouveau périmètre	—	600	0,5	6 000	2	250 000	32	580 000	46	910 000	55
Total	17 000	120 100	100	261 400	100	788 900	100	1 269 000	100	1 639 000 à 1 800 000	100

Tableau 17 b

Taux de croissance annuel par période

	1936/55 %	1955/63 %	1963/73 %	1973/78 %	1978/84 %
Ville coloniale	9,7	7,5	2,7	4,5	– 1,7
Ville portuaire	—	18	14,5	5,4	2,5
Nouveau périmètre	—	—	45	36,5	7
Ensemble de la ville	10,8	10,2	11,7	10	4 à 5

II. POPULATION ET HABITAT DANS L'ESPACE ABIDJANAIS

La croissance concentrique de la ville s'est accompagnée d'une accumulation de strates de population et d'habitat. La ville coloniale reposait sur un dualisme Noirs (Adjamé et Treichville) - Blancs (Plateau), caractérisé par des types d'habitat différents selon les quartiers. Les extensions successives de la ville comprennent, elles aussi, des habitats diversifiés. Mais la superposition concentrique donne aujourd'hui un paysage urbain relativement complexe, toujours en pleine mutation sous l'effet conjugué des déguerpissements, des aménagements et de la transformation des fonctions de certains quartiers.

L'habitat constitue pourtant un bon témoin de la diversité de l'agglomération et, malgré les imperfections, une typologie de cet habitat permet de mieux appréhender la complexité abidjanaise.

1. L'arbitraire des typologies d'habitat

Le choix d'une typologie relève toujours d'un certain arbitraire, plus particulièrement dans le domaine de l'habitat où, bien souvent, la caractérisation du bâti prend en compte divers éléments d'analyse, juridiques, économiques, morphologiques, sociologiques... Les bureaux d'études, qui depuis 1960 travaillent sur le devenir de la ville, ont proposé diverses typologies fondées à la fois sur le statut juridique du bâti et sur des critères économiques d'équipement. Les praticiens sont conscients des imperfections présentées par ces différentes typologies qui, par essence, sont réductrices de la réalité, mais permettent cependant de répondre à certains objectifs opérationnels précis.

La plupart des typologies retenues à Abidjan se réfèrent à celle élaborée en 1963 par la SEMA (et reprise en particulier en 1977 pour l'élaboration des perspectives décennales), et différencient cinq strates principales :
— strate A : habitat résidentiel de type moderne en immeubles ou en villas de haut et moyen standing ;
— strate B : habitat collectif amélioré, réalisé par des sociétés immobilières publiques ou privées ;
— strate C : habitat ancien en îlots privés de concession (cours de Treichville et Adjamé) ;
— strate D : habitat récent sur parcelles loties (cours de Koumassi, par exemple) ;
— strate E : habitat traditionnel sur terrains non lotis : l'occupation du sol y est souvent régie par le droit du premier occupant ; cette strate est très hétérogène, car elle mêle habitat traditionnel ébrié et habitat spontané.

Les critères retenus manquent de cohérence, et de nombreuses critiques peuvent être formulées. L'étude réalisée par le BCEOM-BNETD met par exemple en évidence les différences de critère de définition choisi d'une classe à l'autre :
— strate A : statut socio-économique ;
— strate B : mode de réalisation ;
— strate C et D : critères historiques d'occupation du sol ;
— strate E : mode d'occupation du sol.

A partir de ce constat critique, le BCEOM-BNETD, lors de l'étude de 1974, a retenu une typologie plus fine combinant le niveau économique des réalisations et le type d'organisation spatiale de l'habitat. Chacune de ces variables comprend six modalités. L'étude distingue une hiérarchie économique qui se conçoit aisément à partir de la qualité des matériaux utilisés lors de la construction et des divers équipements dont le logement est pourvu. La typologie ainsi établie comprend les modalités suivantes :

I. Le très haut standing concerne des constructions de grand luxe, bénéficiant d'un équipement de qualité (plusieurs salles de bains, recours à des matériaux « nobles »...).

II et III. Le haut et le moyen standing, qui regroupent des constructions d'une qualité relativement moindre que le type précédent (surface moins importante...).

IV. L'économique se caractérise par un minimum d'infrastructures convenables et une surface suffisante pour le ménage.

V. Le très économique recouvre des lotissements dotés d'un équipement succint et qui se dégrade très vite.

VI. Le sommaire regroupe à la fois des constructions en dur sans pratiquement aucun équipement et des constructions en planche, voire en matériau de récupération.

Par ailleurs, une typologie de l'organisation spatiale de l'habitat comprend également six catégories :

1. Habitat résidentiel : habitat, à l'origine européen, constitué par les villas de type colonial. Cet habitat a connu au cours des années soixante-dix une certaine expansion et prend, au même titre que la voiture de grosse cylindrée, les fonctions de symbole social au sein de la triade des V du *groto* (10) ivoirien : Villa, Voiture, Virement.

2. L'habitat évolutif, qui constitue la plus ancienne forme d'habitat adoptée par les Abidjanais, est ainsi dénommé parce qu'il peut évoluer progressivement par la construction successive de nouveaux bâtiments au sein de la cour, ou par la construction de nouveaux niveaux sur les toitures en terrasse existantes. Cette forme d'habitat, sis sur une parcelle de 40 m × 40 m, est donc caractérisée par une densification progressive.

3. Les opérations groupées sont réalisées par des promoteurs, le plus souvent des sociétés publiques (SIHCI, SUCCI puis SICOGI et SOGEFIHA) (11), et concernent soit des immeubles, soit des unités d'habitat en continuité (logement en bande).

4. L'habitat traditionnel désigne l'habitat des populations autochtones, les Ébrié, ou plus exactement l'organisation traditionnelle de leurs unités villageoises, car de nombreux locataires allochtones résident aussi dans ces villages.

5. L'habitat de centre urbain est constitué essentiellement par l'habitat collectif vertical (certains immeubles d'habitation du Plateau). Les auteurs de la typologie l'ont considéré comme proche des réalisations des sociétés immobilières de standing.

6. L'habitat spontané concerne tout habitat illégal, c'est-à-dire

---

(10) Dans le parler ivoirien, le terme *groto* désigne, au sens large un homme riche ; au sens strict le *groto*, amant entreteneur, s'oppose au *génito*, amant de cœur.

(11) SIHCI : Société immobilière d'habitation de Côte-d'Ivoire.
SUCCI : Société d'urbanisme et de construction de Côte-d'Ivoire.
SICOGI : Société ivoirienne de construction et de gestion de l'immobilier.
SOGEFIHA : Société ivoirienne de gestion et de financement de l'habitat.

localisé hors des lotissements officiels. Cette catégorie regroupe des constructions de différente nature.

Le croisement de ces variables permet de réaliser une matrice de la typologie de l'habitat. Au sein de la matrice ainsi constituée, certains croisements n'ont aucune réalité et les auteurs identifient, après regroupements de certains types, douze classes (tableau 18, p. 124). Cette typologie comprend implicitement 36 catégories, mais seules 19 d'entre elles possèdent une certaine pertinence. Telle quelle, la typologie s'avère encore trop fine pour l'habitat de haut et moyen standing, et dans les faits elle est inapplicable sur le terrain, car les distinctions sont parfois difficiles à opérer entre haut et moyen standing, et, dans les faits, elle est inapplicable sur le terrain, car les distinctions sont parfois difficiles à opérer entre haut et standing ou entre les immeubles réalisés par les sociétés immobilières et les promoteurs particuliers. Ces considérations ont donc conduit les auteurs à ne retenir que trois catégories pour les réalisations de standing : I.1, II.1 et II.3, la catégorie II.3 agglomérant quant à elle les catégories II.5, III.3, III.5, et la catégorie II.1 absorbant la catégorie III.6.

De même pour l'habitat traditionnel des Ébrié, la distinction selon le niveau économique est très difficile et, par commodité, cet habitat est considéré comme très économique.

En procédant à de nouveaux regroupements, la typologie SEMA peut alors être reconstruite ; la strate C équivaut à IV.2 ; la strate D réunit V.2, VI.2 et VI.3 ; enfin le type E mêle V.4, V.6 et VI.6.

Ces différentes typologies fournissent diverses grilles d'analyse de l'habitat, et celle offerte par le BCEOM, moins réductrice, permet en théorie de mieux appréhender l'habitat selon des critères de standing, selon des types d'organisation spatiale, et selon une lecture combinée des deux précédentes variables.

Suivant la grille d'analyse retenue, différentes évaluations de la population résidant au sein de l'habitat de cour peuvent être présentées. En 1973, la population d'Abidjan était répartie selon les données du tableau 19, p. 125, au sein de la matrice BCEOM. Ces données peuvent aussi être présentées suivant la typologie élaborée par la SEMA (tableau 20, p. 125). Ces deux typologies conduisent à des évaluations de population différentes selon l'habitat.

Dans un cas, la typologie BCEOM d'habitat résidentiel (type 1) au sens strict concerne 29 030 personnes, alors que l'habitat de très haut standing (type I.1) comprend seulement 3 350 résidents, et, dans l'autre cas, l'habitat résidentiel au sens de la SEMA (strate A) compte 51 850 habitants. De même, l'habitat sommaire (type VI) héberge 178 700 habitants, l'habitat spontané (type V) 189 500 et l'habitat correspondant à la strate E de la SEMA

1. La modernisation de l'habitat à Port-Bouët : rénovation par étapes du quartier. L'habitat précaire est remplacé par des logements économiques (constructions SOGEFIHA). Cliché AGEPA.

2. L'habitat des sociétés immobilières à Cocody. A l'arrière-plan, l'hôtel Ivoire.

3. Espaces récréatifs des ensembles immobiliers.

4. Vue sur une cour commune.

5. Espace-cour entre les logements dans une cour saturée.

6. Une cour l'après-midi : préparation du repas du soir sur les fourneaux. Devant chaque logement, les fûts de 200 litres contenant les réserves d'eau potable.

7. Habitat précaire dans des quartiers lotis du centre de l'agglomération.

8. Habitat en parpaing de ciment construit sur une pente dans un quartier périphérique non légal.

9. Habitat précaire sur la toiture en dalle d'un quartier légal construit en parpaing de ciment. En attendant...

10. Les logements à étages des quartiers centraux.

11. Habitat en parpaing construit sur des pentes fortes.

12. Vue sur une cour en construction. La douche est aménagée, mais ne sera pas forcément utilisée dans l'immédiat.

13. Voie piétonne serpentant entre les constructions d'un quartier d'habitat illégal. Quartier de la Pointe-aux-Fumeurs, à Port-Bouët-Vridi.

14. Voie non bitumée ; en saison des pluies, l'eau stagne et creuse des ravines. Quartier de Sagbé (« Derrière-Rails »), à Abobo-Gare.

15. Approvisionnement en eau au « bec-de-cygne » d'un revendeur.

16. Système de revente d'eau potable par fûts dans les quartiers non équipés.

17. Les eaux domestiques sont rejetées dans le caniveau...

18. ... sur les voies piétonnes et drainées vers la lagune.

19. Les ravins d'Attécoubé : érosion progressive qui grignote la rue et menace les constructions.

20. Érosion des rues à forte pente.

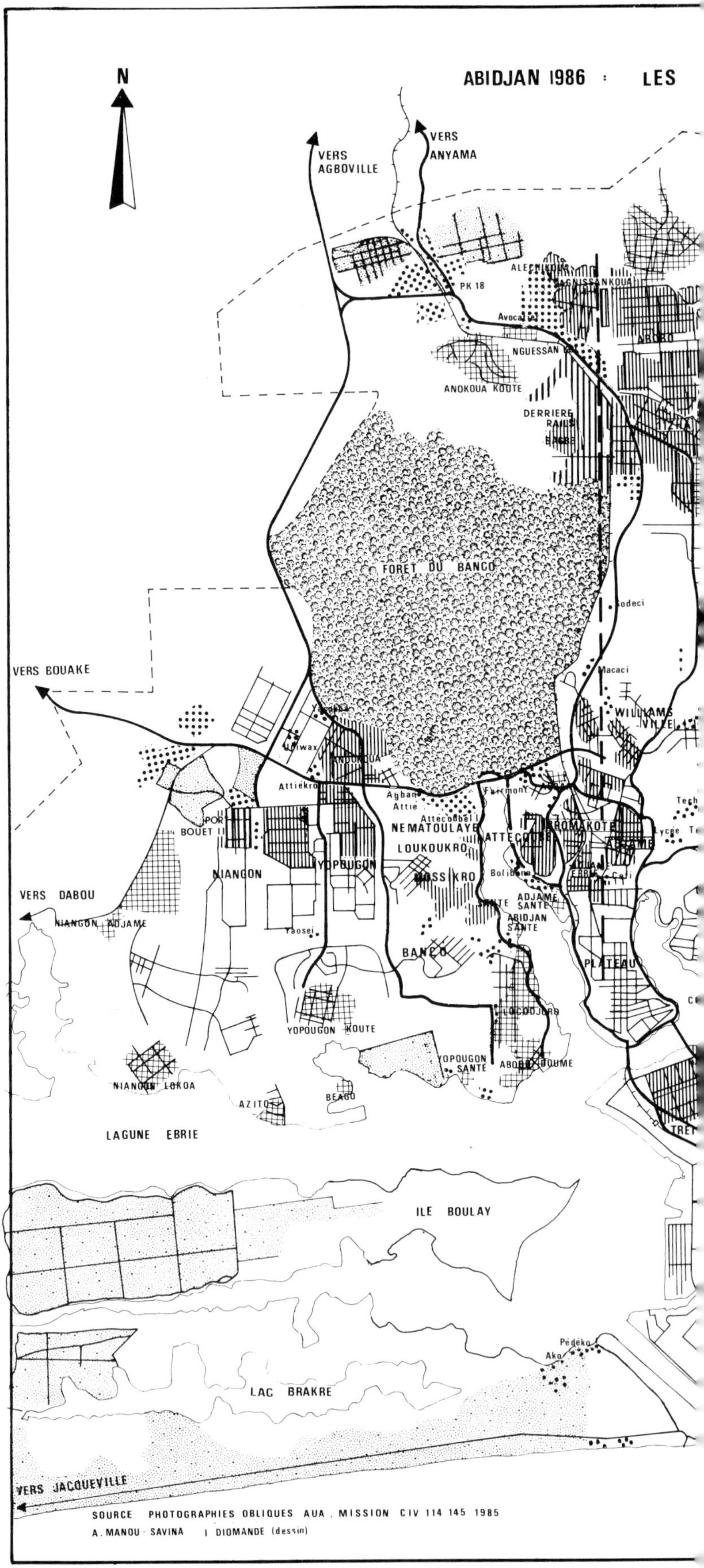

ABIDJAN 1986 : LES

SOURCE PHOTOGRAPHIES OBLIQUES AUA, MISSION CIV 114 145 1985
A. MANOU - SAVINA I. DIOMANDE (dessin)

D'HABITAT DE COUR

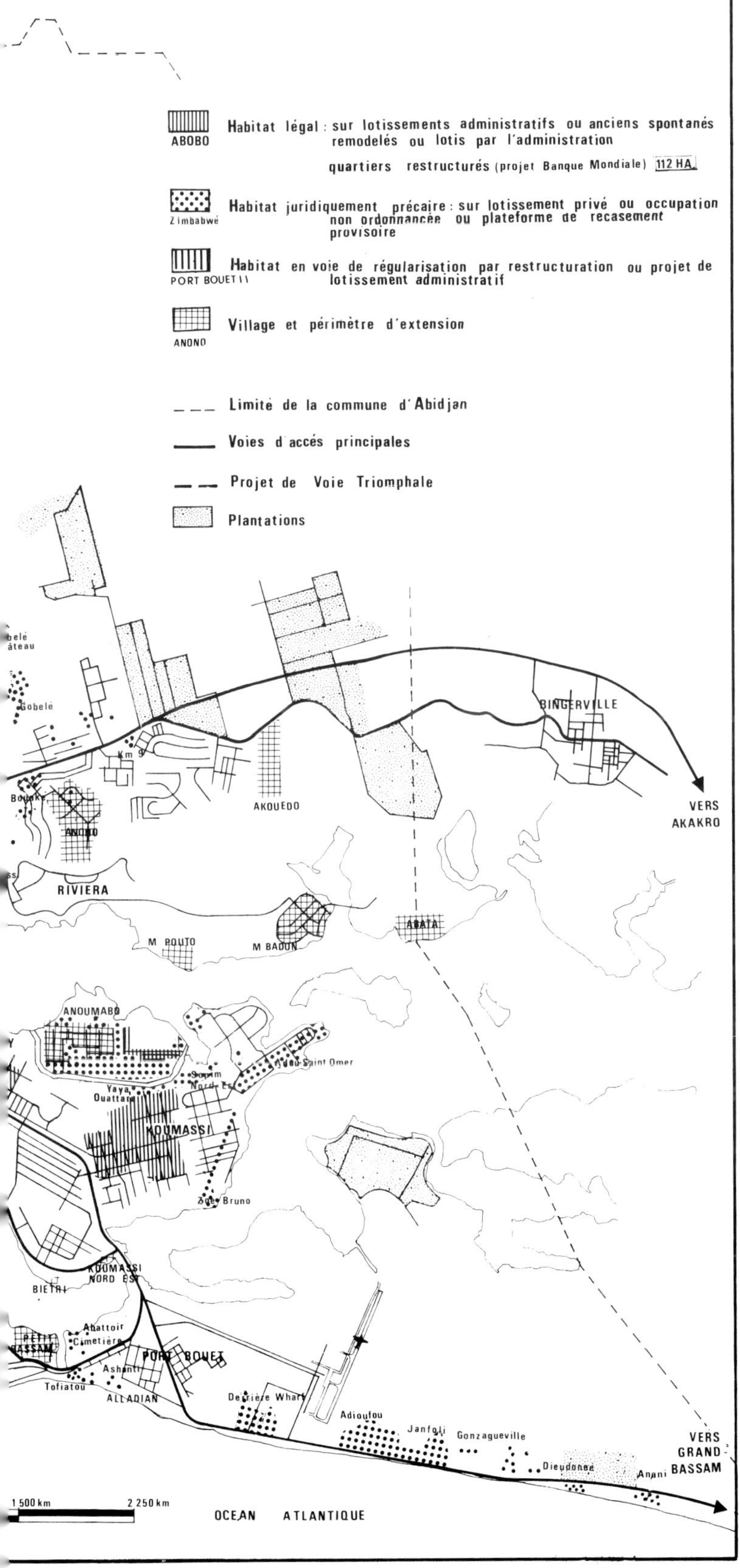

Tableau 18

Typologie de l'habitat - Comparaison BCEOM et SEMA

Organisation spatiale de l'habitat / Hiérarchie économique	1 Habitat résidentiel	2 Habitat évolutif	3 Opérations groupées	4 Habitat traditionnel	5 Habitat centre urbain	6 Habitat spontané illégal
I Très haut standing	I.1					A
II Haut standing	II.1		II.3		II.5	
III Moyen standing			III.3		III.5	III.6
IV Économique		C IV.2	B IV.3	IV.4		E D' IV.6
V Très économique		D V.2	V.3	V.4		V.6
VI Sommaire		VI.2	VI.3	VI.4		VI.6

Tableau 19

Répartition de la population en 1973 selon la typologie BCEOM

Organisation spatiale de l'habitat / Hiérarchie économique	1 Habitat résidentiel	2 et 5 Habitat évolutif	3 Opérations groupées	4 Habitat traditionnel	6 Habitat spontané illégal	Total
I Très haut standing	3 350					3 350
II et III Haut et moyen standing	25 680		22 820			48 500
IV Économique		128 600	129 225			257 825
V Très économique		160 650	32 175	29 300	78 400	300 525
VI Sommaire		55 200	12 400		111 100	178 700
Total	29 030	344 450	196 620	29 300	189 500	788 900

Source : Étude BCEOM.

Tableau 20

Répartition de la population en 1973 selon la typologie SEMA

A	=	51 850
B	=	161 400
C	=	128 600
D	=	228 250
E	=	218 800

218 800 personnes. Suivant le concept retenu, l'effectif de population par type d'habitat varie, et il convient donc de définir clairement la typologie adoptée avant d'analyser les données concernant l'habitat.

Malgré les éclaircissements qu'apporte la typologie BCEOM, celle-ci ne permet pas d'affiner l'approche de l'habitat du plus grand nombre, l'habitat évolutif. En effet, au sein de ce dernier, une grande variété de situations prévaut : certaines cours comprennent peu d'occupants, parfois seulement le propriétaire et deux ou trois familles de locataires, alors que d'autres peuvent compter jusqu'à 20 unités domestiques différentes. De plus, l'équipement et la qualité de la construction sont très variables. Une distinction pourrait être opérée selon que les cours comprennent ou non des étages, selon la qualité des sanitaires, ou la densité d'occupation des parcelles. De même, dans l'habitat sommaire, les constructions en planche devraient être dissociées des constructions en dur.

D'autre part, au sein de la typologie retenue par la SEMA, la classe E, qui rassemble l'habitat traditionnel et l'habitat spontané, recouvre en fait des entités dissemblables. Les constructions au sein des villages ébrié s'apparentent à celles des cours à la fois par le degré de confort et le mode de vie ; c'est également le cas pour certaines constructions illégales en dur (de type IV.6 ou V.6). Malgré les raffinements que permet la typologie BCEOM, cette dernière est trop détaillée pour l'habitat de haut et de moyen standing et trop globale pour l'habitat de cour et l'habitat sommaire. Bien entendu, cette présentation n'est pas neutre : elle privilégie le secteur moderne de la construction et elle tend à marginaliser aux yeux des décideurs l'habitat échappant aux circuits habituels de la promotion immobilière. La définition de l'habitat spontané est plus restrictive dans les perspectives décennales, qui ne retiennent que les catégories V.4 et VI.6 du BCEOM.

Dans l'étude démographique menée dans le cadre de l'enquête à passages répétés (12), la typologie retenue est encore plus restreinte :

— l'habitat résidentiel recouvre la strate A de la SEMA et les types I.1, II.1 et II.3 du BCEOM (110 000 personnes en 1978) ;

— l'habitat économique moderne équivaut à la strate B de la SEMA, soit les types IV.3 et V.3 du BCEOM (300 000 personnes) ;

---

(12) L'enquête à passages répétés (EPR) a été réalisée par la direction de la Statistique de Côte-d'Ivoire. L'ORSTOM a conduit l'enquête de terrain et l'analyse des données pour la strate Abidjan. (Ph. Antoine ; C. Herry, 1982).

— l'habitat évolutif rassemble les types IV.2, V.2, V.4 et V.6, VI.2, VI.3 (700 000 personnes en 1978) ;

— l'habitat sommaire recouvre quasiment les types VI.4 et VI.6 (110 000 personnes à la même date).

Dans ce cas, l'effectif de l'habitat sommaire est moindre, mais ce choix est justifié, car la structure de l'habitat au sein des villages ébrié insérés dans la ville ressemble à celle des cours en dur. On trouve bien à Adjamé-Ébrié, par exemple, des cours avec propriétaire ébrié et locataires allochtones. Cette structure commence aussi à apparaître dans les villages de la périphérie comme Akouédo ou Anonkoua-Kouté, où le nombre de locataires est croissant. Quant au bâti, on retrouve la série de logements de une ou deux pièces consacrés à la location.

Ces différents constats montrent bien que toute typologie de l'habitat demeure empreinte de subjectivité et que les frontières entre les différents types d'habitat demeurent très floues. Lors de l'analyse de l'évolution de l'habitat de cour, nous nous en tiendrons à deux présentations, l'une fondée sur la typologie de la SEMA, qui a le mérite de la continuité et permet ainsi une analyse diachronique, l'autre établie lors de l'enquête à passages répétés, qui, malgré sa grande simplicité, permet de présenter des résultats originaux sur les structures et comportements de la population.

2. Localisation de l'habitat et répartition de la population : 7 citadins sur 10 dans les cours

Chacun des types d'habitat se retrouve dans différents quartiers de la ville, comme le montre la répartition des effectifs de population par quartier et habitat en 1979 (tableau 21, p. 128) ou par commune en 1985 (tableau 22, p. 129). Entre 1979 et 1985, seule la population de l'habitat évolutif a fortement augmenté. Indépendamment des divergences dans le classement typologique pour les strates « résidentiel » et « économique » (13), on peut émettre l'hypothèse que c'est au sein de ces deux catégories que la diminution des effectifs a été la plus importante, consécutivement au départ de parents (collatéraux ou alliés) qui ne pouvaient plus être accueillis et entretenus par l'occupant principal (voir infra).

L'habitat résidentiel est bien représenté au Plateau, à Marcory, en Zone 4 et à Cocody. Au Plateau, il s'agit souvent d'immeu-

(13) La comparaison des deux tableaux souligne bien tout l'arbitraire des répartitions par typologies. Celle de 1985 sous-estime fortement l'habitat résidentiel, et il a dû s'opérer un transfert de classification du résidentiel vers l'économique.

Tableau 21

Répartition de la population en 1979 par quartiers et types d'habitat

Quartier	Habitat résidentiel	Habitat sociétés immobil.	Habitat évolutif	Habitat spontané	Compté à part	Total
Plateau	10 730	4 360		750	180	16 020
Treichville	8 910	13 820	78 080		1 300	102 110
Adjamé	10 550	21 940	112 110	9 030		153 630
Port-Bouët-Vridi	8 330	41 470	2 830	55 770	1 000	109 400
Attécoubé		4 200	47 370	20 020		71 590
Koumassi	2 700	42 600	81 550	70 330	1 720	198 900
Marcory Zone 4	32 180	35 650	47 630	18 260	1 250	134 970
Cocody Riviera	25 240	8 340	7 980	12 750	9 850	64 160
Deux-Plateaux Williamsville	10 870	6 590	25 790	10 100	6 590	59 940
Abobo		11 340	190 090	48 680		250 110
Yopougon	7 270	116 850	66 520	46 460		237 100
Divers banlieue				16 980		16 980
Total	116 780	307 160	659 950	309 130	21 890	1 414 910

Source : Observatoire de l'habitat, DCU, 1979.

Tableau 22

Évaluation de la population en 1985 par communes et types d'habitat

Commune	Habitat résidentiel	Habitat sociétés immobil.	Habitat évolutif	Habitat spontané	Total
Plateau	6 400	4 800			11 200
Treichville	4 000	13 500	71 500	1 600	90 600
Adjamé	1 800	30 500	126 000	16 000	174 300
Port-Bouët	1 500	39 500	3 200	86 500	130 700
Attécoubé	1 000	3 500	76 000	46 500	127 000
Koumassi	100	50 000	102 000	53 000	205 000
Marcory	25 600	36 600	52 500	11 100	125 800
Cocody	52 500	14 000	4 000	32 700	103 200
Abobo	2 000	9 200	279 500	45 000	335 700
Yopougon	2 000	171 500	96 500	35 500	305 500
Total	96 900	373 100	811 200	327 900	1 609 100

Source : Recensement électoral 1984-1985 (chiffres arrondis), classement A. MANOU-SAVINA.

bles pouvant parfois dépasser une quinzaine d'étages ; aux anciennes villas du quartier de l'Indenié se sont progressivement substitués de petits immeubles ; en Zone 4, quartier le plus « européen » d'Abidjan, l'habitat composé de villas-jardins tend à céder la place à des immeubles de type R + 4 et à des activités de service et de commerce. Situés en bordure de la lagune, les villas et immeubles de Marcory sont peu différents de ceux de la Zone 4, mais la physionomie du quartier est plus agréable du fait de l'absence d'îlôts industriels. Peu à peu, ces anciens quartiers résidentiels sont délaissés au profit de Cocody et surtout de ses deux prolongements, vers le nord les Deux-Plateaux, et vers l'est la Riviera, officiellement destinée à absorber une partie de la croissance urbaine, et qui rejoint peu à peu Bingerville.

Le boom économique des années soixante-dix a permis la création d'un habitat de haut standing important, favorisé par le montant excessif des loyers qui permettait de rentabiliser très rapidement les investissements. Au début des années quatre-vingt, malgré une conjoncture défavorable, le rythme des constructions de ce type demeure assez élevé.

L'habitat économique moderne comprend tous les logements

économiques ou très économiques réalisés par des sociétés immobilières, prenant fréquemment la forme de grands lotissements comptant de nombreux logements en bande de plain-pied. Si l'on exclut l'habitat économique antérieur à 1960 (situé en quasi-totalité à Treichville et au Plateau) et quelques programmes réalisés sous forme d'immeubles (Adjamé - 220 logements par exemple), on constate que la construction dans ce second type d'habitat reste très standardisée, ce qui engendre une certaine monotonie dans la physionomie des quartiers. Les principales aires concernées sont Adjamé dans sa partie nord (quartier ébrié), Port-Bouët et Vridi, où, dans leur grande majorité, les constructions sont postérieures à 1975, Koumassi et Marcory, où le GFCI a réalisé un vaste programme, Cocody, au cœur du quartier, Williamsville, et Abobo, où il n'existe qu'un lotissement relativement restreint au milieu de l'agglomération. Mais l'archétype de cet habitat se trouve principalement à Yopougon.

Treichville et Adjamé sont les plus anciens quartiers d'habitat évolutif. Ils se sont peu à peu densifiés, au point que de nombreuses cours possédent un habitat sur plusieurs niveaux. L'habitat évolutif y conserve une place prépondérante, mais semble avoir connu son apogée vers 1975. On enregistre depuis 1980 des destructions importantes de cours remplacées par des immeubles de moyen standing ou des infrastructures routières (boulevard Giscard-d'Estaing, extension de la cité Arras...). Les programmes de rénovation devraient également s'accentuer à Adjamé. La qualité de l'environnement est très variable ; si certaines aires sont bien viabilisées, comme à Treichville, d'autres sont insalubres, sans accès carrossable, encombrées de détritus comme à Adjamé « derrière les rails » et Attécoubé.

Koumassi est, pour une bonne part, composé d'habitat évolutif construit sur une aire s'étendant de la mairie au nouveau marché ; la densité y est également plus faible et les constructions sur plusieurs niveaux y sont rares. Malgré un environnement fort peu attractif, car une grande partie de l'espace construit reste inondable, et la voirie, longtemps délabrée, demeure souvent impraticable en saison des pluies, Koumassi accueille une importante population. La qualité des cours est très variable, et parfois de belles constructions se dressent en plein marécage, les propriétaires faisant le pari d'une amélioration future de la voirie. Ce phénomène n'est pas propre à Abidjan. Dans l'un de ses ouvrages, le romancier nigérian Nkem Nwankwo (14) décrit ainsi un quartier de

(14) *Ma Mercedes est plus grosse que la tienne,* Hatier, Paris, 1982.

Lagos : « La maison d'Unuma semblait un îlot d'élégance dans un océan de crasse. C'était un coquet immeuble de deux étages avec quatre appartements (...). Le propriétaire, en investissant dans cette zone de bidonvilles, misait sans doute sur l'extension de la cité qui, si lente qu'elle fût, atteindrait un jour le coin. » Ce pari est concrétisé à l'extrême nord-est de Koumassi, où de nombreuses petites villas font leur apparition en bord de lagune.

Marcory ne comporte que deux aires d'habitat de cour : celle située au centre est de faible étendue ; par contre, celle localisée aux confins de Koumassi, dans le quartier dit Sans-Fil, très proche de ce dernier et souffrant des mêmes maux, connaît pourtant une croissance rapide.

Attécoubé, quartier relativement homogène, est composé quasi exclusivement d'habitat évolutif ; la plupart des habitations restent d'un accès difficile, car elles sont construites le plus souvent sur de fortes pentes.

Yopougon, dans sa partie nord, proche de la forêt du Banco, comprend également une aire d'habitat de cour d'implantation légale et conforme à un plan d'urbanisme. A l'ouest, le quartier dit « Port-Bouët II », créé par des déguerpis, est transformé peu à peu en un quartier d'habitat évolutif.

Depuis la fin des années soixante-dix, Abobo constitue la plus vaste aire d'habitat évolutif de la capitale. Dans cette commune, la densité des constructions, relativement faible, s'accroît rapidement ; les logements semblent y être plus vastes et mieux équipés qu'ailleurs, et si le construit est très dense aux environs du marché, il est plus épars sur les marges proches des palmeraies. Le plan d'ensemble du quartier, dans les premières années d'existence, était assez anarchique malgré le souci de certains propriétaires fonciers de lotir selon un plan rigoureux. Les occupants spéculaient sur la reconnaissance du fait accompli par les pouvoirs publics. Un sévère coup d'arrêt à cette tendance a été donné début 1980 par la destruction d'une partie d'Avocatier, au nord d'Abobo. La restructuration de cette commune, envisagée de longue date, est maintenant bien engagée. Il reste que la croissance spectaculaire de l'habitat évolutif à Abobo répond à l'afflux massif de nouveaux citadins, mais aussi aux souhaits de nombreux Abidjanais de pouvoir disposer d'un espace résidentiel plus grand. C'est là que l'on retrouve le plus de salariés qualifiés occupant un habitat de cour. Les flux migratoires intra-urbains vers cette périphérie se sont maintenus, voire intensifiés, durant la période 1979-1985, puisque la population de ce type d'habitat est passée de 190 000 à 280 000 personnes dans la commune, soit autant que la population des cours en dur de Treichville, Adjamé et Koumassi réunis.

L'habitat sommaire est assez largement représenté à Abidjan, où il connaît une existence cahotante, son extension étant tributaire du bon vouloir des pouvoirs publics, qui parfois cherchent à enrayer son développement, comme en 1970 avec la destruction du bidonville de Port-Bouët. Certaines aires d'habitat sommaire ont connu un développement anarchique, mais il n'en existe pas moins une organisation sociale complexe, comme celle rencontrée dans le vaste campement de Koumassi, avec l'existence de « rues marchandes », de mosquées et de marchés bien structurés. Le campement de Koumassi, de création ancienne, est situé à l'est de l'île de Petit-Bassam. Il est peu à peu repoussé par des constructions légales (économiques et de moyen standing) et par des travaux d'assainissement. Son édification est le résultat d'un travail considérable de remblaiement effectué petit à petit par les habitants, soit pour améliorer leur environnement, soit pour gagner quelques mètres carrés sur les bas-fonds inondés en vue de construire. Le remblaiement récent du marécage a immédiatement suivi les derniers déguerpissements. Le « campement » comptait, en 1979, 60 000 habitants environ et débordait sur la commune de Marcory, à laquelle il était relié par des ponts-passerelles à péage. Au fur et à mesure que le campement de Koumassi s'amenuise, un autre campement de la même commune prend de l'extension, celui du quartier Vidange, ou campement Zoé-Bruno, qui se développe sous les emprises de la ligne à haute tension traversant la zone industrielle. Ce campement ne peut s'accroître sans l'accord tacite des autorités municipales, et la population le structure peu à peu. Dans ce quartier, « on trouve tout sur place maintenant », des marchés, des bars, des photographes, des écoles privées, une mosquée, et même un poste de santé (Yapi Diahou, 1984 et 1985).

L'ancien quartier sommaire de Port-Bouët a laissé progressivement place à l'habitat économique moderne dans sa partie centrale. Cependant, l'ensemble comprend toujours les principaux secteurs d'habitat sommaire de l'agglomération. Ils sont largement discontinus, en bordure de mer, depuis le village Alladian jusqu'au canal de Vridi. Par contre, ils forment une frange continue de part et d'autre de la route de Grand-Bassam et deux noyaux principaux peuvent être distingués : l'un au lieu dit Janfoli, construit en planche, l'autre au lieu dit Gonzagueville, plus à l'est, dont les caractéristiques sont plus spécifiques : c'est un quartier de pêcheurs, ghanéens ou béninois pour la plupart, logeant dans un habitat sommaire, de type villageois, aussi bien par les matériaux employés que par l'organisation familiale des cours, l'activité s'organisant autour des fumoirs de poisson. Mais cette spécificité s'estompe du fait d'une croissance rapide et de l'arrivée de nouvelles catégories d'immigrants. On constate une disparition accélérée des cours traditionnelles, qui sont remplacées par des constructions en planche et en tôle provoquant la dégradation, voire la disparition des cocoteraies.

Le bidonville de Gobelé, à l'est de Cocody, a aujourd'hui disparu, remplacé par l'habitat de grand standing des Deux-Plateaux, mais il a été reconstitué plus à l'est et dans le fond des « ravins ».

L'habitat sommaire progresse également à Yopougon, en particulier au nord (Yopougon-Gare, Andokoua). Quelques lambeaux d'habitat sommaire ont gagné les pentes orientales du plateau du Banco, à proximité des villages de Locodjro et Santé, comme le quartier d'Attécoubé III, qui domine l'autoroute du Nord.

Il faut enfin noter l'existence d'un habitat sommaire diffus dans les quartiers dits de haut standing ; implanté entre les villas sur les lots non encore construits, il disparaît donc peu à peu. Ce phénomène est particulièrement important en Zone 4 et à Marcory « résidentiel », plus rare à Cocody.

Les premières données concernant l'habitat remontent à 1963. De 1963 à 1969, selon la typologie de la SEMA, la part de la population logée dans l'habitat résidentiel s'accroît lentement, et régulièrement, par contre la population résidant dans l'habitat économique moderne progresse nettement jusqu'en 1977, mais cet accroissement se ralentit ensuite. Cette tendance devrait se poursuivre, dans la mesure où la construction de logements de ce type a été stoppée au début de la décennie 1980, et seule une densification progressive entraînera une augmentation de la population au sein de l'habitat économique (tableaux 23 a et 23 b, pp. 134 et 135). La population demeurant dans l'habitat évolutif (types C + D et cours des villages ébrié) regroupe toujours la majorité des citadins, et l'habitat sommaire en concentre plus de 20 %. Toutefois, au sein d'un même quartier, cette répartition peut se modifier profondément en fonction des déguerpissements ou des restructurations.

Tableau 23 a

Répartition de la population par type d'habitat

<table>
<tr><th></th><th colspan="2">1963</th><th colspan="2">1973</th><th colspan="2">1977</th><th colspan="2">1979</th><th colspan="2">1985</th></tr>
<tr><th>Type d'habitat</th><th>Effectif</th><th>%</th><th>Effectif</th><th>%</th><th>Effectif</th><th>%</th><th>Effectif</th><th>%</th><th>Effectif</th><th>%</th></tr>
<tr><td>A</td><td>15 350</td><td>5,9</td><td>51 850</td><td>6,6</td><td>85 900</td><td>7,5</td><td>116 780</td><td>8,4</td><td>96 800</td><td>6</td></tr>
<tr><td>B</td><td>42 300</td><td>16,4</td><td>161 400</td><td>20,5</td><td>249 650</td><td>21,7</td><td>307 780</td><td>22,1</td><td>372 750</td><td>23</td></tr>
<tr><td>C</td><td>78 240</td><td>30,3</td><td>128 600</td><td>16,3</td><td>144 350</td><td>12,5</td><td rowspan="2">659 950</td><td rowspan="2">47,3</td><td rowspan="2">810 860</td><td rowspan="2">50</td></tr>
<tr><td>D</td><td>54 650</td><td>21,1</td><td>228 250</td><td>28,9</td><td>420 500</td><td>36,5</td></tr>
<tr><td>E*</td><td>68 110</td><td>26,3</td><td>218 800</td><td>27,7</td><td>250 900</td><td>21,8</td><td>309 130</td><td>22,2</td><td>337 750</td><td>21</td></tr>
<tr><td>Total</td><td>258 650</td><td>100</td><td>788 900</td><td>100</td><td>1 151 300</td><td>100</td><td>1 393 640</td><td>100</td><td>1 618 160</td><td>100</td></tr>
</table>

* Les villages ébrié sont inclus dans la strate E.

Tableau 23 b

Répartition de la population par type d'habitat

Type d'habitat	1963		1973		1977		1979	
	Effectif	%	Effectif	%	Effectif	%	Effectif	%
A	15 350	5,9	51 850	6,6	85 900	7,5	116 780	8,4
B	42 300	16,4	161 400	20,5	249 650	21,7	307 780	22,1
C + D + ébrié	163 720	63,3	413 950	52,5	641 250	55,7	757 290	54,3
E	37 280	14,4	161 700	20,5	174 500	15,1	211 790	15,2
Total	258 650	100	788 900	100	1 151 300	100	1 393 640	100

Sources : SEMA, BCEOM, Perspectives décennales.

Ainsi, à Marcory (tableau 24), quartier réputé résidentiel, l'habitat économique concernait-il 54 % de la population en 1963 et l'habitat évolutif 41 %. En 1973, l'habitat évolutif prédomine (48 % de la population) et l'habitat sommaire fait son apparition vers Marcory-Sans-Fil (11 %). En 1979, la structure de l'habitat est encore différente après l'achèvement de nouvelles cités à l'emplacement de Marcory-Poto-Poto, et l'accroissement important de l'habitat sommaire vers Sans-Fil (13 %). A Yopougon, l'habitat économique moderne tend à devenir majoritaire : regroupant seulement 24 % de la population en 1973, soit 14 000 personnes,

Tableau 24

Évolution de la répartition de la population par type d'habitat dans trois quartiers

	1963	1973	1975	1977	1979	1984
MARCORY						
A	710	7 500	5 300	5 300	17 220	
B	7 000	19 600	21 800	25 000	35 650	
C + D	5 230	32 050	36 900	42 000	47 630	
E + ébrié		7 650	3 700	8 500	15 040	
TOTAL	12 940	66 900	67 700	80 800	115 540	
YOPOUGON-BANCO						
A		500	800	2 050	7 270	8 000
B		14 150	44 400	82 000	116 850	165 500
C + D		18 500	24 650	44 750	66 520	96 500
E + ébrié	6 690	25 100	32 450	40 000	46 460	35 500
TOTAL	6 690	58 250	102 600	168 800	237 100	305 500
PORT-BOUËT						
A		2 200	2 000	2 400	8 330	41 000
B		30 600	37 000	38 500	41 470	
C + D		1 600	2 400	3 100	2 830	3 200
E + ébrié	20 040	24 750	30 600	20 600	39 870	86 500
TOTAL	20 040	59 650	72 000	64 000	92 500	130 700

Sources : à partir BCEOM, SEMA, BNETD, Observatoire de l'habitat.

il devient l'habitat de plus de la moitié des habitants de « Yop-City » en 1985 (165 000 personnes).

L'évolution de la répartition par type d'habitat à Port-Bouët présente, dans un premier temps, une substitution de l'économique moderne à l'habitat sommaire, puis, dans un second temps, une nouvelle croissance de ce dernier type d'habitat. En effet, après la destruction, en 1977, des baraques situées vers le camp militaire français, l'habitat économique rassemblait 60 % de la population, et l'habitat sommaire ne concernait plus que 31 % des habitants de ce quartier. En sept ans, l'habitat sommaire regagne le terrain perdu et représente 43 % de la population en 1979, soit à peu près autant que l'habitat économique, et 66 % en 1984, faisant de Port-Bouët la première aire d'habitat sommaire de la ville. Là est accueillie une grande part des déguerpis de Koumassi et Marcory, où la population de l'habitat sommaire a diminué durant la période 1979-1985 (25 000 personnes à Koumassi, 7 000 à Marcory).

La répartition par type d'habitat et par quartier n'est ainsi qu'une image instantanée, et, en 1985, elle ne correspond plus toujours à celle de 1979 (tableaux 23). L'habitat de cour (évolutif et sommaire) est encore prépondérant : 78 % de la population abidjanaise y résidait en 1963 ; cette proportion fléchit à moins de 70 % au moment de la période faste de l'essor de l'habitat « économique » à la fin des années soixante-dix, mais elle se maintient à 71 % en 1985. Entre-temps, la ville a changé d'échelle, mais la cour demeure le mode d'habitat dominant dans sept communes sur dix.

CHAPITRE IV

L'HABITAT DE COUR

L'analyse globale du fait urbain abidjanais révèle une distorsion entre le projet officiel et la réalité, puisqu'en 1985 70 % environ des citadins vivent dans l'habitat de type cour, qui constitue toujours l'habitat du plus grand nombre. En ce sens, le projet urbain ivoirien se laisse définir aussi bien par ce qu'il affirme et impose que par ce qu'il rejette et néglige. « Endroit et envers » du projet opposent ainsi un espace produit par l'État et répondant au modèle défini par ce dernier et un espace légal ou illégal, mais où le cadre bâti et la façon d'habiter n'ont rien à voir avec le modèle choisi.

1. Une production foncière sous le signe de l'urgence

La ville des cours est le produit de trois processus d'accès au sol urbain :

— un processus légal par l'accès au lotissement administratif ;

— un processus illégal par l'accès à un lotissement privé entrepris par les propriétaires coutumiers ;

— un processus illégal par l'installation hors lotissement privé ou public, sur des terrains insalubres ou sur des espaces laissés libres dans le tissu urbain existant.

La ville légale des cours est celle des lotissements administratifs, qui ont pour origine les lotissements sommaires dont la majorité date d'avant l'indépendance, les trames d'accueil mises en place après 1960 et le remodelage par l'administration d'anciens quartiers non lotis ou lotis par des propriétaires privés. La ville illégale est celle créée à partir d'initiatives privées, le plus souvent prises par des propriétaires coutumiers : elle concrétise les entorses au monopole foncier de l'État, mais bénéficie de la part de celui-ci d'un laisser-faire, toujours provisoire.

Les trois processus, qu'ils soient légaux ou illégaux, ont en commun de répondre au problème du logement du plus grand nombre dans des délais très rapides. Il en résulte la création d'espaces urbains où l'investissement initial est inexistant ou minime : simple trame de voirie et délimitation sommaire des parcelles où aucun équipement n'est apporté. Les espaces créés au coup par coup se juxtaposent ; dans un même quartier, la trame urbaine présente ainsi de nombreuses discontinuités : alignements différents d'un espace à l'autre, d'où des connexions difficiles à réaliser après coup, présence de friches, de marécages ou de terrain de cultures, parcellaire non uniforme variant selon l'origine de l'occupation et du lotissement. Dans les lotissements privés, la taille des parcelles, quoique très variable, est assez grande dans la plupart des cas ; les superficies accusent une réduction dans les lotissements les plus récents : parcelles de 500 m^2 dans les années 1958 à Adjamé-Fraternité, de 400 à 500 m^2, pour la majorité, à partir de 1963 dans les différents quartiers composant le secteur de la Gendarmerie d'Abobo-Gare (M'Ponon, Ayeby, Sagou), mais seulement 300 m^2 en moyenne dans le quartier du Km 18, au nord d'Abobo-Gare, à partir de 1975. Dans les aires non loties, la parcelle est délimitée en même temps que se fait l'installation de l'occupant, les formes sont très irrégulières et les tailles très variables, en moyenne inférieures à 300 m^2 comme dans les secteurs précaires de Port-Bouët situés sur le cordon littoral. Dans les lotissements administratifs anciens réalisés entre 1929 et 1950, la parcelle de base mesure 400 m^2. Après 1950, la forme des lots devient rectangulaire et non plus carrée, et les superficies ne sont plus uniques : à Koumassi, les parcelles mesurent 200 m^2 ou 400 m^2, et à Attécoubé de 300 à 700 m^2.

Les plates-formes de « recasement » destinées à la réinstallation des populations déplacées lors des opérations de rénovation des quartiers centraux sont composées par des lots de petite superficie de 100 à 150 m^2. Le nombre de lots délimités étant toujours insuffisant par rapport au nombre de ménages déplacés, les réserves administratives prévues dans les plans de lotissement sont en général divisées en parcelles par les occupants. L'exemple type est sans doute constitué par le lotissement de Port-Bouët II, à Yopougon, destiné à réinstaller provisoirement les habitants de Port-Bouët I : sur les plans de lotissements initiaux, quatre réserves administratives sont prévues en 1972 ; en 1978, il n'en reste plus qu'une seule pour 1 450 parcelles environ (soit 15 000 habitants).

Créée sous le régime de l'urgence, la ville des cours n'est pourtant pas synonyme de précarité foncière : elle est en majorité légale, que cette légalité soit acquise *a priori* (à partir d'un lotissement administratif) ou *a posteriori* (habitat existant avant le lotissement administratif).

2. Le bâti : un habitat produit sans aide de l'État

Si l'on compare le montant des investissements publics au nombre de logements construits, il apparaît nettement que le cadre bâti n'est pas uniquement produit par l'État. Sur la période 1973-1977, les *Perspectives décennales d'Abidjan* estiment que les sociétés immobilières publiques ont construit 23 % des logements et ont mobilisé 46 % de l'investissement-habitat, alors que les logements d'habitat de cour représentent 70% des logements construits pour seulement 17 % de l'investissement-habitat.

L'unité du cadre bâti qui permet de loger la majorité de la population d'Abidjan est constituée par ce que le langage populaire a dénommé la cour commune.

Il s'agit d'un espace différencié comportant une partie construite, bâtiments d'habitation et dépendances (sanitaires et cuisines), et un espace libre, généralement au centre de la parcelle, appelé la cour. Les unités d'habitation sont construites le plus souvent sur deux des côtés de la parcelle et se font face. Elles se composent d'une série de pièces contiguës sans communication entre elles. Ces pièces constituent des logements occupés chacun par des ménages différents. Il peut s'agir soit de logements d'une pièce, appelés « entrées-couchers », ce qui traduit certainement l'inconfort et l'exiguïté du logement, soit plus souvent de logements de deux pièces, « chambres-salons ». Les dépendances sont construites à l'extérieur des logements, sur les autres côtés de la parcelle. Les cuisines ne sont que des pièces de petites dimensions qui servent à entreposer les fourneaux et à s'abriter pour la préparation des repas en saison des pluies. Le nombre de sanitaires et de pièces-cuisines ne correspond pas au nombre des logements. Les dépendances sont donc utilisées communément par l'ensemble des résidents. Dépendances et logements ouvrent sur l'espace libre, la cour. Celle-ci est plus ou moins spacieuse, selon la volonté spéculative de l'attributaire. Sur une même parcelle, les deux unités d'habitation sont, d'un côté entrée-coucher et de l'autre côté chambre-salon ; mais, dans certains cas, les deux côtés peuvent être occupés par des chambres-salons réduisant d'autant l'espace non construit. Un cas de densification maximale est celui de la cour définie comme saturée dans l'enquête SEMA, lorsque des constructions, qui peuvent être soit des logements, soit des cuisines, occupent aussi l'espace central.

Logements et commerces sont très souvent associés sur une même parcelle ; lorsque celle-ci n'est pas entièrement construite, de petits commerces sont installés dans les baraques en planche ou en tôle sur le devant de la parcelle : charbonniers, réparateurs en tous genres, tailleurs. Les parcelles situées à l'angle de deux rues comprennent très souvent une boutique tenue par des Mauritaniens. Ces petits commerces, dont la rotation est souvent rapide, sont loués à des prix dépassant souvent ceux des logements. Lorsqu'il s'agit d'un commerce intégré dans une unité d'habitation construite en parpaing de ciment, c'est la ou les pièces qui sont louées ; lorsqu'il s'agit d'un commerce situé dans une baraque, en dehors des bâtiments d'habitation, c'est en général l'emplacement qui est loué, le commerçant construisant lui-même sa boutique en planche ou en tôle.

L'espace public, devant la porte d'entrée de la parcelle, sert de lieu de réunion, de terrain de jeux pour les enfants et d'espace pour certaines activités domestiques : lessive ou toilette des jeunes enfants, coupe du bois de chauffe. Des constructions y sont parfois édifiées, comme des sanitaires en tôle ou en parpaing de ciment, des apatams (abri servant de lieux de repos ou de réunion) et des boutiques, lieux de revente de multiples produits. La rue peut aussi servir d'entrepôt pour le bois, le vieux matériel.

Quels que soient les processus d'accès au terrain à bâtir et les diverses stratégies déployées par l'attributaire d'une parcelle légale ou l'acheteur d'un lot illégalement vendu (construire pour habiter et pour louer, ou pour louer seulement), rares sont aujourd'hui les cas d'« autoconstruction » entendue comme la production de la cour par le propriétaire lui-même.

Comme à Douala et à Kinshasa (Adret, 1984), le mode de production contemporain du logement par les citadins est caractérisé, dans la majorité des cas, par une dissociation entre la fonction de maître d'ouvrage, remplie par le propriétaire, et celle de constructeur. L'acte de production du logement est l'affaire de tâcherons, en particulier de maçons, c'est-à-dire d'artisans rémunérés selon un montant et des modalités qui sont négociées avec le propriétaire de la parcelle à construire. Dans la plupart des réalisations de la dernière décennie, peu nombreux sont en effet les propriétaires qui ont édifié leurs cours eux-mêmes, ou avec l'aide directe de parents ou d'amis : ils sont à peine 3 % par exemple dans les lotissements à équipement minimum (LEM) de Yopougon à n'avoir sollicité aucune aide extérieure, contre 13 % à avoir fait appel à des entreprises et 82 % à s'être adressés aux tâcherons (1). La participation active des propriétaires est sans doute plus importante dans les aires d'habitat sommaire (A. Yapi Diahou, 1985, A. Bonnassieux, 1982), mais c'est bien de la filière artisanale que sont issues le plus grand nombre de constructions, qu'il s'agisse de constructions en parpaing, majoritaires, ou de constructions en bois.

Dans ce système, le propriétaire qui ne construit pas assure néanmoins plusieurs tâches essentielles au bon fonctionnement du chantier, dont dépendent en grande partie la durée des travaux et la date de leur achèvement. C'est lui qui approvisionne le chantier en matériaux et fournit aux maçons, à partir de leurs indications, les parpaings, les sacs de ciment, le gravier, le sable, les fers à béton ainsi que les éléments de charpente et de menuiserie. L'approvisionnement n'est pas limité à l'acte d'achat, mais comprend également la livraison des matériaux sur le lieu de construction, dont les modalités dépendent souvent des relations personnelles du propriétaire : utilisation de véhicules administratifs ou de société, récupérations diverses sur les chantiers ou dans les entreprises... Dès lors, la régularité du travail entrepris est totalement soumise à la capacité de mobilisation financière du propriétaire. Lorsque ce dernier dispose d'une épargne suffisante et d'un revenu lui permettant d'accéder aux crédits bancaires à la construction et/ou de solliciter une aide de son employeur s'il est salarié, les délais de construction peuvent être rapides ; ainsi les salariés attributaires de lots à équipement minimum prétendent-ils pouvoir faire achever leur construction en six mois (2) ; P. Cazamajor a observé des délais de l'ordre de trois mois à Avocatier. Mais les dates de commencement des travaux et les rythmes de construction sont très irréguliers : en juin 1978, sur les LEM 1 et 2 de Yopougon-Kouté, quinze mois après la date moyenne d'attribution, 52,6 % des lots n'étaient pas mis en valeur, 31,7 % étaient en cours de construction et 15,7 % étaient construits, finitions extérieures achevées (3).

En général, sur la plupart des lotissements administratifs, les travaux ne commencent guère avant la fin de la deuxième année suivant l'attribution, et les délais d'achèvement d'un bâtiment sont extrêmement variés ; dans les aires illégales, l'évolution des rapports de force entre l'autorité administrative et les propriétaires

---

(1) A. Olavarietta, « Les lotissements à équipement minimum », *Équipement et transports en Côte-d'Ivoire*, n° 4, décembre 1980.

(2) T. A. Kaba, *LEM de Yopougon-Kouté : expériences d'habitat pour revenus bas et exemple d'aide des employeurs (le cas Nestlé)*, mémoire de maîtrise, département de géographie, université nationale de Côte-d'Ivoire, 1983.

(3) A. Olavarietta, 1980, *op. cit.*

Figure 6

COUR FAMILIALE ET LOCATIVE : PORT-BOUËT II (1978)

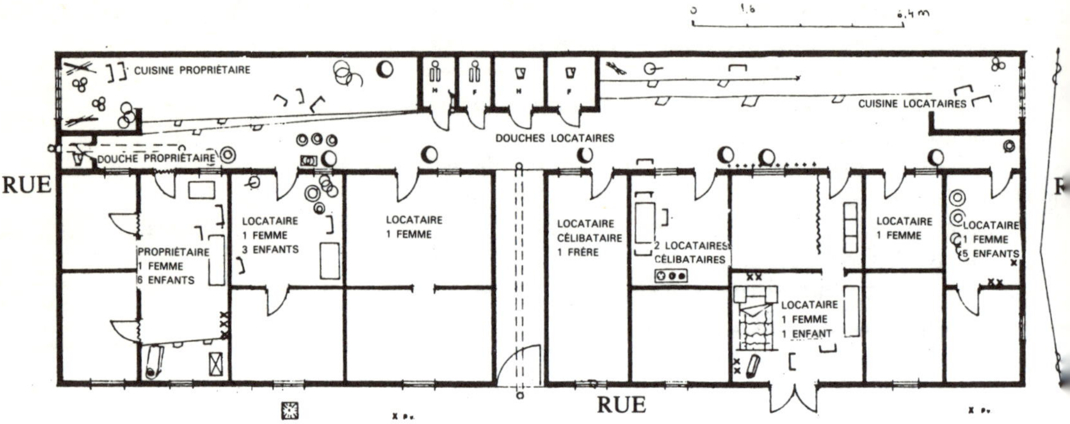

SCHÉMAS

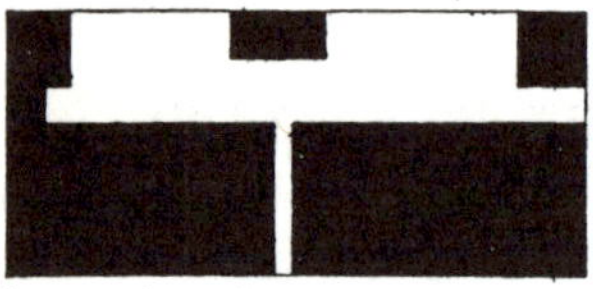

surface enclose de murs 206 m² soit 70 %

surface couverte 220 m² soit 73 %

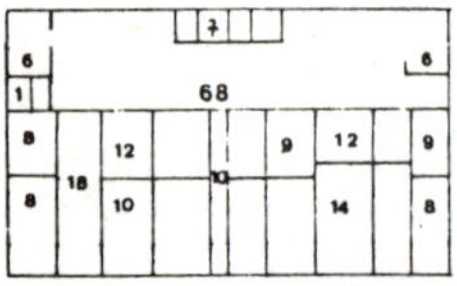

surface de l'espace cour 68 m² soit 23 %

CARACTÉRISTIQUES

Dimensions de la parcelle	: 300 m²
Nombre d'habitants	: 31
Nombre de ménages	: 8
Espace cour/ménages	: 8,5 m²
Espace cour/habitant	: 2 m²

HABITAT : plate-forme d'accueil juridiquement précaire, habitat construit en dur en majorité.

Source : Extrait de l'analyse de l'habitat dans : *Aménagement d'une zone d'habitat existante de 40 ha, Port-Bouët-II*, BCET, juillet 1979. Relevé de cours effectué par A. Manou-Savina.

constitue un élément essentiel des choix stratégiques : les maîtres d'œuvre peuvent geler des terrains pour spéculer, ou au contraire précipiter les opérations de construction selon les périodes d'accalmie ou de tension, les initiatives n'étant pas coordonnées, pour engager des paris de légalisation ou se hâter d'empocher une rente locative avant l'intervention prévue des services d'urbanisme. Les grands commerçants, de nombreux fonctionnaires, certains lotisseurs privés d'Abobo (P. Cazamajor, 1981) et Yopougon (A. Yapi Diahou, 1981), ou des propriétaires bien indemnisés lors des grandes opérations de déguerpissement, sont plus à même d'assurer la rapidité et la continuité du processus de construction. Mais, dans la pratique ordinaire, les propriétaires ont rarement la totalité de la somme nécessaire au début de l'opération et ne peuvent, à cause de leur profession ou de leur revenu trop faible, prétendre à un crédit bancaire.

L'épargne préalable est souvent insuffisante et le recours aux ressources familiales demeure peu important (17 % des attributaires LEM ont été aidés par leur famille) et aléatoire. L'argent disponible au départ est consacré aux fondations, à l'aménagement d'un puits perdu et d'une fosse septique, et à l'achat d'un stock de parpaings et de sacs de ciment, puis les murs sont montés progressivement, au fur et à mesure des possibilités monétaires. Il faut cependant non seulement pouvoir stocker les matériaux, mais faire surveiller l'état du stock comme celui de l'avancement des travaux.

La surveillance des stocks de parpaings est confiée à un membre de la famille, quelquefois à des gardiens rémunérés, mais, pour prévenir les vols, certains propriétaires recourent parfois à un procédé consistant à empiler les parpaings les uns sur les autres sous forme de murs sans liant, dont on attend une effet dissuasif sur les rôdeurs. C'est cependant de l'évolution des relations entre le propriétaire et son tâcheron que dépend le plus souvent le devenir du chantier.

Les tâcherons du bâtiment constituent, avec les petites entreprises inventoriées dont le chiffre d'affaires est inférieur à 15 millions de FCFA, des agents essentiels de la production de l'espace bâti dans la métropole ivoirienne : d'après la distinction opérée par la comptabilité nationale entre secteur industriel et secteur artisanal du bâtiment, ce dernier aurait fourni 35 % de la valeur de la production immobilière totale entre 1975 et 1980. Qui sont les tâcherons ? Peu d'études spécifiques leur ont été consacrées, et seul le travail réalisé par A. Jouhanneau (4) permet de cerner leurs

(4) A. JOUHANNEAU, *Bâtiment et travaux publics : les effets sur la production manufacturière ; tâcherons et entreprises industrielles*, centre ORSTOM de Petit-Bassam, 1984.

caractéristiques principales. Composé en majorité d'africains étrangers (31 % seulement des artisans du bâtiment sont de nationalité ivoirienne), le monde du tâcheronnage peut être divisé en plusieurs groupes au regard de l'histoire du travail et des itinéraires professionnels : 21 % des artisans interrogés par A. Jouhanneau n'ont jamais exercé d'activité salariale antérieure dans le BTP et travaillent uniquement pour des particuliers ; parmi les 79 % qui ont été salariés dans une entreprise de BTP, 49 % travaillent à façon pour des particuliers, 17 % travaillent à la fois pour des particuliers et en qualité de sous-traitants d'entreprises de BTP, 13 % sont uniquement sous-traitants d'entreprises de BTP ; ces 79 % ne se sont installés à leur compte qu'après un licenciement et faute d'avoir pu trouver un autre emploi salarié. Originaires ou non de la sphère d'activité salariée, les tâcherons du bâtiment ont à peu près tous le même mode d'organisation : la majorité (65 %) n'est pas inscrite au registre du commerce ; l'outillage est des plus sommaires (truelle, fil à plomb, équerre) et c'est parfois le maître d'ouvrage, commanditaire, qui le fournit ; la main-d'œuvre utilisée est payée au jour le jour (1 000 à 2 000 FCFA selon le travail effectué, en 1983) mais le nombre d'ouvriers est variable : il existe en général un pool, composé en partie de main-d'œuvre issue de la famille ou de la communauté ethnique, mais seuls quelques individus sont mobilisés au gré des contrats et de leur importance ; les ouvriers ne sont donc pas réellement « rattachés » à un tâcheron, et il est difficile de distinguer employeurs et employés dans la mesure où les rôles sont interchangeables selon les opportunités du marché. Contrairement à la législation en vigueur (art. 61 et 63 du Code du travail, chapitre III), les travailleurs recrutés ne sont jamais soumis aux règles légales. Depuis 1978, la crise du BTP, née du désengagement de l'État en matière d'investissements publics (42 800 licenciements entre 1978 et 1983), a propulsé sur le marché du tâcheronnage une bonne partie des ouvriers licenciés : la concurrence y est d'autant plus vive que la solvabilité des propriétaires s'est amoindrie. Dans ces conditions, l'« ordre contractuel » établi entre tâcherons et propriétaires (forfait global avec quelquefois établissement d'un devis et système de paiement fractionné selon les étapes de la construction, systèmes de rémunération à la tâche proprement dite selon des normes débattues, paiement au jour le jour) est souvent subverti par les conséquences de la « conjoncture ». Les luttes entre tâcherons sur le prix de la journée de travail et les retards de livraison ou de paiement liés à la baisse du pouvoir d'achat des propriétaires contribuent à aviver des tensions dont les principaux résultats sont l'augmentation de la période d'inactivité entre deux contrats pour les artisans (A. Jouhanneau l'évalue à deux ou trois mois) et l'allongement progressif des rythmes de construction pour les propriétaires.

Les divers cursus professionnels étudiés par A. Jouhanneau ont montré l'existence de rapports étroits entre les tâcherons et les entreprises dites « modernes » du BTP ; les liens avec la sphère de production inventoriée sont encore plus étroits lorsqu'on considère la nature et l'origine des matériaux utilisés : sable, gravier, ciment, bois, tôles, plâtre, carreaux, canalisations, peinture, matériel électrique, proviennent des branches extractives et manufacturières ; rares sont les secondes transformations de ces produits, excepté la fabrication de parpaings, activité le plus souvent exercée par des spécialistes (improprement appelés briquetiers) différents des maçons et dont les « chantiers » sont quelquefois mobiles, et la préfabrication de panneaux de bois, sous forme de « prêt à monter ».

Depuis quelques années, la filière bois a en effet deux sources d'approvisionnement. La plus ancienne est celle du bois de récupération, utilisé massivement depuis l'ouverture du port : les caisses sont rachetées et démontées, et les morceaux de bois revendus servent à la construction des murs par assemblages successifs. La préfabrication de panneaux a été introduite plus récemment au sein de la filière bois ; les planches, achetées en gros dans les scieries, sont assemblées verticalement et deux dimensions sont proposées : des panneaux de 3 m ou de 4 m de côté. Au début de la construction, quatre panneaux suffisent à l'édification d'une pièce ; puis des assemblages de trois panneaux permettent d'ajouter des pièces successives. Un important centre de production de panneaux préfabriqués est localisé en bordure de la route de Grand-Bassam, où l'habitat illégal est particulièrement développé. D'autres centres existent à proximité d'importantes occupations illégales, comme celles de la Commune de Cocody. Les constructions en bois sont souvent érigées à partir d'un soubassement de ciment ; les toits sont constitués par des feuilles de tôle ondulée, parfois de récupération. Elles sont souvent complétées par des sacs en plastique découpés, ou par des bâches de fortune qui protègent les murs des infiltrations d'eau lors des saisons des pluies. Ce type de produit a l'avantage d'être démontable rapidement (menace de « déguerpissement » permanente) et facilement réutilisable.

Dans la filière parpaing, les agglomérés et le béton armé utilisés pour les chaînages et les linteaux sont dosés « à la brouette », les dosages des intrants variant d'un « briquetier » et d'un maçon à l'autre, ce qui ne facilite guère le contrôle de la qualité par le propriétaire. Ainsi peut-on utiliser du sable de mer ou du sable de lagune, dont les conditions d'extraction sont réglementées. Le premier est prélevé en bordure du littoral et transporté par camion à Abidjan : il est de médiocre qualité du fait d'une granulométrie peu étendue qui provoque des phénomènes de ségrégation dans le produit final en cas d'excès d'eau, et le lavage préalable nécessaire pour éliminer les chlorures est rarement effectué (5) ; mais comme il est moins cher et que l'extraction illégale est possible, c'est un sable souvent utilisé. Le sable de lagune est extrait à la drague suceuse, et permet de confectionner des produits plus maniables. Les gravillons et graviers, provenant du concassage de granites, de quartz extraits des alluvions ou des graveleux latéritiques sont achetés à des revendeurs s'approvisionnant auprès des nombreuses carrières de la région abidjanaise. Mais la grande affaire de la filière parpaing reste l'achat du ciment, fabriqué par deux usines localisées à proximité des quais ouest de la zone portuaire à partir de clinker importé, la Côte-d'Ivoire ne possédant pas de réserves de calcaire suffisantes pour assurer une production régulière de clinker. Compte tenu des engagements pris dans le cadre du projet CIMAO (Ciments de l'Afrique de l'Ouest, entreprise multinationale et d'économie mixte à laquelle participent la Côte-d'Ivoire, le Ghana et le Togo, les trois pays ayant financé le complexe industriel de Tabligbo, au Togo (6), dont l'échec a renchéri le coût des importations), et de la progression des coûts des produits importés d'Europe, le prix du ciment sur le marché ivoirien a considérablement augmenté. Il a été multiplié par 4,15 entre 1972 et 1984 (par 1,7 pour le fer à béton et 1,8 à 1,9 pour les bois de charpente, de menuiserie ou de coffrage) ; en 1978, la tonne de ciment Portland artificiel ensaché valait 15 500 FCFA au départ de l'usine ; elle en valait 31 770 en 1984 (+ 104 %). Dans ces conditions, les comportements des « briquetiers » et des maîtres d'ouvrage tendent vers des pratiques de stockage à des fins parfois spéculatives. Les premiers réduisent le dosage de ciment et constituent des stocks dont la valeur augmente progressivement, les seconds ont tout intérêt à disposer dès le départ du chantier d'une quantité importante de parpaings, lesquels sont faciles à conserver, à condition de pouvoir les faire surveiller, et sont réutilisables ultérieurement en cas d'arrêt du chantier ; à la limite, on peut envisager de les revendre avec indexation, en leur conférant une valeur d'échange ainsi substituée à une valeur d'usage, ce qui

---

(5) J. SIMONNET, « Les matériaux de construction en Côte-d'Ivoire », *Équipement et transports en Côte-d'Ivoire*, n° 4, 1980.

(6) Soit 17,8 milliards de FCFA, sur 52 milliards de FCFA, sous forme de participation au capital social. L'objectif initial était de satisfaire les besoins en clinker des pays participants.

leur donne un caractère de « lingot du pauvre » déjà souligné dans d'autres villes africaines (Adret, 1984).

Compte tenu des modalités d'accès au sol urbain et de l'évolution rapide du coût des matériaux, qui est liée soit à l'augmentation du prix des produits importés, soit à des échecs de tentatives d'industrialisation locale (liquidation en mars 1985 de la Société IMCI, dont les fers à béton coûtaient plus cher que les mêmes produits importés), il n'est pas facile de mesurer avec précision le coût final des constructions. Sur les lotissements administratifs de la SETU (7), la charge foncière comprend le prix d'achat de la parcelle et les frais de bornage : en 1982, à Niangon-Nord, la charge foncière s'élevait à 12,9 % du coût total de l'opération, dont la première tranche comportait 50 parcelles. La location des parcelles LEM (bail de vingt ans renouvelable par période de cinq ans), entièrement équipées, est de 22 000 à 33 000 FCFA par an selon la taille du lot, de 100 à 150 m^2. Sur le marché privé, que caractérisent les ventes illégales de terrains agricoles, les prix sont extrêmement variables : à Abobo-Gare, les parcelles de 500 m^2 vendues autour de 400 000 FCFA avant 1975 étaient négociées entre 1 million et 1,5 million de FCFA en 1982 ; à Yopougon, des parcelles de 400 m^2 étaient vendues 300 000 FCFA entre 1975 et 1980 ; dans le quartier Zoé-Bruno, au sud de la zone industrielle de Koumassi, les parcelles attribuées gratuitement lors des premières vagues d'installation en 1970 sont rétrocédées contre 50 000 FCFA en 1984 (A. Yapi Diahou, 1985).

(7) Toutefois, la SETU n'ayant pu tenir ses prix, et par suite du retrait de la caution de certains attributaires, le prix des parcelles est en réalité passé de 500 000 à 800 000 FCFA.

DEVIS ESTIMATIF DU COÛT D'UNE HABITATION EN DUR

Quartier Abobo-Gare, ville d'Abidjan

Type de construction : bâtiment d'habitation en bande, cinq pièces en parpaing de ciment.
Superficie du bâtiment évalué : 17 m × 4 m = 68 m².
Année 1981.

	FCFA
— Construction	
ciment et briques	302 000
gravier, 1 voyage	30 000
sable	37 500
fers	6 400
chevrons	108 000
tôles	132 800
main-d'œuvre	120 000
— Menuiserie	
5 portes	75 000
5 fenêtres	42 500
main-d'œuvre	8 000
Coût total	862 200

Coût de 12 679 FCFA/m².

Source : Acquisition de parcelles urbaines et coût de construction des logements en habitat évolutif : quelques exemples, A. Manou, décembre 1982, 16 pages dactylographiées.

DEVIS ESTIMATIF DU COÛT DE CONSTRUCTION D'UNE HABITATION EN DUR

Quartier Koumassi, ville d'Abidjan

Type de construction : bâtiment d'habitation en bande, neuf pièces en parpaing de ciment.
Superficie parcelle : 25 × 20.
Dimensions du bâtiment évalué : 25 m × 8 m = 200 m².
Année 1981.

	FCFA
— Soubassement	
Remblai : 34 voyages de gravats	204 000
Soubassement : 3 066 briques (20 × 20 × 40 pleines)	383 250
— Murs et chaînage	
Ciment, 9 tonnes	243 000
Gravier, 2 voyages	60 000
Sable, 8 voyages	96 000
Fers (6, 8, fil de fer)	27 440
— Toiture	
Chevrons	165 500
Tôles (300 m²)	390 000
Clous	35 100
— Menuiserie	
4 portes persiennes	112 000
5 portes isoplanes	87 500
10 fenêtres persiennes	85 000
— Aménagement	
Chappe lissée 80 m²	148 000
Revêtement sol de la cour	468 000
Peinture	333 375
— Électricité	214 000
(fils, compteurs, installations intérieures)	
— Contre-plaqué plafond	119 600
— Puits perdu	82 000
— Fosse septique	130 000
— Main-d'œuvre	
1 tâcheron, 2 maçons, 3 manœuvres	515 000
Coût total	3 898 765 FCFA

Coût de 19 493 FCFA/m².

Source : Acquisition de parcelles urbaines et coût de construction des logements en habitat évolutif : quelques exemples, A. Manou, décembre 1982, 16 pages dactylographiées.

DEVIS ESTIMATIF DU COÛT D'UNE CONSTRUCTION EN BOIS

Quartier Koumassi-Poto-Poto, ville d'Abidjan

Type : maison individuelle en planche.
Dimension : 3 m × 3 m = 9 m².
Année 1982.

— Soubassement	
3 voyages de terre	15 000
60 briques	4 000
6 brouettes sable	2 100
2 paquets ciment	3 000
Main-d'œuvre	9 000
— Murs	
4 côtés préfabriqués en planche	15 000
2 paquets pointes	700
10 tôles	16 000
1 porte isoplane	1 500
1 clef et une poignée	800
Main-d'œuvre	4 000
Coût total	71 100 FCFA

Coût de 7 900 FCFA/m².

Source : Acquisition de parcelles urbaines et coût de construction des logements en habitat évolutif : quelques exemples, A. Manou, décembre 1982, 16 pages dactylographiées.

A cette diversité des charges foncières s'ajoute celle des délais d'acheminement des matériaux, tout allongement de durée impliquant un renchérissement du coût final. Les trois devis présentés permettent néanmoins d'estimer ce que coûtait la construction (hors charge foncière) d'habitations en dur et en bois, en 1981 et 1982, dans deux quartiers d'Abidjan, Koumassi et Abobo-Gare, soit 16 100 FCFA/m² en moyenne pour les bâtiments en parpaing de ciment et 7 900 FCFA/m² pour la maison en bois ; à titre de comparaison, les résultats obtenus pour quelques villes de l'intérieur donnent 27 642 FCFA/m² pour les bâtiments en dur et 5 252 FCFA/m² pour ceux construits en brique de terre. L'écart entre le coût du m² en dur et celui du m² en bois explique peut-être le repli récent opéré par certains constructeurs de logements locatifs en dur au bénéfice des baraques moins coûteuses, à l'intérieur des cours existantes ou sur de nouvelles parcelles : d'après des données disponibles en 1984, l'habitat en baraque réprésenterait le quart du parc immobilier et regrouperait le quart de la population citadine, soit trois fois plus qu'en 1978. L'enquête à passages répétés avait déjà souligné que ce type d'habitat, où logeaient essentiellement des étrangers célibataires et des jeunes couples récemment arrivés en ville, avait en 1978 un fort taux d'accroissement annuel de population (+ 18,2 % contre + 6,3 % à l'habitat évolutif et + 5,1 % de l'habitat économique) : c'est là qu'est accueillie une partie des nouveaux arrivants en provenance de l'étranger. Dans la période de « conjoncture », caractérisée par l'effondrement de la production des logements économiques et l'abandon de nombreux chantiers légaux ou illégaux, il est certain que les dynamismes productifs ont joué en faveur de l'habitat sommaire.

3. L'utilisation du bâti : une production en vue de la location

L'idée de construire est indissociable de celle de louer, et la ville des cours est surtout une ville de locataires. L'importance des migrations, tant internes qu'internationales, et la brièveté des séjours favorisent le développement du marché locatif : sur l'ensemble de la ville, près de 80 % des ménages sont locataires. La proportion de locataires est importante dans tous les types d'habitat, mais c'est dans les cours légales (catégorie C et D) qu'elle est la plus élevée (83,2 % des ménages).

Le développement du marché locatif répond à une fonction d'accueil des migrants qui est essentiellement le fait de l'habitat de cour.

L'organisation du bâti selon une succession de chambres accolées est la forme architecturale la plus simple, pouvant être réalisée avec un minimum d'investissement et permettant de répondre à cette fonction d'accueil. Les superficies des logements, quelle que soit la taille de la parcelle, sont de petites dimensions : l'objectif est de construire le maximum de logements destinés à la location. Ainsi, une parcelle de l'habitat de type cour correspond à plusieurs logements, alors que dans l'habitat économique d'État, une parcelle correspond à un seul logement (8).

---

(8) Avec l'insuffisance chronique de logements à Abidjan, en particulier dans les quar-

Tableau 25

Répartition des ménages africains par statut d'occupation et type d'habitation en 1978

TYPOLOGIE SEMA	A	B	C + D	E	ABIDJAN
Propriétaire	25,2	6,4	10,7	19,6	12,6
Locataire	61,7	79,9	83,2	74,5	79,8
Sous-locataire	1,1	7,0	0,9	0,5	1,9
Logé par la famille	3,7	1,2	4,8	4,7	4,1
Logé par l'employeur	8,3	5,5	0,4	0,7	1,6
Nombre total de ménages	5 170	36 213	106 243	52 193	199 819

Source : E. BABUT, J.-L. DUBOIS, A. ODOUNFA, 1984.

Tableau 26

Nombre de logements par parcelle

Quartiers	Surface de la parcelle	Nombre de logements par parcelle
Abobo-Gare : (Quartier évolutif récent, situation périphérique)	500 m²	9
Attécoubé : (Quartier évolutif ancien, situation centrale)	500 m²	10
Port-Bouët II : (Plate-forme d'accueil périphérique)	150 m²	4
Port-Bouët-Vridi : (Quartiers illégaux proches des secteurs d'emploi)	269 m²	7

Sources : Enquêtes réalisées entre 1982 et 1984 sur différents quartiers d'Abidjan (A. MANOU-SAVINA).

Tableau 27

Surface des logements

Surfaces	Quartiers		
	Quartier évolutif Abobo-Gare (9)	Plate-forme d'accueil Port-Bouët II (10)	Quartiers non lotis Port-Bouët-Vridi (11)
Surface parcelle	500 m^2	150 m^2	269 m^2
Surface habitée	300 m^2	82 m^2	117 m^2
Surface cour	66 m^2	71 m^2	97 m^2
Surface logements :			
— 1 pièce	10 m^2	11,6 m^2	11 m^2
— 2 pièces	18 m^2	23 m^2	21 m^2

Si la taille moyenne des parcelles est supérieure à celle d'une parcelle d'un logement économique de société immobilière, comme dans le cas d'Abobo-Gare ou d'Adjamé, la taille des logements est inférieure de moitié : 42 m^2, minimum exigé pour les sociétés immobilières, et seulement 10 ou 20 m^2 pour respectivement une ou deux pièces dans l'habitat de cour commune. Cette exiguïté rejette à l'extérieur de la parcelle l'exercice de beaucoup d'activités quotidiennes. Certaines parcelles, occupées uniquement par des locataires, présentent des cours réduites à un couloir. La densité du bâti accentue le manque d'aération des logements, les unités d'habitation construites sur le fond de la parcelle sont mitoyennes des unités d'habitation de la parcelle voisine et la chambre ne comporte en général pas de fenêtre, l'aération se faisant par la porte de communication avec le salon. Très souvent, portes ou ouvertures des cuisines ou des sanitaires sont distantes de moins de 50 cm de la porte d'entrée d'un logement.

En fonction des possibilités financières de l'attributaire de la

tiers centraux, des pièces des logements économiques d'État sont sous-louées, ou des pièces sont rajoutées à la construction initiale ; ce sont des « indépendantes », mises en location alors que l'attributaire du logement a un statut de locataire.

(9) Mesures réalisées d'après les plans de cours des enquêtes réalisées en 1976 par le BNETD.

(10) Résultats de relevés de cours sur le quartier de Port-Bouët II effectuées en 1978 par le BCET.

(11) Enquêtes réalisées en 1984 pour un projet habitat dans la commune de Port-Bouët à Abidjan (Cauris-Grain).

parcelle, mais aussi selon la croissance de l'agglomération, qui peut modifier la situation du quartier à l'intérieur de la ville, ou selon les orientations de la politique urbaine, l'utilisation du bâti peut varier. Des logements d'une pièce peuvent être transformés en locaux commerciaux ; une porte sera alors ouverte sur la rue. Des portes peuvent être fermées, ce qui permet de transformer des entrées-couchers (une pièce) en chambre-salon (deux pièces). Avec l'amorce du processus de régularisation foncière, on constate dans le quartier de Port-Bouët II, à Yopougon, une diminution du nombre de logements d'une pièce, majoritaires dans les quartiers précaires, au profit de logements de deux pièces, indicateur qui pourrait suggérer un changement de population. La cour commune est un habitat en rez-de-chaussée. A partir des années 1975, la densification des lotissements des quartiers centraux a été réalisée par la construction d'étages, construction presque toujours entreprise sur plusieurs années. L'étage est édifié le plus souvent sur un seul côté de la parcelle, celui donnant sur la rue, et la cour commune du rez-de-chaussée n'est pas supprimée. Les logements à l'étage sont plus spacieux (en général ce sont des logements de trois pièces), mieux équipés, et ont par conséquent des loyers plus élevés. L'habitat de cour est évolutif, non seulement au sens d'une densification progressive, mais aussi en raison de son adaptabilité à des situations nouvelles : selon l'expression de J.-F. Tribillon, c'est un habitat essentiellement plastique (12).

Dans l'habitat de cour, densification maximale du bâti et de la population sont indissociables. Le bâti étant construit petit à petit, il s'agit d'une densification progressive qui, avec le temps, dépasse régulièrement les seuils qualifiés de dangereux par les différentes études entreprises sur la ville depuis 1960 (13).

Alors qu'en 1984 les densités brutes à l'hectare sont de 120 à 150 habitants, elles atteignent 500 habitants dans les quartiers évolutifs avec des maximums de 750 habitants dans les quartiers centraux ou les quartiers d'habitat non lotis proches des zones d'emploi. Le nombre d'habitants par parcelle, très élevé, témoigne du surpeuplement des quartiers et de la promiscuité caractérisant chaque parcelle.

---

(12) J.-F. TRIBILLON, *Le tiers-habitat : L'habitat populaire africain*, texte diffusé dans le cadre du réseau PFI/PVD, janvier 1982.

(13) Ph. ANTOINE, C. HERRY, 1982.

Tableau 28

Nombre de personnes par parcelle

	Surface de la parcelle	Nombre d'habitants par parcelle	Nombre de ménages par parcelle
Abobo-Gare : (Évolutif récent, situation périphérique), 1982	500 m²	36,8	7,4
Port-Bouët II : (Plate-forme d'accueil en voie de régularisation), 1982	150 m²	16,2	3,5
Port-Bouët-Vridi : (Quartiers illégaux proches des secteurs d'emploi), 1984	269 m²	20,4	6,5
Attécoubé : (Quartier évolutif, ancien, situation centrale), 1984	500 m²	44,6	8,7

Sources : Enquêtes A. MANOU-SAVINA en 1982 et 1984.

Tableau 29

Densité selon les superficies habitées en 1963 et 1975 (hab/ha)

Quartiers	1963	1975
Plateau	61	198
Treichville	292	459
Adjamé	342	510
Zone 4	49	68
Port-Bouët	199	302
Koumassi	111	410
Cocody	95	97
Williamsville	—	191
Marcory	131	224
Attécoubé	129	406
Yopougon	116	190
Abobo-Gare	60	214
Abidjan	190	255

Sources : SEMA 1963, BNEDT 1974, Perspectives décennales 1977 ; voir aussi M. ARMAND (1984).

Certains quartiers où prédomine l'habitat évolutif, déjà très denses en 1963, comme Treichville ou Adjamé, enregistrent un doublement de densité en une douzaine d'années. D'autres quartiers, périphériques en 1963, comme Koumassi ou Attécoubé, ont en 1975 une densité multipliée environ par 4. Cette densification intensive touche principalement l'habitat de cour, caractérisé par la construction successive de nouveaux logements, puis par la division des anciens logements.

L'évolution du nombre d'habitants par cour rend mieux compte du processus de densification dans les secteurs anciennement urbanisés. Ainsi, l'évolution de l'occupation des cours entre 1955 et 1978 dans les quartiers de Treichville et Adjamé (tableau 30, p. 155) montre à quel point la densification y est importante.

Dans ces parcelles de 20 m sur 20 m, la densité moyenne passe à Treichville de 21,5 habitants par cour à 42,5 en 1978. La densification est encore plus importante à Adjamé où le nombre moyen de résidents par cour passe de 18 à 44 durant la même période. Alors que, dans les années cinquante, les cours de moins de 20 personnes prédominaient, en 1978, les effectifs les plus fréquents se rencontrent dans la classe des cours comportant 30 à 39 habi-

Tableau 30

Évolution de la répartition des cours Treichville - Adjamé selon leur nombre d'habitants (en %), 1955-1978

Nombre de résidents	Treichville		Adjamé	
	1955	1978	1955	1978
0- 9	21,5	8	33	3,5
10-19	31	8	32	11
20-29	26	16	19,5	19
30-39	12	17,5	9	9
40-49	6	16	3,5	9
50-59	2	16	1	14,5
60-69	0,5	4	0,5	10
70-89	0,5	12	1	5,5
90 et plus	0,5	2,5	0,5	4

Sources : Recensement de 1955 et EPR 1978-1979.

tants. La densité s'accroît donc rapidement avec l'ancienneté du quartier, ce que confirme l'observation plus récente d'une centaine de cours d'Abobo entre 1978 (EPR) et 1982 (BCET) : l'analyse révèle une croissance du nombre moyen de résidents par cour de 30 habitants en 1978 à 36 habitants en 1982, soit une densification d'environ 5 % par an.

Cette forte densité résulte surtout du mode d'habitat imposé par les propriétaires qui privilégient les studios ou deux-pièces dans l'habitat évolutif. Paradoxalement, le nombre d'occupants par cour, aux surfaces très variables, est nettement plus faible dans l'habitat sommaire : ainsi, en 1978, lors de l'EPR, le nombre moyen de résidents par cour était-il d'environ 30 personnes dans le campement de Koumassi. Le processus de densification est fonction du type de l'habitat, mais aussi de sa localisation au sein de l'agglomération. Si l'on retient une typologie simplifiée, on constate que, pour un même type, la densité peut énormément varier d'un quartier à l'autre. Le tableau n° 31, p. 159, est ordonné suivant la répartition nord-sud des quartiers, le Plateau étant en position centrale. Dans ce quartier à habitat de moyen standing en immeubles de six à sept étages, la densité est peu comparable avec celle des autres quartiers, où l'habitat de standing (type A) est la plupart du temps de plain-pied, sauf à Treichville. Dans les aires

Tableau 31

Densité par type d'habitat et par quartier en 1975 (hab/ha)

Quartiers	Types d'habitat			
	A	B	C + D	E
Abobo-Gare	33	73	234	205
Yopougon-Banco	26	244	133	230
Riviera	46	—	145	176
Williamsville	39	322	395	147
Cocody	47	235	587	200
Attécoubé	—	405	425	376
Adjamé	38	411	561	520
Plateau	198	200	—	—
Treichville	76	338	594	—
Marcory	53	301	305	507
Koumassi	—	370	444	420
Zone 4	52	250	150	509
Vridi	85	351	—	310
Port-Bouët	28	340	186	452
Route de Bassam	—	—	—	300

Source : Préparation Perspectives décennales, BNEDT, 1977.

nouvellement urbanisées de la périphérie, comme Abobo-Gare et Yopougon, les densités relevées dans l'habitat économique (type B) sont généralement inférieures à celles des autres quartiers.

Dans la strate d'habitat évolutif (C + D), les quartiers les plus denses sont ceux proches du Plateau ou des grands marchés, mais la densité demeure élevée même dans certains quartiers plus excentrés comme Koumassi ou Williamsville. Seuls les espaces construits très éloignés du centre peuvent encore connaître un ample processus de densification, et c'est également là qu'existent de nombreuses possibilités de construire sur des terrains nouveaux. Les aires de cour sommaires (type E) situées au sud de l'agglomération ont aussi des densités très élevées, supérieures à celles enregistrées dans l'habitat évolutif des quartiers centraux. Les aires d'urbanisation récente, Abobo-Gare et Yopougon, sont les moins denses, la reproduction de l'habitat par extension continue en surface demeurant possible : cependant, en 1985, la zone urbanisée d'Abobo-Gare arrivait à moins d'un kilomètre de celle d'Anyama, première ville située à la sortie septentrionale d'Abidjan. L'habitat de cour semble avoir atteint une limite dans les quartiers d'Adjamé et de Treichville, ce qui contraint les Abidjanais à délaisser le centre pour conquérir des espaces de plus en plus éloignés. Cette densification excessive du centre y engendre une dégradation rapide de certains îlots et conduit de nombreux ménages urbanisés de longue date à rechercher de nouvelles implantations en ville : la dégradation du cadre bâti est alors accompagnée, comme dans de nombreuses autres villes, d'une occupation de ces quartiers par des migrants plus récents.

4. Un habitat à la population hétérogène

Bien qu'il soit difficile de rendre compte de façon synthétique de la répartition de la population selon les types d'habitat et les caractéristiques socio-économiques, on peut, à l'aide de quelques indicateurs pertinents, tenter de mettre en évidence certaines particularités de la population résidant dans l'habitat de cour. Si parfois l'analyse statistique simplifie outrageusement la réalité, elle permet cependant de dégager certaines lignes de force.

La pyramide des âges de la ville d'Abidjan comporte, comme celles de toutes les grandes villes du tiers-monde, une base très large (nombreux enfants de 0-4 ans correspondant à une fécondité élevée), qui se rétrécit rapidement. Cette moindre importance du nombre des enfants de 5-9 ans et de 10-14 ans suggère que de nombreuses familles qui habitent la ville sont de jeunes couples avec des enfants en bas âge. Comme toutes les villes qui accueillent des travailleurs migrants, une surreprésentation des hommes de 20-35 ans peut être relevée. Enfin, le nombre de personnes âgées demeure restreint ; peu de « vieux » finissent leurs jours dans la métropole. Mais le phénomène le plus curieux, dans le cas d'Abidjan, est l'asymétrie importante entre les sexes, asymétrie qui s'inverse à 20 ans et donne une allure déhanchée à la pyramide des âges. La pyramide contredit apparemment l'adage abidjanais qui veut qu'il y ait « trop de femmes à Abidjan ». En fait, le bon sens populaire n'est pas pris en défaut, car les hommes ne regardent pas « en face d'eux » dans la pyramide, mais visent au contraire une ou deux classes d'âge en dessous de la leur ; ainsi, les 55 532 hommes de 30-34 ans (en 1978) sont-ils prêts à courtiser les 80 544 femmes de 20-24 ans.

Ces caractères structurels relevés pour l'ensemble de l'agglomération se retrouvent, amplifiés, dans l'habitat de cour. En effet, c'est principalement au sein des habitats évolutif et sommaire que la pyramide des âges comporte une base très large, qui se rétrécit très rapidement, révélant la prééminence des jeunes ménages dans ces habitats. Le déséquilibre entre les sexes est particulièrement marqué, mais différemment d'un type d'habitat à l'autre : ainsi la population de l'habitat sommaire connaît-elle une sur-masculinité très nette aux âges actifs (20-40 ans). Cet habitat comprend essentiellement des étrangers célibataires ou de jeunes couples récemment installés dans la ville. L'habitat sommaire apparaît donc comme celui accueillant en priorité les groupements de célibataires. La structure de l'habitat évolutif semble en comparaison plus équilibrée : ce type d'habitat rassemblant la majorité de la population abidjanaise, sa structure influe fortement sur celle de la ville.

A l'opposé, les structures de l'habitat économique, et encore plus celles de l'habitat de standing, mettent en évidence une dissymétrie inverse entre les sexes, avec un excédent de jeunes filles et de jeunes femmes. Cette surreprésentation féminine provient en partie de l'accueil dans les familles ivoiriennes de nombreuses aides domestiques venues le plus souvent de la famille ou du village d'origine. Ce phénomène déjà décrit à la fin des années soixante (J.-M. Gibbal, 1974) s'est particulièrement amplifié au fil des ans. Cet accueil est loin d'être toujours volontaire, les villageois cherchant à faire prendre en charge des jeunes filles par un membre plus aisé de la famille, ce que dénoncent certains citadins, comme cette femme qui déclare : « Pour moi, les aides familiales ne sont pas nécessaires, j'ai déjà une bonne qui fait déjà tout le travail à la maison. Pratiquement je n'ai besoin de personne. Comme je vis à Abidjan, les parents m'envoient les nièces, les cousines pour travailler pour moi. Ils pensent que j'ai de l'argent pour m'occuper de tout le monde » (S. Aguia, 1979). La pyramide des âges semble plus régulière dans l'habitat économique moderne, où elle se rapproche de celle de l'ensemble de la Côte-d'Ivoire.

L'analyse de la structure des ménages confirme ces distinctions. La composition des ménages a profondément évolué entre le début des années soixante et la fin de la décennie soixante-dix. Ainsi la taille moyenne des ménages, tous types d'habitat confondus, est-elle passée de 4,3 personnes en 1963-1964 (SEMA) à 5,3 en 1978 (EPR). Cette croissance résulte à la fois de l'arrivée de plus en plus fréquente de jeunes ruraux au sein des familles ivoiriennes déjà installées dans la ville et au passage d'une migration individuelle de travail à une migration familiale pour nombre d'étrangers. L'accueil de collatéraux, de coreligionnaires ou de compatriotes constitue une des formes fréquentes d'expression de la solidarité en ville. Mais la surface des logements limite les capacités d'hébergement et l'exiguïté de certaines « entrées-couchers » condamne leurs occupants à restreindre le nombre de personnes hébergées et à se cantonner à la famille nucléaire.

Cependant, la taille des ménages varie fortement d'un type d'habitat à l'autre. L'habitat économique héberge les familles les plus nombreuses (7,5 personnes en moyenne par ménage), devançant l'habitat résidentiel de haut et moyen standing (6,5 personnes). Dans l'habitat évolutif, les ménages sont de dimension plus modeste (4,9 personnes) ; dans l'habitat sommaire, la taille d'un ménage est de 3,6 personnes. Si l'on retient seulement la population ivoirienne, on note un net clivage entre les deux premiers types d'habitat, avec des ménages de 7,1 personnes dans le résidentiel et 7,8 personnes dans l'économique moderne, et les deux autres (5,6 dans l'habitat évolutif et 4,3 dans le sommaire). Dans l'ensemble, les ménages ivoiriens ont une taille nettement supérieure à celle des ménages étrangers.

D'autres différenciations apparaissent : la population de l'habitat de cour comprend une forte proportion d'étrangers africains, ainsi qu'une grande diversité ethnique parmi les ressortissants ivoiriens (tableaux 32 et 33 a et b, pp. 163, 164, 165). Si les nationaux dominent largement dans l'habitat de standing, qu'ils partagent avec les Européens, ils sont surtout les attributaires principaux de l'habitat économique moderne (89 %). Au sein de l'habitat évolutif, la répartition est assez voisine de celle de la population abidjanaise, avec environ 58 % d'Ivoiriens, soit légèrement moins que leur proportion au sein de la ville, 17 % de Burkinabè et 11 % de Maliens, soit un peu plus que leur poids relatif dans l'agglomération. Enfin, l'habitat sommaire concerne peu jusqu'à présent les Ivoiriens, qui laissent la prééminence aux Burkinabè et aux Maliens dans les campements à l'intérieur de la ville, ainsi qu'aux Ghanéens qui occupent les campements villageois en bord de mer, où ils exercent des activités liées à la pêche (pêcheurs, fumeuses de poisson, commerçantes...).

Si l'on opère une distinction parmi les Ivoiriens, il apparaît nettement que les originaires des aires d'économie de plantation, Akan et Krou, sont les principaux bénéficiaires de l'habitat économique aux dépens des originaires du Nord. Faut-il chercher les motifs d'exclusion dans les modalités d'attribution des logements économiques ? Ou bien est-ce le signe d'une meilleure insertion des Akan et des Krou dans les réseaux abidjanais ? Ceux-ci, en particulier les Gueré et les Bété, représentent plus de 30 % des Ivoiriens résidant dans l'habitat économique (soit 51,5 % des ressortissants de ce groupe ethnique demeurant à Abidjan), alors qu'ils ne représentent en 1978 que 21 % des Abidjanais. Les ressortissants d'autres ethnies avancent souvent une explication à cette pré-

Figure 7

STRUCTURE PAR ÂGES ET TYPE D'HABITAT

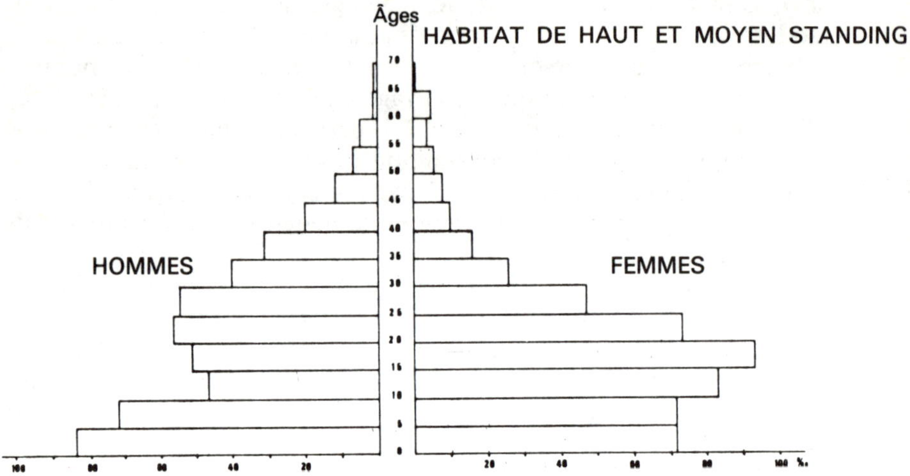

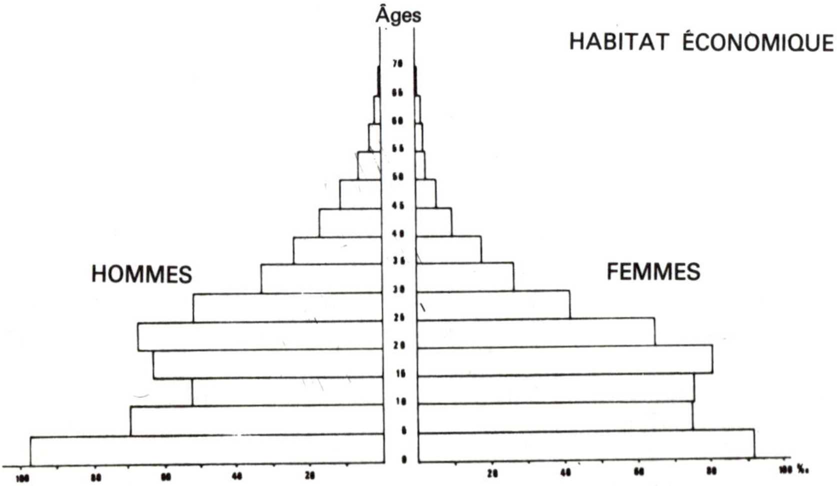

Figure 8

STRUCTURE PAR ÂGES ET TYPE D'HABITAT

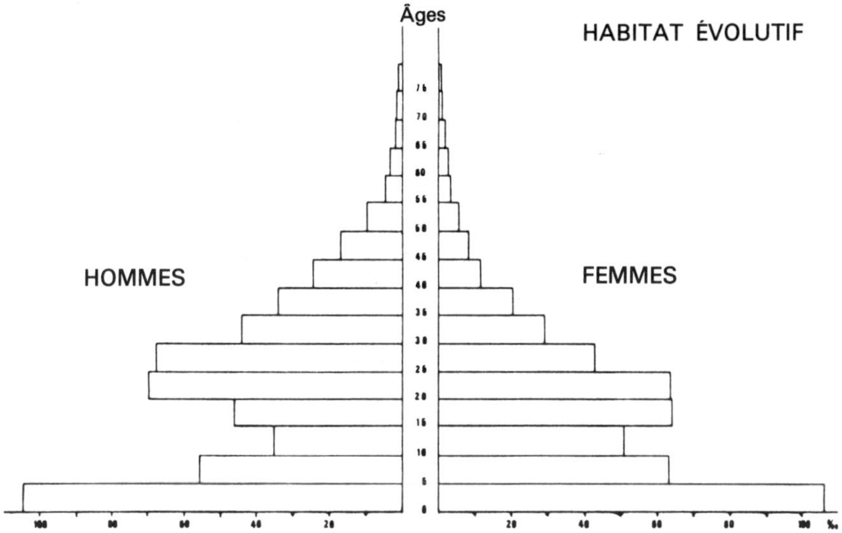

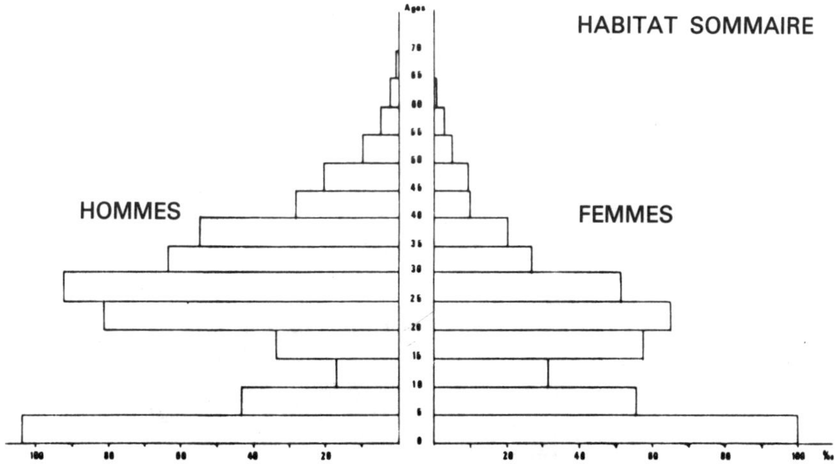

Tableau 32

Répartition des nationalités par type d'habitat (en %)

TYPE D'HABITAT	IVOIRIENS		VOLTAÏQUES		MALIENS		GUINÉENS		GHANÉENS		AUTRES AFRICAINS		AUTRES	
	H.	F.	H.	F.	H.	F.	H.	F.	H.	F.	H.	F.	H.	F.
Habitat de standing	7,0	7,6	3,1	2,5	1,8	1,8	3,9	4,4	2,7	4,3	4,5	7,2	88,6	87,8
Habitat économique	35,0	34,6	5,2	4,7	5,4	7,2	12,2	12,8	7,5	5,7	10,1	11,5	4,2	5,6
Habitat évolutif	55,3	55,0	69,5	72,7	75,8	75,6	74,6	75,2	25,5	34,5	68,3	68,7	7,2	6,6
Habitat sommaire	2,7	2,8	22,2	20,1	17,0	15,4	9,3	7,6	64,3	55,5	17,1	12,6	0	0

H. = Hommes
F. = Femmes

Source : Ph. ANTOINE, C. HERRY, 1982.

Tableau 33 a

Habitat : composition par nationalité
Effectifs et pourcentages

NATIONALITÉ	HABITAT DE STANDING				HABITAT ÉCONOMIQUE			
	HOMMES		FEMMES		HOMMES		FEMMES	
Ivoiriens	26 990	47,3	30 147	52,6	135 378	88,0	137 790	89,9
Burkinabè	3 162	5,5	1 851	3,2	5 334	3,5	3 537	2,3
Maliens	1 104	1,9	885	1,5	3 231	2,1	3 387	2,2
Guinéens	844	1,5	682	1,2	2 647	1,7	1 958	1,3
Ghanéens	157	0,3	585	1,0	446	0,3	787	0,5
Autres Africains	2 489	4,4	2 742	7,2	5 761	3,7	4 567	2,9
Autres	22 770	39,1	20 462	35,7	1 055	0,7	1 295	0,8
Total	57 016	100,0	57 349	100,0	153 852	100,0	153 321	100,0

Source : Ph. ANTOINE, C. HERRY, 1982.

Tableau 33 b

Habitat : composition par nationalité
Effectifs et pourcentages (suite)

NATIONALITÉ	HABITAT ÉVOLUTIF				HABITAT SOMMAIRE			
	HOMMES		FEMMES		HOMMES		FEMMES	
Ivoiriens	213 639	55,0	219 040	61,9	10 408	17,7	11 011	23,4
Burkinabè	71 608	18,5	54 603	15,4	22 808	38,9	15 095	32,1
Maliens	45 515	11,7	35 797	10,1	10 223	17,4	7 289	15,5
Guinéens	16 193	4,2	11 531	3,7	2 019	3,4	1 161	2,5
Ghanéens	1 510	0,4	4 728	1,3	3 801	6,5	7 605	16,2
Autres Africains	37 868	9,8	26 426	7,5	9 447	16,1	4 845	10,3
Autres	1 822	0,5	1 541	0,4	0	0	0	0
Total	388 155	100,0	353 666	100,0	58 706	100,0	47 006	100,0

Source : Ph. ANTOINE, C. HERRY, 1982.

Tableau 34

Répartition des ethnies par type d'habitat (%)

TYPE D'HABITAT	AKAN		KROU		MANDE DU NORD		MANDE DU SUD		VOLTAÏQUES		AUTRES	
	H.	F.	H.	F.	H.	F.	H.	F.	H.	F.	H.	F.
Habitat de standing	8,3	9,0	5,3	6,6	6,0	5,1	4,3	5,8	6,6	7,3	47,7	20,0
Habitat économique	36,5	35,7	51,7	51,3	17,9	16,9	30,1	28,0	19,2	20,8	41,4	15,8
Habitat évolutif	52,4	52,4	39,8	39,0	74,1	76,1	61,9	63,4	72,0	69,1	10,9	64,2
Habitat sommaire	2,8	2,9	2,7	3,1	2,0	1,9	3,7	2,8	2,2	2,8	0	0

H. = Hommes
F. = Femmes

Source : Ph. ANTOINE, C. HERRY, 1982.

Tableau 35 a

Habitat : composition par ethnie (population ivoirienne)
Effectifs et pourcentages

ETHNIE	HABITAT DE STANDING				HABITAT ÉCONOMIQUE			
	HOMMES		FEMMES		HOMMES		FEMMES	
Akan	15 102	55,9	18 023	59,9	66 044	48,8	71 751	52,1
Krou	4 850	18,0	5 420	18,0	43 321	32,0	42 318	30,7
Mandé du Nord	3 583	13,3	2 839	9,4	10 618	7,8	9 417	6,8
Mandé du Sud	1 403	5,2	1 712	5,7	9 779	7,2	8 314	6,0
Voltaïques	1 915	7,1	2 072	6,9	5 554	4,1	5 927	4,3
Autres	137	0,5	81	0,3	36	0	63	0,1
Total	26 990	7,0	30 147	7,6	135 352	35,0	137 790	34,6

Source : Ph. ANTOINE, C. HERRY, 1982.

Tableau 35 b

Habitat : composition par ethnie (population ivoirienne)
Effectifs et pourcentages (suite)

ETHNIE	HABITAT ÉVOLUTIF				HABITAT SOMMAIRE			
	HOMMES		FEMMES		HOMMES		FEMMES	
Akan	94 927	44,4	105 668	48,2	5 083	48,8	5 792	52,6
Krou	33 311	15,6	32 193	14,7	2 269	21,8	2 532	23,0
Mandé du Nord	43 979	20,6	42 444	19,4	1 201	11,6	1 047	9,5
Mandé du Sud	20 136	9,4	18 784	8,6	1 210	11,6	832	7,6
Voltaïques	20 873	9,8	19 695	9,0	645	6,2	808	7,3
Autres	358	0,2	256	0,1	0	0	0	0
Total	213 584	55,3	219 040	55,0	10 408	2,7	11 011	2,8

Source : Ph. ANTOINE, C. HERRY, 1982.

pondérance des Krou dans l'habitat individualisé des logements économiques : leur mauvais caractère supposé, qui les rendrait indésirables dans de nombreuses cours. Qu'elles soient indésirables ou individualistes, ou qu'elles maîtrisent les couloirs pour obtenir un logement, toujours est-il que les populations krou semblent délaisser l'habitat évolutif au profit de l'habitat économique.

Les Akan sont représentés dans les différents types d'habitat par des proportions équivalant à leur poids relatif dans l'ensemble de la ville ; cette constatation serait certainement plus nuancée si nous avions pu procéder à une analyse détaillée selon les différents groupes akan. Parmi ces familles figurent de nombreuses femmes chef de ménage.

Les deux grands groupes originaires du Nord, voltaïque et mandé, résident à plus de 70 % dans l'habitat évolutif, où le mode de vie correspond peut-être davantage à leurs pratiques et à leurs souhaits. Leur importante concentration dans l'habitat de cour procède aussi de la vocation de l'habitat économique, qui semble de fait destiné davantage à des travailleurs salariés du tertiaire ou de l'industrie, activités où ces ethnies sont peu présentes.

Il faut toutefois dépasser une analyse globale, qui laisserait croire à une ségrégation marquée au travers de l'habitat et des quartiers, comme dans certaines autres grandes villes africaines (Brazzaville, Yaoundé, Douala...). Au contraire, il faut insister sur l'étonnante diversité et hétérogénéité des ethnies qui partagent le même espace au sein des cours. Ainsi la composition ethnique de deux cours de Treichville reflète-elle, dans un espace de 3 200 m^2, un échantillon assez large des populations d'Afrique de l'Ouest (tableau 36). Nous avons précédemment souligné les flambées xénophobes épisodiques, mais, si le risque de nouveaux incidents persiste, la vie quotidienne demeure en revanche empreinte d'une relative tolérance vis-à-vis de l'étranger (14). Cette cohabitation de ressortissants de différentes nationalités et cultures apporte un sérieux démenti au pseudo-concept de « seuil de tolérance » cher à certains journalistes ou politiciens. L'évolution des variétés musicales ivoiriennes traduit bien ce métissage culturel. Plusieurs chanteurs étrangers ont acquis une dimension continentale au cours de leur séjour abidjanais (Mory Kanté, Salif Keita, Tshala Mwana...) et le succès de nombreux chanteurs ivoiriens dépasse largement le public de leur seule entité ethnique, tel le groupe Woya, originaire

(14) Il ne s'agit pas non plus de dresser un tableau idyllique de la vie dans les cours. Les querelles de voisinage demeurent fréquentes dans certaines, mais les causes de ces palabres procèdent plus du surpeuplement et de la promiscuité que des différences culturelles.

Tableau 36

Exemple de répartition ethnique dans deux cours de Treichville (1978)

COUR 1			COUR 2		
ETHNIE	NATIONALITÉ	EFFECTIF	ETHNIE	NATIONALITÉ	EFFECTIF
Appolo	Ivoirienne	1	Sénoufo	Malienne	10
Avikam	,,	4	Kado	,,	14
Adjoukrou	,,	5	Bobo	,,	5
Alladian	,,	12	Peul	,,	2
Ayahou (Baoulé)	,,	4	Samogo	Burkinabé	5
Akyé	,,	6	Mossi	,,	3
Baoulé	,,	2	Lobi	,,	10
Bété	,,	9	Dagari	,,	8
			Kissi	Guinéenne	5
			Soussou	,,	4
				Béninoise	9
				Nigérienne	2
TOTAL		43			77

Source : Ph. ANTOINE, C. HERRY, 1982.

de Divo, ou le ressortissant d'Odienné Alpha Blondy, qui exprime à travers une musique reggae les problèmes des jeunes Abidjanais.

Cette diversité des origines, fréquente dans l'habitat de cour, résulte en partie des aléas de la location, voire, dans quelques cas, de stratégies propres à certains propriétaires, qui préfèrent avoir des locataires aux origines diverses afin d'éviter les ententes entre les occupants. Dans d'autres cas, plus rares, l'unité ethnique règne. C'est le cas d'une cour d'Adjamé où nous n'avons rencontré que des Gouro originaires du même village ; le raisonnement du propriétaire est alors inverse : il pense que de nombreux problèmes sont évités en restant entre gens originaires du même terroir. Cette solidarité villageoise se traduit également au niveau des loyers pratiqués dans cette cour, loyers qui n'ont guère augmenté pour les plus anciens occupants (3 000 FCFA en 1959, 4 000 FCFA en 1984), alors que dans le même quartier les deux-pièces sont loués environs 10 000 FCFA.

La population de l'habitat de cour est donc surtout caractérisée par une grande hétérogénéité ; mais quelle que soit leur provenance, tous les groupes doivent faire face aux conséquences du sous-équipement.

5. Les incidences d'un équipement médiocre

Si nous entendons le terme « habitat » au sens large, qui est également celui du projet urbain, désignant non seulement la nature du bâti mais aussi la qualité des infrastructures et des équipements des quartiers et des logements, il faut alors convenir que la ville des cours, ville de locataires, n'assure que partiellement la fonction d'habitat. Le sous-équipement est général dans les quartiers évolutifs légaux, et les infrastructures ou les équipements collectifs sont inexistants dans les quartiers d'habitat non lotis par l'administration. Le contraste est très net avec les quartiers de standing, ou ceux des sociétés immobilières dotés d'un réseau complet d'infrastructure, mais où les équipements collectifs restent cependant insuffisants et très en retard par rapport à la dynamique du tissu habité.

L'existence d'un réseau d'infrastructure varie selon l'ancienneté des quartiers ; les quartiers anciens de Treichville et d'Adjamé sont équipés d'un réseau de voirie dont les principales rues sont bitumées et d'un réseau partiel de drainage, avec des caniveaux à ciel ouvert qui n'existent que dans certaines rues. L'eau et l'électricité desservent presque toutes les rues des anciens quartiers. Les trames d'accueil loties dans les années soixante-dix ont au contraire un réseau de voirie sommaire, non bitumé, ne comportant aucun système d'assainissement et par conséquent très raviné, où la circulation est difficile ; elles sont partiellement équipées en eau et en électricité. Dans les quartiers illégaux, il n'existe qu'une trame viaire et les lotissements privés n'ont qu'une voirie sommaire semblable à celle des quartiers évolutifs légaux. Les quartiers illégaux, lotis ou non, ne sont pas desservis par les réseaux publics. Là, comme dans les secteurs non desservis des quartiers lotis, l'eau et surtout l'électricité sont amenées illégalement. La desserte en eau potable d'une parcelle n'implique pas pour autant celle des logements : bien souvent, le propriétaire d'une cour a fait installer un robinet, utilisé en commun par tous les locataires. En l'absence de robinet alimenté par le réseau de distribution publique, les résidents ont recours à des revendeurs que J. Saint-Vil a classé en plusieurs catégories : les revendeurs attitrés, qui paient une caution à la SODECI (Société de distribution d'eau de Côte-d'Ivoire) pour avoir le droit d'installer des points de vente ; les revendeurs clandestins, qui n'ont versé aucune caution à la SODECI : en 1980, une enquête a permis de calculer que le coût d'une installation clandestine variait de 130 000 FCFA (Port-Bouët II) à 524 000 FCFA (Gobelé, ex-quartier non loti des Deux-Plateaux) pour un chiffre d'affaires d'environ 5 000 FCFA/jour en saison sèche (15) ; les vendeurs ambulants, qui transportent l'eau sur des charrettes à bras ; les revendeurs autorisés à utiliser des camions-citernes. Quel que soit le cas de figure, l'eau ainsi achetée coûte cinq à dix fois plus cher au litre que celle vendue par la SODECI.

Sur les parcelles, le manque d'équipement sanitaire est particulièrement frappant comparé au nombre de résidents. Ici encore, il s'agit d'assurer une fonction d'accueil (et de construire le maximum de pièces locatives) beaucoup plus qu'une fonction d'habitat. La construction du nombre de sanitaires, douches et WC ne dépend pas de la charge démographique de la parcelle ; deux, rarement trois douches et WC sont construits avec les unités d'habitation. L'insuffisance des sanitaires est particulièrement criante dans les quartiers centraux aux densités élevées. Dans les quartiers d'habitat illégal situés à proximité d'espaces non urbanisés, de la mer ou de la lagune, les WC sur les parcelles sont souvent rares ; l'une des raisons est la présence de la nappe phréatique à faible profondeur, ce qui rend difficile la construction des fosses. S'il y a bien, dans ces parcelles, un espace réservé pour la douche, ce n'est pas du tout le cas pour les WC.

L'assainissement se fait, dans la majorité des cas, par système individuel. Cependant, le gouvernement ivoirien a fait le choix d'un système d'assainissement séparatif et collectif (Schéma directeur d'assainissement). Le collecteur d'eaux usées qui va d'Abobo-Gare à Biétri, sur l'île de Petit-Bassam, (son prolongement est prévu jusqu'à Port-Bouët-Vridi et le rejet doit se faire en mer alors qu'actuellement il se fait en lagune), est sous-utilisé, et le système d'assainissement collectif et séparatif ne concorde pas avec la réalité des quartiers d'habitat de cour, où se posent encore de nombreux problèmes non résolus (16). Là, l'assainissement est réalisé par un système de fosses et de puits perdus vidangés par des sociétés pri-

---

(15) J. Jacob, *Enquête sur les niveaux de desserte des quartiers d'Abidjan*, 1980, 80 p. multigr + annexes.

(16) Sur ce point, voir A. Manou-Savina : *Politiques et pratiques urbaines à Abidjan*, tome 2, *op. cit.*

Tableau 37

Nombre d'habitants par sanitaire

Quartiers	Nombre d'habitants par douche	Nombre d'habitants par WC
Abobo-Gare : (Sagbé : proximité de la brousse dans certains secteurs)	20	27
Attécoubé : (Quartier central)	20	29
Vridi-Canal : (Quartier illégal en bordure de mer)	33	99 En moyenne 1 WC pour 3 parcelles

Sources : Enquêtes A. MANOU-SAVINA, 1984 et 1985.

vées, et qui fonctionne correctement lorsque le problème de la nappe phréatique ne se pose pas. Dans le sud de l'agglomération (Petit-Bassam, Port-Bouët-Vridi), où la nappe affleure, les problèmes sont nombreux dans le cas d'assainissements individuels. Il y a, dans les quartiers d'habitat de cour, insuffisance des équipements d'assainissement à l'échelle des quartiers, mais aussi à l'intérieur des parcelles, comme le montrent les déficiences en équipements sanitaires.

Enfin, les équipements collectifs, comparés aux besoins de la population, sont très insuffisants sur l'ensemble de la ville, et ceci pour tous les quartiers. Les écoles primaires, pourtant présentes dans chaque quartier et dont la construction a beaucoup progressé dans les nouvelles banlieues du Banco et d'Abobo, comptent un nombre moyen d'élèves par classes en augmentation constante (17) : 48,3 élèves en moyenne par classe en 1977-1978, 54,6 élèves en moyenne par classe en 1982-1983. Les classes de 70 élèves ne sont pas rares à Abobo-Gare comme à Cocody. Les équipements de santé sont très médiocres. Évoquons simplement quelques chiffres :

---

(17) M. ITURRIOZ, *Ville d'Abidjan, équipements scolaires (primaires et secondaires).* Contribution à l'*Atlas des Équipements*, BCET, 1983.

Abobo-Gare, 340 000 habitants en 1985 environ, compte une maternité de 35 lits et 13 sages-femmes (18).

Le sous-équipement en matière de santé a pour corollaire la prolifération d'équipements privés très coûteux et souvent très dangereux, car difficiles à contrôler. Le service de ramassage des ordures, compte tenu du réseau de voirie difficilement praticable, n'est que partiellement effectué. Des coffres sont déposés aux abords des voies de passage, mais le ramassage est insuffisant et les distances sont souvent longues pour aller déposer les ordures. Les lieux de dépôts privilégiés sont ainsi les ravins, les rues, les voies ferrées, la lagune ou la mer.

Avec le temps, l'utilisation pléthorique de l'espace, de la parcelle comme du quartier, et la carence des pouvoirs publics conduisent à une dérive de l'habitat de cour que traduit une dégradation importante de l'environnement et du construit.

Les conditions de vie et d'habitat influent sur certains paramètres démographiques. Les niveaux de mortalité constituent un bon traducteur numérique des disparités socio-économiques. Si l'on s'en tient aux quatre grands types d'habitat présentés, haut et moyen standing, économique moderne, évolutif et sommaire, des niveaux de mortalité infantile et juvénile (19) très différents sont relevés dans chacun d'entre eux.

Tableau 38

Quotients de mortalité selon le type d'habitat (en milliers) (données non ajustées)

Groupe d'âge	Habitat haut et moyen standing	Habitat économique	Habitat évolutif	Habitat sommaire
	a q x	a q x	a q x	a q x
0 - 1 an	26	42	56	59
1 - 4 ans	—	20	47	115

Source : Ph. ANTOINE, C. HERRY, 1982.

(18) Source : médecin-chef de l'hôpital d'Abobo-Gare.

(19) Ces niveaux sont présentés sous la forme d'un quotient (aqx) qui est la probabilité de décéder entre deux âges (entre 0 et 1 an, pour la mortalité infantile, et entre 1 et 5 ans pour la mortalité juvénile).

Il semble que le niveau de mortalité infantile dépende surtout de la fréquentation des structures de soins et que la faiblesse des écarts entre les différentes catégories résulte de l'existence de comportements bien souvent similaires : accouchement en maternité, visites pré et postnatale, allaitement au sein. Par contre, les très grands écarts enregistrés pour la mortalité juvénile traduisent l'influence majeure des conditions de vie du jeune enfant, sans qu'il soit possible d'en dégager la cause principale. En effet, dans les logements les plus déshérités réside une population aux ressources économiques très médiocres, et en général analphabète. Une forte densité de population se conjugue avec de mauvaises conditions d'hygiène et des risques épidémiologiques accrus. Ainsi ceux qui résident dans l'habitat précaire connaissent-ils des niveaux de mortalité juvénile semblables, voire supérieurs, au milieu rural (93 p. 1 000). Ces disparités entre catégories sociales sont bien plus importantes que celles rencontrées en Europe. Par exemple, en Grande-Bretagne, en 1972, le taux de mortalité juvénile était seulement de 59 p. 100 000 chez les enfants originaires de milieux aisés et de 119 p. 100 000 pour les catégories les plus démunies (Office of Population Censuses, 1977), soit un écart du simple au double à des niveaux pourtant très faibles de mortalité. Par contre à Abidjan, en retenant l'hypothèse d'un quotient de mortalité juvénile de 2 p. 1 000 dans l'habitat résidentiel (soit le niveau enregistré en France à la même époque, toutes catégories sociales confondues), la probabilité de mourir entre 1 et 5 ans serait 15 fois plus élevée dans l'habitat sommaire que dans l'habitat de standing. L'inégalité devant la mort est flagrante, et une autre comparaison permet d'en mesurer l'ampleur.

A Genève, au début du XIXe siècle, le rapport pour la mortalité juvénile entre la classe « aisée » et la catégorie des « ouvriers-employés » était de 3,4 (Perrenoud, 1981). Aujourd'hui, à Abidjan, le rapport est de 1 à 7 entre les résidents de l'habitat de haut et moyen standing et les occupants des cours communes : l'inégalité face à la mort est plus grande dans cette agglomération africaine qu'elle ne l'était dans les villes européennes du XIXe siècle. Les uns disposent de revenus permettant d'accéder aux progrès de la médecine, qui sont inaccessibles aux autres. A Abidjan, malgré la pléthore relative du personnel médical par rapport au milieu rural, le système hospitalier n'effectue pas le nombre d'actes que l'on serait en droit d'attendre (ministère du Plan, 1981). De plus, une grande part du système de soins repose sur le secteur privé. Malgré une infrastructure sanitaire relativement satisfaisante, l'accès aux soins reste difficile à cause des dysfonctionnements constatés et du coût parfois prohibitif des soins et des médicaments. C'est certainement la population citadine la plus aisée qui accède le mieux aux centres de médecine publique et qui bénéficie de la meilleure protection sociale (remboursement des médicaments pour de nombreuses catégories de salariés). Bien qu'en majorité les femmes, quel que soit leur milieu social, possèdent un carnet de santé de la PMI pour les enfants, et que les accouchements soit effectués pour la plupart en maternité (les femmes les plus défavorisées n'y restent cependant que quelques heures), de très nombreuses mères ne peuvent ensuite faire bénéficier leur enfant des meilleures infrastructures médicales, payer les ordonnances, ou leur assurer une alimentation adéquate et équilibrée.

Mais c'est surtout à propos des conditions d'hygiène que l'on relève les plus grandes inégalités entre les différents types d'habitat (tableau 39), avec deux problèmes majeurs : l'adduction en eau potable dans l'habitat défavorisé, et l'évacuation des eaux usées ainsi que celle des excreta. Lors de la saison des pluies, les précipitations bouleversent le fragile équilibre que les habitants se sont

Tableau 39

Indicateurs d'hygiène et type d'habitat

	Habitat standing	Habitat économique	Habitat évolutif	Habitat sommaire
Densité (1) hab./hectare	45 à 55	420 à 480	460 à 610	600
Proportion de WC à l'intérieur du logement (1)	100 %	100 %	9 % (locataires) 18 % (propriétaires)	3 %
Eau courante à l'intérieur du logement (1)	100 %	98 %	22 %	9 %
Consommation d'eau potable du réseau l/jour/hab. (2)	402	80	65	25 *

Sources : (1) *Perspectives décennales*, 1978.
(2) J. SAINT-VIL, 1983.

* Ce chiffre semble toutefois sous-estimé. La consommation journalière serait peut-être plus importante, sans atteindre celle de l'habitat évolutif.

efforcés de maintenir. La stagnation des eaux pendant plusieurs semaines à proximité des logements aggrave les risques de maladies parasitaires, d'angines, de bronchites...

Le taux d'incidence de la rougeole est nettement plus élevé à Koumassi (1 019 p. 100 000 hab.) que dans les autres parties de la ville, résultant d'une plus grande promiscuité dans certains quartiers de cet arrondissement (Gallais *et al.*, 1981). Il en est de même pour les diarrhées aiguës, habituellement transmise par l'eau contaminée par les excreta infectants. Or, c'est précisément dans des quartiers comme Koumassi, où l'on utilise encore l'eau des puits (la nappe phréatique se trouve à 5-7 m), que l'on relève les taux d'incidence les plus élevés (73 p. 100 000 hab.) — de même à Marcory : 57 p. 100 000. A l'inverse, pour les quartiers où les risques de contamination de la nappe sont nuls (sur le plateau continental), le taux d'incidence est bien plus bas, (entre 9 et 20 pour 100 000 suivant les arrondissements) (Gallais *et al.*, 1981).

Cette disparité entre les niveaux de mortalité au sein d'une même agglomération se retrouve dans bien d'autres métropoles du tiers-monde. A Madras, la mortalité infantile serait de 73 p. 1 000 dans la ville et 124 p. 1 000 dans les taudis ; à Manille, le taux de mortalité est trois fois plus élevé dans les quartiers défavorisés que dans le reste de la ville (G. Salem *et al.*, 1984). Une part importante de la population, entre 100 000 et 150 000 personnes, selon nos estimations de 1978, résidant dans l'habitat sommaire connaît des risques élevés de mortalité pour ces enfants. La dégradation des conditions de vie dans l'habitat évolutif de certains quartiers hypothèque aussi la santé de leurs habitants. Les conditions d'habitat n'expliquent pas à elles seules les niveaux de mortalité. En effet, dans l'habitat sommaire, les femmes analphabètes sont particulièrement nombreuses et pour la plupart étrangères. Elles sont parfois incapables de s'adresser à la structure de soins la plus compétente, où elles se trouvent face à des tradipraticiens aux méthodes et langues différentes de celles de leurs régions d'origine. Il demeure certain, malgré ces réserves, que l'amélioration de l'état de santé passe aussi par l'accès à des logements plus décents et mieux équipés.

CHAPITRE V

LE PROJET RETRAVAILLÉ PAR LES CITADINS : L'ENVERS N'EST-IL QU'UN NÉGATIF DE L'ENDROIT ?

Légale ou illégale, la ville des cours ne répond pas aux normes de « modernité » qui auraient dû, selon le projet urbain ivoirien, caractériser la perle des lagunes. Faut-il pour autant réduire hâtivement « l'envers » à un simple négatif de « l'endroit » ? Peut-on, par exemple, assimiler l'habitat de cour aux bidonvilles de la plupart des grandes villes du tiers-monde ? Faut-il, en invoquant les distorsions entre le projet et la réalité, refuser tout attribut de « modernité » à un construit édifié par les dynamismes citadins, dans lequel résident 7 Abidjanais sur 10 ? Ces derniers ont-ils d'ailleurs des comportements, par exemple familiaux, si différents de ceux qui habitent « l'endroit » du modèle, dont rien ne dit que les pratiques aient été profondément modifiées par l'occupation d'un cadre bâti nouveau ? Bref, faut il appréhender l'habitat en termes totalement dualistes, (« l'endroit » étant le « moderne » et « l'envers » « l'ancien »), ou existe-t-il, plus subtilement, des modes de recomposition urbaine, la ville des cours intégrant quelques éléments du projet, certaines pratiques citadines transcendant totalement l'échelle de modernisation de l'habitat ?

1. L'habitat : les degrés de la distorsion entre le projet et la réalité

Si l'on considère que le bidonville peut être défini comme un espace occupé illégalement par un construit édifié en matériaux précaires, la ville des cours à Abidjan n'est pas synonyme de bidonville, et le premier seuil de la modernisation a indéniablement été franchi. Les espaces occupés illégalement ont toujours été minoritaires depuis 1960. Ils ont de plus accusé une nette diminution entre 1963 et 1977 par rapport à l'ensemble des surfaces habitées. Depuis 1977, les surfaces juridiquement illégales ont plus que doublé, mais leur pourcentage par rapport à l'ensemble des surfaces habitées reste cependant très inférieur à ce qu'il était en 1963.

Tableau 40

Évolution des surfaces habitées illégales (1963-1984)

Années	Surfaces occupées par l'habitat légal (ha)	Surfaces occupées par l'habitat illégal (ha)	% surfaces illégales (ha)
1963	1 050	312,5	23
1973	2 348	587,5	20
1977	4 483	405	8,2
1984	6 666	932	12,2

Sources : BNETD-BCEOM, 1973 ; AUA *Abidjan-Information*, n° 3, avril 1985.

Si les densités demeurent souvent élevées sur les espaces de statut juridique précaire, la population y résidant reste comprise entre 15 et 20 % de la population totale de la ville entre 1963 et 1984. Les campements de Koumassi et ceux de la Commune de Port-Bouët n'échappent cependant pas à la définition du bidonville. Mais les quartiers lotis, le lotissement étant défini par l'État comme un élément du modèle d'urbanisation, constituent la part la plus importante de l'espace abidjanais. La lutte entreprise contre l'habitat illégal a profondément modifié les formes sous lesquelles il se manifeste (20), et paradoxalement la distinction quartiers lotis/quartiers non lotis ne recouvre pas la distinction quartiers légaux/quartiers illégaux. Les propriétaires coutumiers ont souvent fait lotir par des géomètres privés leur terrain de culture avant de vendre les parcelles, et ces espaces urbanisés présentent une apparence légale.

La ville des cours est surtout construite en dur. La durcification de l'habitat s'insère dans une politique de lutte contre les taudis qui s'est attaquée, dès 1960, à l'habitat construit en matériaux précaires situé dans les secteurs d'habitat non lotis mais aussi dans les secteurs lotis. « Dans le cadre des mesures d'assainissement et

(20) Ph. HAERINGER : *L'habitat à Abidjan, op. cit.*

d'amélioration de la ville d'Abidjan, il a été procédé à la démolition des constructions insalubres dans le quartier situé à Adjamé, au-dessus de Fraternité-Matin ainsi que dans divers autres quartiers. Il est précisé que la démolition des bâtiments délabrés et des constructions insalubres n'entraîne pas la reprise des terrains qui les supportent, si ces terrains font l'objet de titres d'occupation réguliers... la démolition de taudis et bidonvilles ici et là à Abidjan aura au moins servi à protéger notre capitale contre la pollution de tout genre et à lui donner en conséquence un visage harmonieux d'une ville moderne (21). » Que l'accès à la terre soit légal ou illégal, les cours communes sont surtout construites en parpaing de ciment. Depuis l'indépendance, l'idée de « modernisation » a été concrétisée, dans les esprits comme dans les actes, par la construction en parpaing de ciment des logements et par la couverture de ceux-ci avec un toit de tôle. Dans les quartiers centraux, il n'existe plus que quelques très rares bâtiments d'habitation en banco, difficilement repérables, car leurs murs sont enduits de ciment et les toitures sont en tôle ondulée. Les quartiers illégaux et non lotis de l'agglomération, situés sur des terrains insalubres, à proximité immédiate des lieux d'emploi dans les zones industrielles (Vridi-Canal, Zimbabwé dans la commune de Port-Bouët) ou à proximité des quartiers résidentiels de standing, restent construits le plus souvent en bois (construction préfabriquée) ou en matériaux de récupération (bois et tôle). Cependant, certains quartiers non lotis comme ceux situés le long de la route de Bassam (Adioufou, Jean-Foli), qui, en 1985, constituent l'aire d'habitat précaire la plus importante d'Abidjan, associent constructions en bois et îlots édifiés en parpaing de ciment. Les quartiers illégaux et lotis par des initiatives privées sont entièrement construits en parpaing de ciment : l'importance de l'investissement immobilier est alors sans rapport avec la précarité foncière du quartier, à l'exemple du Km 18, au nord de la commune d'Abobo.

La lutte contre les taudis a pu accélérer le processus d'amélioration de l'habitat dans un contexte de croissance économique permettant une augmentation des ressources et une amélioration relative du niveau de vie (22). Il s'en est suivi la construction d'un habitat en dur, lequel demeure le plus souvent l'objectif premier de la constitution de l'épargne des ménages.

(21) *Fraternité-Matin*, du 20 décembre 1972.

(22) En francs constants, le revenu monétaire moyen par tête a augmenté de + 2,9 % par an entre 1960 et 1978. Cependant, entre 1960 et 1983, le revenu non agricole par tête a diminué (− 19,7 %), alors que le revenu monétaire agricole a progressé (+ 16,7 %), SEDES 1984.

L'amélioration de la qualité de l'habitat s'arrête cependant aux lotissements et aux matériaux de construction. En revanche, les normes de construction adoptées dans le modèle, trop élevées, ne sont pas appliquées. « En réalité, 95 % des constructions urbaines édifiées en dehors du Plateau, de Cocody et des zones résidentielles de standing ou construites par les sociétés immobilières para-étatiques, ne respectent pas cette réglementation (23). »

Le même décalage est observable à propos des normes d'équipement. Prenons l'exemple de l'eau : selon les choix effectués par l'administration, le mode de distribution de l'eau, à partir de la pose du réseau public, sur l'ensemble de la ville et quel que soit le type d'habitat, est celui du branchement privé pour chaque parcelle ou dans chaque logement. Il n'existe pas de quartier équipé selon une distribution d'eau par bornes-fontaines publiques. Ce mode de distribution, qui avait débuté après 1945, a été progressivement abandonné et les bornes-fontaines détériorées n'ont plus été réparées. Actuellement, dans l'habitat de cour, que le quartier soit équipé ou non par le réseau public, l'eau est revendue par les attributaires des branchements (pose et location du compteur par la SODECI) aux ménages locataires. Le mode dominant d'approvisionnement en eau est l'achat à un revendeur dans tous les quartiers. A Attécoubé, quartier central ancien dont toutes les rues sont desservies par le réseau public d'eau potable, 27 % des parcelles sont raccordées et 87 % des ménages achètent l'eau à un revendeur. Lorsque la parcelle est raccordée au réseau public d'eau, un seul robinet est installé dans la cour pour l'ensemble des ménages et ceux-ci achètent l'eau le plus souvent à l'attributaire du branchement, qui est aussi le propriétaire de la parcelle. Lorsque la parcelle n'est pas raccordée au réseau public, des « becs-de-cygne » (tuyau en PVC ayant une forme recourbée et dont l'orifice est situé en hauteur) sont installés sur le domaine public, à la limite de la propriété privée, par des revendeurs qui peuvent être ou non attributaires de parcelle dans le quartier. Dans les quartiers centraux, les becs-de-cygne, très nombreux, sont disposés tous les 200 m environ ; ils sont plus espacés dans les quartiers périphériques et dans les quartiers juridiquement illégaux.

Depuis 1983, la SODECI a repensé et mis en œuvre une politique d'équipement des quartiers d'habitat de cour en bornes-fontaines payantes. L'implantation des bornes se fait uniquement à partir du réseau existant. Les quartiers non équipés par le réseau

---

(23) J.-F. Tribillon : *Question du code de l'urbanisme et de l'aménagement foncier*, rapport préliminaire et d'orientation, Abidjan MTPTCU, 1980, 31 pages.

public ne sont donc pas concernés. De plus, le nombre de bornes-fontaines en service est très insuffisant et en conséquence il n'exerce qu'une très faible concurrence sur les revendeurs d'eau. Il s'agit néanmoins d'un infléchissement de la stricte politique des branchements privés.

Ainsi a été créé un secteur artisanal de l'eau, sans doute plus adapté au mode d'habiter de la ville des cours, mais dont le caractère spéculatif s'exerce au détriment des ménages locataires, au bénéfice des « propriétaires » et avec le laisser-faire de l'État. Les normes prescrites sont d'abord et de toute évidence sans rapport avec les possibilités de la majorité de la population ; ensuite, compte tenu du caractère spéculatif de l'habitat de cour, elles sont réduites au minimum par les constructeurs de logement. Du fait des contraintes qui pèsent sur les ménages et des stratégies des attributaires de parcelle, la deuxième étape de la modernisation, la suppression de la cour commune au profit d'un habitat individuel entièrement équipé, n'a pas été atteinte.

2. Les comportements démographiques en discordance avec le modèle d'urbanisation

Les éléments qui fondent la famille, le mariage, la fécondité ou la circulation des enfants fournissent de précieuses indications sur les transformations des modes de vie et sur l'émergence d'une nouvelle identité citadine. Les comportements démographiques constituent un bon révélateur de différenciation sociale, et il s'avère que certains comportements dits « traditionnels » ne sont pas spécifiques à la population des cours.

Précédemment, nous avons souligné l'existence d'importantes différences dans la taille des ménages, mais il convient aussi de s'interroger sur les structures familiales dans chacun des types d'habitat (tableau 41, p. 184). Paradoxalement, les formes de famille élargie se retrouvent majoritairement dans l'habitat correspondant aux normes occidentales (64 % dans l'habitat résidentiel et 71 % dans l'habitat économique), qui regroupe surtout les classes moyennes et aisées. Toutefois, comme le fait remarquer J.-M. Gibbal (1974), « il suffit de l'adjonction d'une ou de deux personnes pour créer un groupement dépassant le cadre de la famille nucléaire »... Bien souvent, cette présence de parents « dépend du système familial traditionnel en ce sens qu'il traduit encore des relations privilégiées existant au sein de la société villageoise ». Jusqu'à présent, les familles urbaines les moins démunies assuraient

Tableau 41

Type de ménage et type d'habitat à Abidjan (effectif de ménage et taille moyenne)
Population africaine seulement (1979)

Habitat / Ménage	Habitat résidentiel		Habitat économique moderne		Habitat évolutif		Habitat sommaire		TOTAL	
	Eff. mén.	Taille	Eff.	Taille	Eff.	Taille	Eff.	Taille	Eff.	Taille
Famille élargie	6 970	8,1	28 260	8,8	54 525	7,4	5 588	6,6	95 343	7,8
Famille nucléaire	1 497	4,7	5 998	5,9	54 440	4,5	12 807	3,7	74 442	4,5
Groupement célibataire	1 438	3,2	3 804	3,4	20 055	3,0	4 711	2,9	30 008	3,1
Ménage 1 personne	857	1	1 917	1	19 707	1	5 996	1	28 477	1
Total	10 762	6,5	39 979	7,5	148 727	4,9	29 102	3,6	228 270	5,2

Source : Ph. ANTOINE, A. GUILLAUME, 1984.

cette fonction d'accueil sans trop de difficultés, mais la crise économique constatée depuis 1981 en Côte-d'Ivoire engendre une inversion des flux. Il semble que les citadins envoient désormais un plus grand nombre de leurs enfants chez des parents résidant hors d'Abidjan, confortant ainsi les relations entre citadins et villageois. Ces flux croisés d'enfants révèlent bien la précarité de l'installation urbaine. De nombreux citadins n'ont pas encore l'assurance de pouvoir subvenir à leurs besoins sur le long terme, et le maintien des réseaux d'échanges avec le village (enfants, mais aussi biens alimentaires et revenus monétaires) permet de faire face aux revirements de conjoncture.

En revanche, au sein de l'habitat sommaire prédominent les familles nucléaires (44 % des ménages dans ce type d'habitat) et des ménages de célibataires seuls ou en groupe (16 %). Les groupements de célibataires, qui existent également dans l'habitat évolutif, ne rassemblent en général que peu d'individus, mais il faut souligner que quelques-uns atteignent parfois une très grande taille (30 personnes et plus). Il s'agit alors de groupes de jeunes gens, originaires essentiellement du Niger ou du Mali, dormant dans des entrepôts ou ateliers, comme à Adjamé, et se plaçant sous l'autorité d'un aîné.

Une pluralité de modèles familiaux caractérise l'habitat évolutif, où l'on retrouve aussi bien des familles élargies (37 % des ménages) que des familles nucléaires (également 37 %), ou des célibataires, isolés ou en groupe. La famille élargie prévaut, dans l'habitat évolutif, chez les propriétaires de cour (24) et les employeurs de l'artisanat ou du commerce, ces deux fonctions n'étant d'ailleurs pas incompatibles. Les ménages à trois générations se rencontrent principalement chez les Ivoiriens : il s'agit souvent de plusieurs unités familiales placées sous l'autorité (réelle ou symbolique) d'un ascendant. Une autre forme de famille élargie associe, tant chez les Ivoiriens que chez les étrangers, le couple, avec ou sans enfants, à des parents d'une génération différente (Vidal, Le Pape, 1986).

Les unités monoparentales, à dominante matrifocale, constituent également des entités relativement fréquentes. On constate qu'en cas de séparation les femmes sont souvent amenées à prendre en charge leur descendance. Elles exercent ordinairement des activités de commerce ou de service et elles hébergent, outre leurs propres enfants, une ou des petites nièces qu'elles utilisent comme

---

(24) D'après les *Perspectives décennales* (1978), au sein de l'habitat évolutif, on relève 60 % de familles élargies parmi les ménages de propriétaires.

aides familiales. S'il n'y a que peu de chefs de famille féminins (10 %), cette proportion est en nette augmentation par rapport à celle de 1963 (6,3 %). Ces femmes, souvent bien intégrées à la ville, surtout dans l'habitat de cour, se débattent dans des conditions matérielles et sentimentales précaires.

Contrairement à un schéma trop souvent avancé, l'urbanisation n'entraîne pas systématiquement l'apparition de familles nucléaires. Les populations les moins instruites, les plus pauvres, les moins insérées dans la ville ne peuvent faire face aux dépenses que représente l'accueil des collatéraux, et c'est donc dans les couches les plus démunies que prédomine le ménage nucléaire.

Le mariage n'est pas la seule voie d'accès au statut de chef de ménage, et l'on rencontre un nombre important de chefs de ménage célibataires, particulièrement dans l'habitat de cour. Cependant le statut matrimonial, surtout chez les hommes, conditionne pour une grande part la taille du ménage : les chefs de ménage masculins mariés, et particulièrement les polygames, sont à la tête de familles nombreuses. Ainsi un chef de ménage de 45-49 ans, s'il est célibataire, entretient un groupe domestique de 3,37 personnes, alors que, pour un homme monogame, le ménage atteint en moyenne 6,12 personnes, et, pour un polygame ayant deux femmes, cette taille moyenne s'élève à 9,06 personnes (le ménage compte respectivement 12,6 et 17,9 personnes lorsque le chef de ménage possède 3 ou 4 épouses (25). On doit noter la dimension élevée des groupes domestiques lorsque le chef est âgé ; l'écart entre conjoints permet à ces hommes âgés d'avoir une descendance tardive, puisque leur épouse nettement plus jeune est toujours féconde. L'importance de la polygamie transcende les catégories sociales. Si la proportion des hommes polygames reste très faible dans l'habitat résidentiel, elle atteint environ 30 % pour les hommes âgés de plus de 40 ans dans les trois autres types d'habitat. Ce résultat est peu étonnant pour l'habitat de cour, qui regroupe davantage de musulmans que d'individus plus récemment urbanisés, mais il l'est plus pour les résidents de l'habitat économique moderne, citadins plus anciens. Ainsi, même dans l'habitat moderne, la polygamie se maintient à un niveau élevé, alors que ce type d'union est interdit depuis 1964 en Côte-d'Ivoire ; entre 1955 et 1978, on relève une accentuation du phénomène chez les hommes de plus de 40 ans.

Cependant, les enquêtes démographiques masquent un fait social important de la société abidjanaise : les « maîtresses ». Bien qu'il

---

(25) Ph. Antoine, C. Herry (1983), pp. 295-310.

ne s'agisse pas là véritablement de polygamie, un débat s'est instauré dans la presse présentant la fréquentation des maîtresses comme une forme de polygamie « à l'occidentale » concernant plus particulièrement les catégories sociales élevées. La pratique est en réalité étendue à toutes les catégories, mais ce qui change, c'est la nature et la valeur des cadeaux. De nombreuses jeunes femmes (demeurant tant dans l'habitat de cour que dans l'habitat économique) sont aidées par un homme (souvent marié), qui leur fait miroiter une union future ; mais elles savent bien que leur comportement plus indépendant ne les destine pas au mariage. Les hommes préfèrent épouser une compatriote du village, qui posera moins de problèmes, quitte à garder cette compagne comme maîtresse.

Le choix du conjoint reste marqué par les coutumes villageoises, et il existe encore une grande homogamie ethnique, quelles que soient les catégories sociales. Par contre, les hommes semblent préférer s'unir à une conjointe moins instruite, à l'exception de ceux possédant un niveau d'instruction supérieur au BEPC et pour lesquels le choix d'une épouse peu ou pas instruite est relativement rare. Le choix du conjoint obéit plus encore à des règles familiales qu'à la concrétisation d'un choix amoureux. Les histoires romantiques n'existent que dans les films hindous du samedi soir, ou dans les romans-photos occidentaux qui constituent la seule lecture de bien des jeunes femmes.

Tout comme l'évolution des structures matrimoniales, l'évolution de la fécondité constitue un bon révélateur des processus de citadinisation. Paradoxalement, l'insertion urbaine entraîne bien souvent dans les milieux peu scolarisés et en rupture avec les modes de vie villageois une hausse du niveau de fécondité. En effet, chez les femmes très faiblement scolarisées, la fécondité est légèrement plus élevée que parmi celles n'ayant jamais fréquenté l'école. Ces femmes peu scolarisées respectent moins les pratiques traditionnelles d'allaitement prolongé au sein et d'abstinence sexuelle après chaque accouchement, sans pour autant recourir à des méthodes contraceptives modernes. Une autre caractéristique réside dans la grande précocité de la fécondité dans les milieux populaires. C'est donc dans l'habitat évolutif et l'habitat sommaire que l'on retrouve les plus hauts niveaux de fécondité (respectivement 6,09 et 7,88 enfants par femme), qui sont très différents de ceux des populations de l'habitat résidentiel (3,58) et de l'habitat économique (5,09). Cet écart résulte aussi d'un mariage plus tardif pour les femmes résidant dans ces deux derniers types d'habitat.

Cependant la vie urbaine induit de nombreuses contraintes, et l'enfant ne constitue plus une force de travail, mais il provoque l'alourdissement des charges (scolarisation, nourriture...). L'intérêt d'une descendance nombreuse s'estompe donc peu à peu, et des signes tangibles de changement se profilent, même pour les populations résidant dans les cours. La pratique fréquente de l'avortement plus ou moins clandestin (qui entraîne d'ailleurs de nombreux décès de jeunes filles), ou l'achat de produits contraceptifs sur les marchés, révèlent un besoin mal formulé de planification familiale. Faute de moyens financiers suffisants, les femmes recourent à ce « secteur informel de la contraception », inefficace et parfois dangereux (vente de pilules périmées, usage de médicaments non destinés à cet effet). Les relations de voisinage favorisent la circulation d'informations « nouvelles » concernant les diverses méthodes contraceptives, mais l'échange de ces « recettes » n'a guère d'efficacité réelle sur le niveau de la fécondité.

La famille ne s'entend pas seulement dans sa composante biologique. La fonction sociale compte aussi, et plusieurs familles comprennent de nombreux enfants confiés. Une première distinction doit être opérée ; le nombre moyen d'enfants de chacune des catégories varie fortement suivant le sexe du chef du ménage d'accueil (tableau 42 ci-contre). La proportion d'enfants confiés est nettement plus importante chez les femmes, et paradoxalement c'est aussi quand le chef de ménage est féminin que l'on rencontre le plus fort taux d'enfants « absents », c'est-à-dire d'enfants ne demeurant pas auprès de leur mère. Par exemple, 63 % de jeunes filles ayant eu un seul enfant ne vivent pas avec ce dernier. Souvent, l'exercice d'une profession entraîne cette séparation. A l'opposé, les femmes âgées accueillent plus d'enfants : la proportion d'enfants confiés passe de 29 % pour les chefs de ménage féminins âgés de 30 à 44 ans à 50 % pour celles de 45 à 64 ans et 59 % pour celles de 65 ans et plus. Ces femmes plus âgées ont eu dans l'ensemble une descendance finale plus faible que les autres femmes. On retrouve la tendance à confier aux aînées l'éducation des enfants et l'accueil privilégié assuré par les femmes les moins fécondes.

Par contre, quel que soit le sexe du chef de ménage, la proportion d'enfants confiés est nettement plus forte dans les habitats modernes dérivés du modèle occidental : un quart d'enfants accueillis dans les habitats économique et résidentiel contre 11 % dans l'habitat sommaire. Cela traduit-il des stratégies particulières des familles « donatrices », qui confient leur enfant plutôt à une famille déjà bien insérée dans la ville, espérant ainsi une meilleure situation pour lui ? Ou est-ce seulement parce que les familles les moins démunies peuvent accueillir des enfants ? Ce fait est plus marqué lorsque le chef de famille est féminin, puisque, dans l'habitat de haut et de moyen standing, un enfant résidant sur deux

Tableau 42

Nombre moyen d'enfants du couple confiés selon le type de résidence et le sexe du chef de ménage Population africaine seulement - Ménage avec enfants

Type d'habitat	Habitat résidentiel		Habitat économique moderne		Habitat évolutif		Habitat sommaire		TOTAL	
Sexe du chef de ménage	M	F	M	F	M	F	M	F	M	F
Eff. ménage	7 117	1 234	29 363	4 032	85 988	9 963	12 869	1 572	135 337	16 801
Nombre moyen d'enfants vivants	3,35	2,68	3,91	3,41	3,50	3,46	3,27	3,50	3,56	3,39
Nombre moyen d'enfants couple résidant	2,87	1,47	3,40	1,75	2,70	1,83	2,28	1,99	2,83	1,80
Nombre moyen d'enfants confiés	0,85	1,52	0,95	1,33	0,50	1,00	0,28	0,40	0,59	1,06
Nombre d'enfants résidant	3,72	2,99	4,35	3,08	3,20	2,83	2,56	2,39	3,42	2,96
Proportion d'enfants confiés	22 %	51 %	22 %	45 %	16 %	35 %	11 %	17 %	17 %	37 %

Source : Ph. ANTOINE, A. GUILLAUME, 1984.

est un enfant confié (51 %), proportion qui tombe à 17 % dans l'habitat sommaire.

Le fait de confier des enfants, à d'autres membres de la famille essentiellement, se retrouve chez les différentes ethnies. Il semble légèrement plus fréquent chez les Akan (à système matrilinéaire dominant), avec 26 % d'enfants accueillis, que pour les autres groupes ethniques ivoiriens (environ 21 % en moyenne). Ainsi, « dans les foyers bété (krou), la présence des parents de l'épouse (jeunes frères et sœurs, par exemple) correspond-elle à un service rendu à la belle-famille dans le cadre d'une prestation échelonnée de la dot » (J.-M. Gibbal 1974). Parfois, cette venue de jeunes enfants est imposée par la famille d'origine, et de nombreux conjoints se plaignent de la présence intempestive de certains jeunes collatéraux.

Mais, le plus souvent, cette venue d'enfants, et particulièrement de jeunes filles, correspond à une demande de main-d'œuvre domestique. Chacun pense y trouver son compte : la famille d'accueil reçoit une prestation de service à bas coût, la famille « donatrice » espère une promotion sociale de l'enfant à la ville, le bénéfice pour la jeune fille accueillie n'étant pas, bien souvent, à la mesure de ses espérances.

Le placement des enfants traduit de nouvelles formes de solidarité familiale : ceux qui ont réussi à la ville prennent en charge la scolarisation de parents plus jeunes. Cette solidarité s'exprime aussi par la présence de jeunes bonnes que délègue le village. A travers cette circulation des enfants se maintiennent des liens entre le village d'origine et la ville.

Ces pratiques montrent bien d'une part que les analyses dualistes opposant tradition et modernité ne sont pas pertinentes, d'autre part que de nombreux comportements sociaux transcendent la hiérarchie de l'habitat.

3. « Le populaire est dans la cour, mais toute la cour n'est pas populaire »

L'espace urbain abidjanais est composé de multiples formes de bâti, mais, au-delà des discontinuités d'habitat, la stratification sociale est encore plus complexe, et certains comportements dits « traditionnels » ne sont pas spécifiques à la population des cours.

Parmi les techniques statistiques à notre disposition, l'analyse factorielle des correspondances (26) permet de fournir une première représentation imagée et synthétique de l'agglomération. L'analyse présentée a été effectuée à partir d'un échantillon de 7 733 chefs de ménage, tirés du fichier de l'enquête à passages répétés, et caractérisés par sept variables principales : le type d'habitat, la profession, le niveau d'instruction, l'ethnie, la taille du ménage, le statut matrimonial et l'âge (27). La localisation géographique est seulement superposée à l'analyse (points supplémentaires). Nous avons sélectionné l'image obtenue par la projection des différentes modalités sur le plan formé par l'intersection des premier et troisième axes factoriels.

Le premier axe, horizontal, met en évidence deux oppositions principales, l'une entre les niveaux d'instruction, de l'illettré au diplômé, et l'autre entre les types d'habitat, du sommaire au résidentiel. Le troisième axe vertical reflète une hiérarchie socio-professionnelle allant de l'artisan au cadre supérieur.

Dans la plupart des analyses de ce type, les auteurs présentent seulement l'image obtenue à partir des deux premiers facteurs. Si nous avons préféré retenir l'image fournie par l'intersection des premier et troisième axes, c'est que le second facteur (2e F) met en évidence une hiérarchie purement démographique : les jeunes chefs de ménage célibataires s'opposent aux chefs de ménage âgés et mariés. Les autres variables contribuent peu à ce second facteur, et ce fait confirme la relative indépendance entre l'âge du chef de ménage et les autres caractéristiques socio-économiques retenues.

L'image ainsi obtenue fait apparaître une hiérarchie reposant principalement sur l'habitat, du sommaire à l'habitat de standing. A l'exception de Cocody et du Plateau, aucun quartier ne se distingue véritablement. Certes, quelques dominantes apparaissent : dans l'habitat économique de Port-Bouët et de Yopougon résident davantage d'originaires des régions d'économie de plantation (Akan et Krou). Les salariés qualifiés du secteur tertiaire constituent la principale composante des nouvelles catégories « moyennes » ivoiriennes. Paradoxalement, c'est au sein de cette catégorie, qui aspire à la possession de certains attributs occidentaux (habillement, ameublement, chaîne hi-fi, automobile), que prédomine la famille élargie (ménage de sept personnes et plus).

Dans les deux quartiers centraux, Adjamé et Treichville, les

(26) L'analyse factorielle des correspondances a fait l'objet de multiples utilisations en sciences sociales. BENZECRI, *L'analyse des données*, Paris, DUNOD, 1973, tomes 1 et 2.

(27) Pour une présentation détaillée de ce travail, voir Ph. ANTOINE, C. HERRY (1982), où l'on trouvera les différents tableaux d'aide à l'analyse.

populations possèdent globalement les mêmes caractéristiques socio-économiques : on y retrouve surtout des chefs de ménage exerçant des activités de commerçant indépendant sur les marchés, en échoppe ou ambulant, ainsi que des artisans (tailleur, cordonnier, réparateur de montres, de radios, bijoutier...). Ce sont essentiellement des étrangers : Maliens, Ghanéens, Nigériens, Nigérians (28)... Les chefs de ménage exerçant ces activités s'opposent, le long du troisième axe, aux ouvriers et manœuvres de l'industrie, catégorie où l'emportent, parmi les étrangers, les originaires du Burkina. Tous les étrangers, Burkinabè ou non, occupent une position similaire sur le premier axe : ils sont largement majoritaires dans l'habitat sommaire, et côtoient les Ivoiriens du Nord dans l'habitat évolutif.

L'analyse factorielle permet de distinguer, d'une part, un groupe dirigeant et des catégories moyennes aisées demeurant dans l'habitat de standing, mais dont certains éléments résident dans l'habitat économique moderne, et, d'autre part, au sein des couches les moins favorisées, habitant les cours du sommaire et de l'évolutif, les ouvriers et manœuvres de l'industrie qui se distinguent nettement des actifs du secteur « informel », commerçants ou artisans. L'analyse ne rend compte que des cas bien tranchés et ne met pas en évidence la complexité des situations, par exemple de celle des ouvriers résidant dans l'habitat économique moderne ou des membres des catégories moyennes logeant dans les cours de l'habitat évolutif.

Dans l'analyse factorielle apparaît aussi en filigrane une autre hiérarchie, liée au niveau scolaire, qui, de l'illettré au titulaire d'un diplôme supérieur, est parallèle à celle de l'habitat. Cette hiérarchie risque de se maintenir, car, d'un type d'habitat à l'autre, la fréquentation scolaire diminue. Ainsi près de 90 % des garçons âgés de 9-10 ans sont-ils scolarisés ; ils ne sont plus que 15 % à l'être parmi les occupants de l'habitat sommaire à l'âge de 15 ans, alors que 70 % des ressortissants de l'habitat économique fréquentent encore l'école au même âge. Chez les filles, la proportion de scolarisées est nettement plus faible quel que soit le type d'habitat, car, parmi ces jeunes filles, nombreuses sont celles employées à des tâches domestiques ou déjà jeunes mères de famille.

Essayer d'évaluer la répartition de la population suivant différentes catégories sociales relève de la gageure à un double titre : la distinction en catégories sociales reste très arbitraire, les cami-

(28) Voir la nomenclature des petits métiers selon les nationalités à Abidjan (p. 22-23) dans A. Touré (1985).

Figure 9

ANALYSE FACTORIELLE DES CORRESPONDANCES CHEFS DE MÉNAGE - 1er PASSAGE DE L'E.P.R. STRATE ABIDJAN

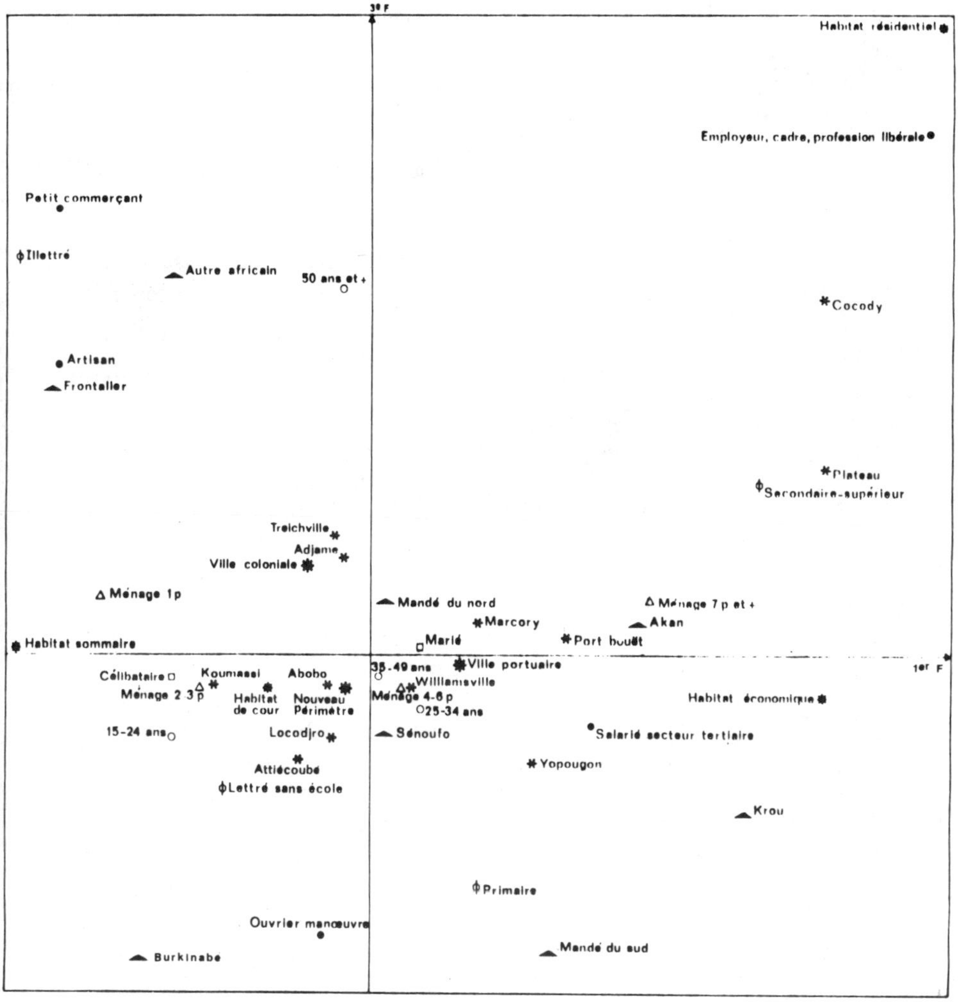

Type d'habitat
Profession
Ethnie, nationalité
Niveau d'instruction
Taille du ménage
Statut matrimonial
Groupe d'âges
Points supplémentaires :
« Les 3 cercles »
Quartier

Figure 10

TAUX DE SCOLARISATION SELON LE TYPE D'HABITAT

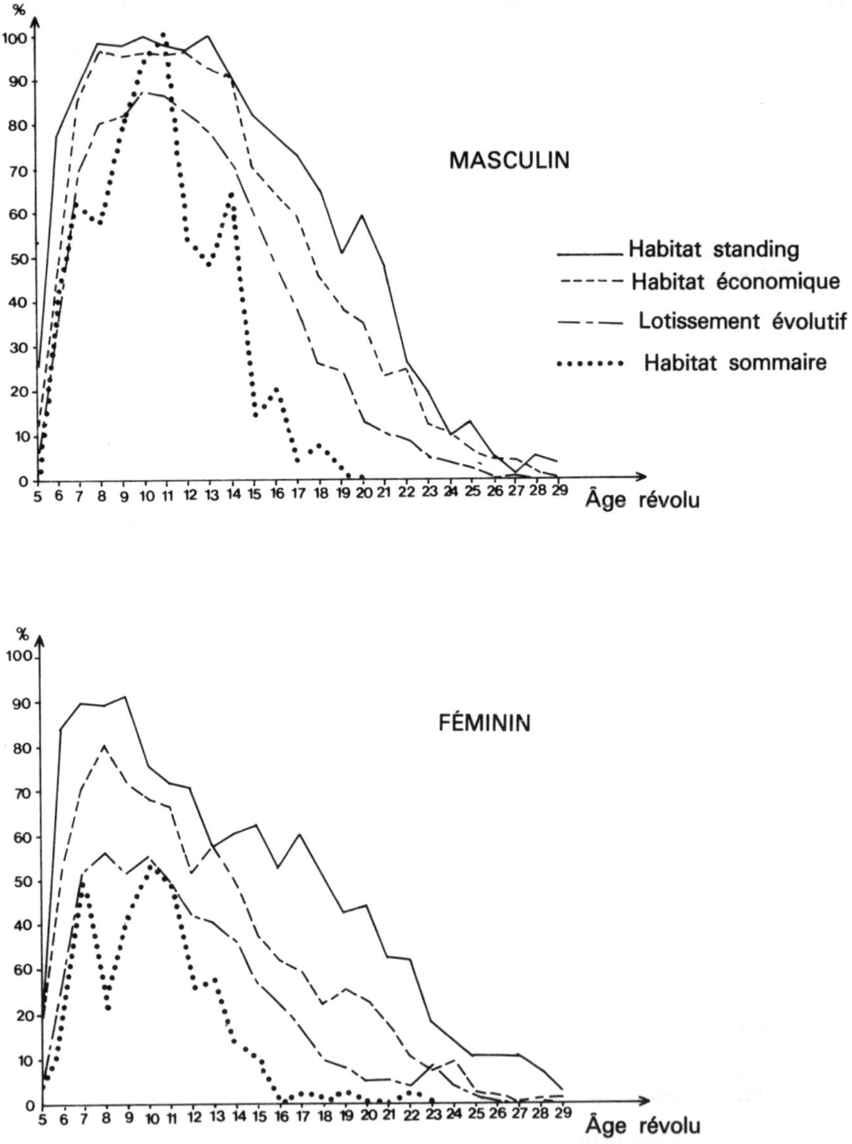

soles de force idéologiques sont inopérantes et les informations statistiques sont insuffisantes. Malgré tout, une approche approximative croisant des catégories sociales et les types d'habitat principaux est possible à partir de quelques données tirées de l'analyse de l'EPR 1978, qui permettent de distinguer sept catégories :

— une catégorie « haute », qui comprend la classe politique et les hauts fonctionnaires, les chefs d'entreprise et les dirigeants des sociétés importantes de la place, qui occupent exclusivement l'habitat résidentiel de très haut standing ;

— un groupe « moyen », rassemblant l'ensemble des cadres enseignants et employés, diplômés et salariés qualifiés du secteur tertiaire ;

— les entrepreneurs et commerçants du secteur « moderne », propriétaires d'un certain capital et qui présentent un comportement social et un mode de vie proche du groupe moyen ;

— les entrepreneurs et commerçants du secteur « informel », qui connaissent, bien souvent, une situation financière très précaire, mais qui peuvent aussi recevoir des revenus importants et, dans certains cas, supérieurs à ceux perçus dans le secteur moderne ;

— des ouvriers de l'industrie, qui, faute de distinctions suffisantes sur le terrain, sont soit des ouvriers très qualifiés ou peu qualifiés, soit des manœuvres de l'industrie ou du bâtiment ;

— des employés du tertiaire sans qualification (tertiaire non qualifié), catégorie composée de plantons, de gardiens, mais aussi de certains employés du secteur tertiaire aux revenus modestes mais relativement réguliers ;

— une catégorie « basse », regroupant les manœuvres et apprentis qui travaillent dans le secteur « informel » et sont sans revenus constants.

Cette évaluation porte sur les effectifs de chefs de ménage (par extrapolation, on pourrait obtenir l'effectif de la population appartenant à ces différents ménages) (tableau 43 a, p. 194). Nous avons déjà montré pourquoi cette évaluation numérique était discutable, en prenant l'exemple des « classes moyennes » (Manou *et al.*, 1985). L'estimation proposée est de 24 200 ménages appartenant à cette catégorie, auxquels on pourrait adjoindre les entrepreneurs du secteur moderne (5 600 ménages), voire les salariés les plus qualifiés de l'industrie, ou bien certains employés classés, à tort peut-être, dans le tertiaire non qualifié. Suivant la démarche retenue, la « classe moyenne » regrouperait entre 11 et 28 % de la population d'Abidjan.

L'ampleur de la fourchette d'estimation pour cette catégorie indique clairement que ces données ne constituent que des ordres de grandeur, qui permettent toutefois quelques constatations inté-

Tableau 43 a

Répartition des chefs de ménage selon la catégorie sociale et le type d'habitat

Catégorie sociale	Habitat résidentiel	Habitat économique	Habitat évolutif	Habitat sommaire	TOTAL
Catégorie « haute »	500				500
Catégorie « moyenne »	9 500	11 700	3 000		24 200
Entrepreneurs et commerçants modernes	600	4 000	1 000		5 600
Entrepreneurs et commerçants indépendants			44 000	9 000	53 000
Ouvriers		11 700	39 500	7 200	58 400
Tertiaire non qualifié		12 800	30 200	6 300	49 300
Catégorie basse			33 000	7 000	40 000
TOTAL	10 600	40 200	150 700	29 500	231 000

Source : EPR, 1978.

ressantes. En dehors de l'habitat résidentiel, aucun type d'habitat n'est proprement spécifique à une catégorie sociale. Une partie non négligeable de la « classe moyenne », même relativement aisée, vit dans les cours de l'habitat évolutif.

Selon les résultats d'une enquête socio-économique BCET, réalisée en 1982 sur les quartiers d'Adjamé Fraternité et Liberté et d'Abobo-Gare (29), en reclassant, selon la typologie retenue, les chefs de ménage d'après leur activité principale, il apparaît que les cours abritent une population très diverse et que l'importance

(29) A. Manou-Savina, *Opérations de restructuration, impact socio-économique*, suivi du PDU 1, observations 1978-1982, BCET, mai 1983, 103 pages.

de la « classe moyenne » varie entre les quartiers évolutifs centraux et périphériques.

Tableau 43 b

Comparaison de la population des cours dans deux quartiers d'Abidjan

	Adjamé	Abobo
— Classe moyenne	55 (23,6 %)	89 (15,8 %)
— Entrepreneurs et commerçants du secteur moderne	2 (0,8 %)	1 (0,2 %)
— Entrepreneurs et commerçants du secteur informel	73 (31,3 %)	108 (19,2 %)
— Ouvriers salariés	21 (9 %)	105 (18,6 %)
— Tertiaire non qualifié	45 (19,4 %)	140 (24,8 %)
— Catégorie basse	18 (7,7 %)	71 (12,6 %)
— Sans profession (ménagères, retraités, vieux chômeurs, concessionnaires)	19 (8,4 %)	50 (8,8 %)

Source : D'après A. MANOU-SAVINA, 1982.

Les commerçants et entrepreneurs du secteur « informel » sont plus nombreux dans les quartiers centraux, où l'activité commerciale est ancienne, très développée et peut-être plus rémunératrice. Certains commerçants et entrepreneurs pourraient d'ailleurs, en raison de leurs revenus, être inclus dans les « classes moyennes ». Les ouvriers salariés et ceux qui appartiennent au tertiaire prolétarisé sont mieux représentés dans les quartiers périphériques, où les loyers correspondent à leurs moyens. Il est ainsi difficile d'associer les quartiers de cour à l'une des catégories sociales élaborées, la distribution de ces dernières dépendant plutôt, semble-t-il, de la situation, et peut-être de l'ancienneté, des quartiers dans la ville.

A l'inverse, dans l'habitat économique moderne, on rencontre également des employés peu qualifiés ; dans ce type d'habitat, ils sont relativement nombreux. L'habitat évolutif, qui comprend aussi bien des cours spacieuses occupées par une seule famille que des cours sous-équipées et surpeuplées, abrite ainsi une population hétérogène. Reste à savoir si, dans la même cour, le cadre côtoie le manœuvre. Dans les quartiers centraux existent des immeubles, dont les logement sont en général bien équipés, associés à des logements en rez-de-chaussée surpeuplés et sous-équipés. Ces cours juxtaposent deux niveaux de standing, deux catégories de population aux emplois et aux revenus différents. Dans la vie quotidienne, les entités « cour » et « étages » sont tout à fait séparées, quoique faisant partie du même espace. Dans la plupart des cas, les habitants des étages n'ont pas accès à la cour et inversement. Parmi la population des parcelles d'Adjamé comportant un étage, 67 % des chefs de ménage compris dans la « classe moyenne » vivent dans les logements à l'étage. Dans les parcelles d'habitat en rez-de-chaussée, cadres et manœuvres cohabitent rarement, quoique l'on puisse rencontrer des enseignants, parfois propriétaires de la cour, partageant le même espace-cour que des ouvriers, des petits vendeurs ou des travailleurs du secteur informel. Mais il faut aussi tenir compte d'une hiérarchie à l'intérieur de l'habitat évolutif, car entre les cours existent différents degrés d'équipement et de confort. De même, à l'intérieur d'une parcelle, le propriétaire peut privatiser un espace ou des sanitaires et une cuisine au détriment des autres occupants. La ville des cours, homogène en apparence, abrite ainsi une population dont l'hétérogénéité trouve sa traduction dans l'inégalité des équipements et l'existence de pratiques d'habitat différentielles.

L'habitat sommaire n'héberge pas seulement les plus déshérités, mais accueille aussi des personnes au statut plus stable qui, faute de logements dans l'habitat évolutif, se rabattent provisoirement, pensent-ils, vers les baraques. D'autres cas plus marginaux peuvent être discernés, tel cet employé d'une banque de la place, locataire dans le campement de Vridi et propriétaire d'une cour à Marcory. Cette austérité volontaire lui permet de réaliser un investissement immobilier intéressant (Vidal, Le Pape, 1986). Cette pratique de l'épargne en vue d'un investissement immobilier se retrouve chez de nombreux travailleurs migrants, qui ont entrepris une construction dans leur localité d'origine, à l'intérieur du pays ou à l'étranger suivant les cas.

L'analyse de la répartition des revenus (30) confirme ces chevauchements dans la stratification sociale : une strate d'habitat ne correspond pas strictement à un niveau de revenu, même si globalement une gradation des revenus selon les types d'habitat existe. Ainsi le revenu médian des ménages de l'habitat résidentiel s'élève-t-il à 457 000 FCFA, à 176 000 FCFA dans l'habitat économique,

(30) Les données concernant les revenus des ménages proviennent d'une étude par sondage (3 650 personnes) réalisée pour le compte du bureau régional de l'habitat de l'US-AID (1985).

à 99 000 FCFA dans l'habitat évolutif et à 65 000 FCFA dans l'habitat sommaire. La distribution des revenus confirme la concentration des plus hauts d'entre eux dans l'habitat résidentiel, mais permet de mettre en évidence la diversité des conditions d'habitat pour les titulaires de revenus inscrits dans la tranche 100 000-200 000 FCFA. Ainsi 38 % des résidents de l'habitat économique et 34 % de ceux demeurant dans l'habitat évolutif perçoivent-ils un revenu inclus dans cette tranche (tableau 44). Le revenu du ménage provient pour l'essentiel de l'activité du chef de ménage dans l'habitat de cour, alors que, dans l'habitat résidentiel, d'autres actifs (l'épouse bien souvent) contribuent de manière substantielle aux rentrées monétaires.

Tableau 44

Distribution des revenus par type d'habitat (en FCFA)

Type d'habitat	– 35 000	35 000 à 99 999	100 000 à 199 999	200 000 à 499 999	+ 500 000
Résidentiel		7 %	7 %	42 %	44 %
Économique	0,8 %	17,2 %	38,4 %	34,3 %	9,3 %
Évolutif	1,5 %	48,7 %	34,5 %	12,8 %	2,5 %
Sommaire	10,5 %	66,2 %	19 %	3,4 %	0,9 %
Abidjan	3 %	41,9 %	31,5 %	18 %	5,6 %

Source : US-AID, 1985

A l'opposé, 10 % des ressortissants de l'habitat sommaire gagnent moins que le SMIG (35 000 FCFA par mois en 1985) et la moitié des ménages du sommaire reçoit un revenu mensuel compris entre 35 000 et 75 000 FCFA, alors que la dépense mensuelle dans cette strate d'habitat est de 51 500 FCFA, dont près de 30 000 FCFA consacrés à l'alimentation et 7 500 FCFA servant à couvrir les dépenses de logement (loyer, eau, électricité éventuellement). Mais l'habitat sommaire comprend parfois des revenus élevés provenant de gains locatifs. Par exemple, à Vridi-SIR, quartier précaire en bordure de mer dans la Commune de Port-Bouët, un pêcheur ghanéen possède une cour donnant sur la plage : il a obtenu le terrain gratuitement des autochtones il y a trente-trois ans. La cour a une superficie d'environ 1 000 m² et l'attributaire loge dans des baraques en planche à la fois sa famille, des ouvriers pêcheurs et des locataires ayant des emplois en ville (au total environ 138 habitants). La cour comprend 60 « portes » (entrées-couchers) auxquelles s'ajoutent trois logements à usage commercial, un restaurant, un bar et une boutique tenue par des Mauritaniens. L'ensemble représente un revenu locatif mensuel de 213 000 FCFA.

Autre exemple, à Zimbabwé (quartier précaire dans la zone industrielle), un commerçant de poissons fumés est arrivé en 1967, peu de temps après le début du peuplement du quartier. Avec les revenus de son commerce, il construit deux cours en planche, l'une où il habite, l'autre qu'il loue et qui compte 36 portes louées à 3 000 FCFA chacune, ce qui lui procure un revenu mensuel locatif de 108 000 FCFA dans le quartier, auquel s'ajoute le revenu de 38 portes (deux cours) dans un quartier précaire de Koumassi louées à 3 500 FCFA la porte. A situation précaire (emploi dans le secteur informel, nationalité étrangère), revenus précaires (logements en bois toujours menacés de démolition) !

Près de 7 Abidjanais sur 10 vivent dans les cours d'Abidjan. A leur diversité culturelle et géographique se conjuguent des itinéraires sociaux différents : les uns participent à l'émergence de classes moyennes et façonnent de nouveaux modes de vie, d'autres s'adaptent à leur condition de nouveaux prolétaires, et certains, exclus du « modèle ivoirien » tentent péniblement de survivre.

Quelles que soient les discordances entre le projet urbain ivoirien et la réalité, des questions fondamentales demeurent posées. Pourquoi « l'envers » du modèle a-t-il, vingt-cinq ans après l'indépendance, une telle ampleur, même si Abidjan est sans doute la seule ville d'Afrique occidentale francophone où l'ordonnancement paysager et le bâti public tiennent une place aussi importante ? Le considérable effort engagé pour promouvoir un modèle d'habitat « moderne » était-il inévitablement voué à l'échec du seul fait de la persistance d'une forte croissance démographique, rendant caduc tout espoir de gagner une course de vitesse contre le défi du nombre ? Un État aussi interventionniste que celui de Côte-d'Ivoire, ayant bénéficié d'une croissance économique exceptionnelle par son ampleur et sa durée, n'est-il réduit, après vingt ans de « tentation d'urbanisme intégral », selon l'expression de Ph. Haeringer (1985), à reconsidérer le problème des cours qu'en raison du recul de ses moyens financiers ? Peut-on croire un seul instant que les responsables de la planification urbaine n'ont jamais mesuré à quel point la production légale ou illégale des cours déchargeait en partie l'État de sa fonction de promotion immobilière et constituait une soupape de sûreté bien plus importante que le strict respect des normes de modèle ? Bref, loin de s'opposer, la ville du projet et celle des cours ne sont-elles pas organiquement liées, le laisser-faire cahotant des pouvoirs publics vis-à-vis de la seconde traduisant non seulement des hésitations, mais surtout des jeux d'alliance complexes entre un pouvoir d'État lui-même traversé par de multiples influences et les propriétaires, maîtres d'œuvre de la construction des cours ? Nous ne prétendons évidemment pas répondre à cet enchainement d'interrogations, mais éclairer le questionnement par l'examen des stratégies, des choix et des logiques des choix.

TROISIÈME PARTIE

LES STRATÉGIES À L'ŒUVRE

CHAPITRE VI

L'ÉTAT ET LES FONCTIONS DE LA POLITIQUE URBAINE

Lorsqu'en 1960 le pouvoir politique revint aux Ivoiriens, il n'y eut pas coupure radicale, mais plutôt dynamisation des structures économiques existantes, et de nouvelles règles du jeu furent instaurées. L'État ivoirien devint rapidement l'un des principaux agents économiques et l'acteur essentiel de la redistribution des richesses considérables procurées par la croissance économique. A côté d'une bureaucratie administrative, puis d'une bourgeoisie d'État (1), se développa, du fait de l'ampleur et de la durée de la croissance, une classe moyenne relativement importante constituée à la fois par des salariés du secteur privé moderne et des fonctionnaires, dont les revenus, pour n'être pas nécessairement très élevés, sont cependant réguliers (2). En favorisant l'accès de ces catégories au sol et au logement dans la ville-phare du projet urbain, les choix économiques et sociaux ainsi que certaines pratiques du pouvoir d'État ont contribué à l'élargissement de sa base sociale. Cet accès privilégié constitue une importante source d'enrichissement, dont l'ampleur varie selon la plus ou moins grande proximité de l'appareil d'État (3).

1. Fonction d'intéressement et élargissement de la base sociale de l'État

Le logement « moderne » procède de deux filières de finance-

---

(1) C. DE MIRAS, in *État et bourgeoisie en Côte-d'Ivoire*, 1982, *op. cit.*

(2) M. COQUERY, « La notion de "mode de composition urbaine", un outil opératoire en urbanisme (le cas de l'Afrique noire) », in *Bulletin de la Société languedocienne de géographie*, Les grandes villes africaines, séminaire de Montpellier 1980-1982, p. 124 à 143.

(3) Y.-A. FAURÉ, J. F. MÉDARD, 1982, *op. cit.*

ment, l'une publique et destinée à répondre en priorité à la demande des « économiquement faibles », l'autre privée et orientée vers le logement de standing. L'une et l'autre, par les conditions imposées à l'attribution, ont d'abord favorisé les catégories sociales aisées et moyennes.

L'accession au parc public des logements ou à des terrains s'adresse d'abord à des populations solvables, ce qui, dans tous les cas, exclut les ménages aux revenus les plus faibles. En 1971, le directeur de la SOGEFIHA déclarait, lors de l'attribution des logements économiques de l'opération Port-Bouët : « Il nous est quand même difficile de donner des logements à des candidats qui ont des revenus trop bas, c'est-à-dire à ceux qui ont déclaré des revenus de l'ordre de 6 000 ou 10 000 F (...). Il nous était donc difficile de leur offrir les logements les meilleur marché, c'est-à-dire de 5 000 F (4). »

Les garanties de solvabilité sont ensuite liées à un emploi stable, c'est-à-dire salarié et relevant dans la majorité des cas de la sphère « moderne » d'activités. Cependant, si celles-ci se sont accrues avec la croissance économique, une forte minorité des ménages reste dépendante du secteur dit « informel » quant à l'origine de son revenu : en 1977, l'étude des PDA estimait que 30 % des chefs de ménage étaient des travailleurs indépendants. Une partie importante de la population ne peut donc justifier ni d'une feuille de paie, ni d'un emploi stable, et se trouve exclue de l'accès à la filière formelle du logement économique. Cette catégorie comprend, outre la majorité des travailleurs à revenu faible, les petits patrons du secteur « informel » qui ne peuvent justifier d'un revenu stable. Ainsi, lors d'une inscription à un programme de terrains économiques SETU, un commerçant est-il venu s'inscrire avec la totalité du prix du terrain en poche alors qu'un acompte seulement était demandé.

Le profil des ménages locataires des sociétés immobilières se rapproche, le plus souvent, de celui du citadin, salarié « moyen » en référence aux échelles de rémunération. A.Y. Diahou a décrit (5) la population résidant dans l'habitat économique du plateau du Banco, évaluée à environ 60 % de la population de ce secteur en 1984. Les chefs de ménage ne sont pas constitués par des migrants récents ; leurs cheminements migratoires montrent une pratique de la vie citadine bien antérieure à leur arrivée dans le quartier, résul-

---

(4) *Fraternité-Matin* du 30/11/1971 (il s'agit de FCFA).

(5) A. Y. Diahou, *Étude de l'urbanisation de la périphérie d'Abidjan. L'urbanisation de Yopougon*, thèse de 3e cycle, université de Toulouse-Le Mirail, 1981, 322 p.

tant soit d'un séjour dans d'autres villes de Côte-d'Ivoire, soit dans d'autres quartiers d'Abidjan en tant qu'hébergés ou en tant que locataires. L'ancienneté de résidence à Abidjan est élevée : 55,4 % des chefs de ménage y sont arrivés avant 1970, ce qui va de pair avec un statut professionnel de salarié essentiellement constitué par des emplois dans le secteur tertiaire (71,8 % des chefs de ménage), administration ou secteur privé. Seuls 6 % des chefs de ménage ont une profession indépendante, la plupart d'entre eux travaillant dans le secteur « informel ». Le pourcentage de salariés de l'industrie est aussi très faible, puisque 15,5 % seulement sont logés par les sociétés immobilières publiques. Les résultats d'une autre enquête effectuée en 1982 sur les activités industrielles et portant sur 250 salariés (6) donnaient 26,4 % de ménages résidant dans les logements économiques et 64 % résidant dans l'habitat de cour.

La rémunération autour de la moyenne des chefs de ménage occupant les logements économiques est une constante de toutes les études réalisées sur la ville depuis l'indépendance ; cela ne fait que confirmer une situation aujourd'hui reconnue et sans doute à l'origine de la cessation des aides en faveur du logement « social ».

Tableau 45

Revenus mensuels des ménages résidant dans l'habitat économique (1963-1975) (francs courants de l'année)

Ville d'Abidjan	1963	1977	1985
Revenu moyen ménage	22 760	71 200	177 800
Revenu moyen ménage en société immobilière	37 500	91 180	248 960

Sources : 1963, enquête SEMA ; 1977, enquête PDA ; 1985, enquête USAID.

Les revenus sont très éloignés de ceux dont peuvent disposer les « économiquement faibles » auxquels ces logements étaient théoriquement destinés. L'ambiguïté du terme et la réalité de son con-

(6) A. Dubresson, *Les zones industrielles d'Abidjan*, tome 2, notes et principaux documents de l'enquête sur 250 salariés africains, centre ORSTOM de Petit-Bassam, ministère du Plan et de l'Industrie, 1984, 90 pages.

tenu ont d'ailleurs été soulignés par M. Amon d'Aby, inspecteur général des services administratifs, à la suite d'une enquête dont l'objectif était de faire le point sur le « scandale des logements sociaux ».

« A propos des économiquement faibles, nous avons en effet rencontré deux définitions. Selon l'ancien ministre de la Construction, le terme regroupe tous ceux qui touchent un salaire mensuel maximum de 50 000 F. Selon la SICOGI et la SOGEFIHA, par économiquement faible on désigne tous ceux dont le salaire n'excède pas 90 000 F. A partir de ces deux définitions sur les 22 151 logements recensés, les économiquement faibles représenteraient 39,84 % ou 75,37 % des occupants ! (7) »

Selon la distribution des ménages résidant dans les logements économiques en 1985, 18 % seulement d'entre eux ont un revenu inférieur à 100 000 FCFA mensuels, alors que c'est le cas de 50 % des ménages de la ville. En majorité, les revenus des ménages habitant le parc public de logement sont compris entre 100 000 et 200 000 FCFA.

Les logements dits sociaux profitent donc essentiellement aux détenteurs de revenus fixes assez élevés, ce qui ne signifie pas toutefois que la satisfaction des occupants soit totale. La parcelle sur laquelle est construit le logement économique associe habitation et espace libre utilisé individuellement par l'attributaire et sa famille, ce qui est apprécié par les familles et représente la différence essentielle et positive avec les cours communes. Mais la forme architecturale du bâti est souvent inadaptée à la structure familiale : c'est en effet ce type d'habitat qui est corrélé à la taille des familles les plus nombreuses. Si les moyens financiers ne permettent pas de quitter le logement, cela n'empêche pas chaque individu de déterminer ses besoins par rapport aux normes de la catégorie supérieure à la sienne. C'est ainsi qu'est souvent envisagée, plus souvent rêvée, l'accession au cran supérieur du modèle, d'abord à une location-vente d'un des logements produits par des sociétés immobilières privées ou publiques, puis à la villa en propriété, manifestant et symbolisant la réussite sociale. Les pouvoirs publics ont misé sur des normes élevées et ont réussi à en donner le goût aux habitants, mais ils ont de ce fait rendu plus sensibles les écarts entre les normes, entre « l'endroit et l'envers », qui caractérisent les différents quartiers de la ville.

---

(7) *Ivoire-Dimanche*, n° 342 du 28 août 1977.

De la même manière, le système de financement privé de l'habitat, en raison des conditions fixées pour l'accès au crédit bancaire, a été utilisé par les catégories moyennes. L'afflux d'assistants techniques et de cadres étrangers logés gratuitement et réceptifs à un modèle urbain calqué sur les normes occidentales, ainsi que la politique ivoirienne qui a poursuivi et amplifié au moment de l'indépendance le privilège du logement gratuit pour de nombreuses catégories de fonctionnaires, ont créé en période de haute conjoncture économique des conditions de rentabilisation particulièrement rapides des investissements, génératrices de spéculation immobilière. Le marché de la location de logements de standing auxquels prétendaient les étrangers, mais aussi les Ivoiriens, ce qui est compréhensible, s'est ainsi considérablement développé, d'autant plus que les loyers n'étaient pas payés par les occupants et n'avaient que peu de rapport avec leur revenu. Il suffisait environ de cinq ou six ans pour amortir l'investissement réalisé, le prix du loyer servant d'abord à payer les traites, puis à financer de nouveaux investissements immobiliers. Ce système a fonctionné à un rythme accéléré, créant ainsi les conditions d'un enrichissement important souvent sans commune mesure avec le revenu de l'activité professionnelle. Entre 1973 et 1977, 37 % des investissements en logements ont été ainsi consacrés à l'habitat de standing et de moyen standing (7 % des logements construits). Si l'on ajoute à ces données le montant des investissements sur fonds publics, c'est 80 % des investissements en logement qui ont été utilisés au bénéfice des catégories aisées et des salariés « moyens » du secteur moderne.

Outre les conditions fixées, la politisation du système d'attribution a renforcé le détournement des terrains et des logements d'abord en faveur de l'élite politique et administrative, puis des fonctionnaires et des cadres du secteur moderne. L'attribution se fait par l'intermédiaire d'une Commission nationale d'attribution. Pour les logements économiques, chaque société immobilière présente la liste des demandes enregistrées ; pour les terrains urbains, les demandes sont adressées au Domaine urbain et soumises à la commission présidée officiellement par le ministre de la Construction. L'État garde ainsi le monopole de toutes les attributions, y compris des terrains SETU. M. Cohen a analysé les attributions des terres urbaines de 1960 à 1970 ; elles démontrent nettement que les membres du nouveau pouvoir politique se dotent d'une assise urbaine qui s'élargit rapidement à de nouvelles catégories sociales, essentiellement les membres de l'administration, ainsi placés en situation de clients du pouvoir, tant il est vrai que la promotion administrative a souvent été accompagnée par des attributions de concessions urbaines (8). Pour comprendre la politisation du système d'attribution, un bref rappel de la composition et de l'évolution de la base sociale du pouvoir d'État est nécessaire. Ces analyses ont déjà été développées par M. Cohen en 1974, par Y.-A. Fauré et J.-F. Médard en 1982. La première génération de militants politiques ivoiriens est constituée de grands planteurs réunis dans le Syndicat agricole africain, fondé en 1944. Après 1951, avec l'accroissement des activités urbaines mais aussi de la vie politique dans les villes, en particulier à Abidjan, le processus de recrutement du PDCI (Parti démocratique de Côte-d'Ivoire) (9) permet d'intégrer dans ses rangs de nouveaux groupes dont le revenu provient essentiellement d'activités urbaines. Cohen détaille la deuxième génération de militants du PDCI : membres d'organisations comme l'AITA (l'Association des ingénieurs et techniciens africains), l'UJCI (Union de la jeunesse de la Côte-d'Ivoire), éléments de syndicats comme l'UGTAN (Union générale des travailleurs d'Afrique noire), toutes ces organisations étant appelées à constituer des soutiens politiques importants dans un contexte évoluant rapidement vers l'émancipation. La troisième génération de militants est composée par des étudiants, d'abord opposants au PDCI et intégrant celui-ci au moment de l'indépendance. Après 1960 et jusqu'en 1970, les membres de la classe dirigeante ont des activités urbaines d'abord essentiellement administratives, puis plus diversifiées et tournées aussi vers la gestion économique. Ainsi, à la base foncière rurale du pouvoir politique est venue progressivement s'ajouter une assise foncière urbaine, qui, comme le souligne J.-F. Médard, tend à l'emporter sur la première ; cependant, base foncière rurale ou base foncière urbaine ne constituent pas deux entités nettement tranchées, car les gros planteurs, souvent devenus entrepreneurs et/ou rentiers du sol urbain, ont de nombreuses activités ou ressources extra-agricoles, et les fonctionnaires et autres agents de l'État sont devenus planteurs quand ils ne l'étaient pas au départ.

De 1960 à 1964, les attributions de terre se font en faveur des grands planteurs et de Français, témoignant ainsi des liens étroits maintenus avec l'ancienne métropole ; passé 1964, elles concernent de plus en plus des membres de la nouvelle administration, dont certains accèdent à l'élite politique. Les demandes « appuyées » sont toujours nombreuses, que cet appui soit d'ordre financier,

---

(8) M. COHEN, *op. cit.*, p. 42 et suivantes.

(9) PDCI : parti unique, ancienne section du Rassemblement démocratique africain (RDA).

politique ou fondé sur une relation familiale et ethnique. La longue procédure du « couloir » est souvent décrite par les postulants... malheureux. Ces pratiques semblent corroborées par le fait que certains candidats qui figurent sur les listes depuis dix ans et qui ont constamment renouvelé leur demande tous les dix-huit mois n'on jamais reçu de parcelle. Les étrangers africains ont peu de place dans ce processus d'accès au logement moderne (de standing ou économique), bien qu'ils constituent 45 % de la population abidjanaise au recensement de 1975, près de 30 % en 1984 et environ 50 % de la population active en 1978. Le maire de la ville d'Abidjan, en 1979, proposait une classification des étrangers et définissait ainsi leur droit à la ville (10) :

« Il faut distinguer : il y a des milliers, des dizaines de milliers d'Abidjanais qui sont installés chez nous depuis toujours, qui ont participé au développement de la ville, et même en grand nombre se sont associés à nos luttes : des Sénégalais, des Maliens, des Voltaïques ; leurs enfants sont nés ici, et ils sont si bien assimilés à la population ivoirienne que nous avons presque oublié leur origine. Certes, ils conservent leur langue, leurs traditions, leurs liens avec le vieux pays et qui le leur reprocherait ? Mais ils ont pris racine dans notre terre et nous les considérons définitivement comme des citoyens à part entière. Ils ne sont plus étrangers que par l'état civil. »

S'il n'exclut pas théoriquement les étrangers, l'accès au logement moderne leur est en fait très difficile. Les nationaux dominent largement dans l'habitat de standing, qu'ils partagent avec les Européens, et sont les attributaires principaux de l'habitat économique moderne (89 %). Cette première « catégorie » d'étrangers a donc beaucoup plus accès à la terre urbaine dans les lotissements administratifs, attribués en grande partie avant l'indépendance. Le recours au PDCI, ancienne section du RDA, est aussi utilisé par ces étrangers de longue date comme moyen d'accès à la terre urbaine, qui peut alors concerner des attributions dans les quartiers résidentiels de standing, favorisant ainsi l'ascension sociale et l'insertion dans la société ivoirienne. L'appui des membres de la communauté étrangère au moment des élections est en retour sollicité et revêt un rôle politique important.

« (...) Il y a aussi, bien sûr, les travailleurs immigrés, la main-d'œuvre dont notre pays a besoin et qui accomplit modestement une besogne parfois bien pénible (...). Nous ne pouvons refuser

---

(10) Interview de M. KONAN KAGA dans Abidjan métropole moderne, édition spéciale, *Fraternité-Matin*, 1978-1979, p. 7 à 11.

d'accueillir ces hommes avec sympathie, leur accorder l'estime et la considération qu'ils méritent. » Pour ces étrangers, arrivés pour la plupart après 1960, l'accès à la ville passe par le statut de locataire dans une cour commune, ou plus rarement par le statut d'attributaire de parcelle sur le marché libre des terrains non équipés et lotis par des initiatives privées, ou des terrains non lotis.

« (...) Restent évidemment les autres, les immigrants sans droit ni titre, les immigrants sauvages comme on dit. Leur situation précaire en fait presque forcément des oisifs. » Leur passage dans la ville est plus souvent lié à un statut d'hébergé « gratuit » chez un parent.

Quel que soit le degré d'insertion dans la ville, les étrangers se retrouvent donc beaucoup plus dans les cours communes que dans la cité moderne du projet urbain.

Les bénéficiaires du système d'attribution ont ainsi accaparé une rente urbaine d'autant plus importante que la répartition des charges d'équipement accuse un profond déséquilibre au détriment de la collectivité publique. Dans les lotissements évolutifs SETU, le prix de cession se fait au prix coûtant et non au prix du marché, la situation du terrain dans l'agglomération n'intervenant pas dans la fixation du prix de vente. Cette situation est à l'origine d'une importante spéculation, compte tenu du faible nombre des terrains équipés à Abidjan, sur lesquels les pressions sont nombreuses. Les terrains non construits peuvent être revendus, cette fois, au prix du marché : la plus-value d'équipement est alors accaparée par le premier attributaire. L'attribution étant du ressort de la Commission nationale, elle seule est aussi habilitée à retirer les parcelles non payées ou non mises en valeur dans les délais réglementaires. La SETU dispose ainsi d'un très faible moyen de contrôle sur les paiements, ce qui est un autre avantage pour les attributaires. Il peut arriver que des parcelles soient construites et que des logements ou des villas soient loués sans que le terrain soit pour autant totalement payé. Si les attributaires ne sont pas les principaux mauvais payeurs (en 1982, les dettes de l'État et, pour des sommes moins importantes, celles des sociétés immobilières, équivalaient à 65 % des sommes à recouvrer par la SETU), en 1982 le montant des impayés pour les particuliers s'élevait à 23 % du total des sommes à recouvrer (11).

Dans le système des LEM (lotissements à équipement minimum), une partie des coûts d'équipement est supportée par l'attributaire par le biais d'un loyer annuel, l'autre partie étant subven-

(11) Bilans annuels SETU.

tionnée par l'État. Le loyer annuel est de 22 à 33 000 FCFA selon la taille des parcelles, et l'enquête de Kaba D. Tidiane sur les LEM de Yopougon-Kouté (12) montre que 43 % des logements construits sur les parcelles LEM sont mis en location pour des loyers mensuels compris entre 50 000 et 120 000 FCFA.

Dans les lotissements destinés aux constructions des sociétés immobilières, l'État subventionne l'équipement du terrain en réseau complet d'infrastructure et le cède gratuitement aux sociétés immobilières ; le prix de l'équipement n'est pas répercuté sur les attributaires des logements.

Le blocage des loyers à partir de 1970, qui répondait à un objectif social, et l'abaissement du seuil de solvabilité ont en partie été utilisés comme un moyen d'accumulation par la pratique de la sous-location. Difficile à estimer, ce phénomène aurait touché, en 1977, 33 % des logements économiques (13). Cela signifie que le tiers des attributaires habite d'autres logements dont le niveau de confort est égal ou supérieur, et qu'il n'aurait pas dû, par conséquent, être prioritaire pour l'attribution de logements économiques. Le phénomène de sous-location est à l'origine de la perception d'une rente importante, le loyer demandé étant souvent trois ou quatre fois supérieur au loyer initial, alors qu'aucune valeur supplémentaire n'est ajoutée au logement. Le blocage des loyers contribue à augmenter cette rente. L'analyse des prix des loyers contenue dans l'enquête SEMA (1963), en un temps où ceux des logements économiques de la SIHCI et de la SUCCI n'étaient pas bloqués, montre qu'ils diminuent progressivement lorsqu'on passe d'un logement équipé à un logement non équipé d'une cour commune.

Tableau 46

Les loyers par types de logement en 1963 (en FCFA)

Logements économiques (strate B)	6 315 F
Logements cour commune sur lotissements administratifs (strates C et D)	3 326 F et 3 030 F
Logements cour commune en situation foncière illégale (strate E)	2 184 F

Source : SEMA, 1963.

---

(12) KABA D. TIDIANE, *Lotissements à équipement minimum de Yopougon-Kouté*, mémoire de maîtrise IGT, université nationale de Côte-d'Ivoire, octobre 1983.

(13) Enquête dirigée par M. AMON d'ABY sur le scandale des logements sociaux, *op. cit.*

Après le blocage des loyers, les logements des cours communes ont des loyers égaux ou supérieurs à ceux des logements économiques entièrement équipés, les logements à l'étage dans les cours ayant toujours des loyers supérieurs à ceux des logements économiques.

Tableau 47

Loyers comparés entre les cours communes et les logements économiques (années 80)

	Quartiers	Loyers moyens mensuels (FCFA)	Années et lieux d'enquête
Logements économiques loyer initial (2 pièces) (1)	Yopougon	13 000	Solic V Niangon (1981)
	Port-Bouët	12 000	Siporex V (1978)
Logement des cours communes en rez-de-chaussée	Abobo-Gare	9 000	1982 (centre)
	Adjamé	15 300	1982 (centre)
	Vridi	14 000	1984
Logements des cours communes en étage	Adjamé	38 100	1982 (centre)

(1) La majorité des logements des quartiers de cours communes sur lotissements administratifs sont de 2 pièces, c'est pourquoi nous avons pris les loyers des logements économiques de 2 pièces.

Sources : Rapports SOGEFIHA et enquêtes A. MANOU-SAVINA.

Les loyers des cours communes ont enregistré une augmentation importante avec l'afflux migratoire et le processus de densification. Les comparaisons des résultats de nos enquêtes entre 1978 et 1982 indiquent un doublement des prix des loyers dans les quartiers d'habitat de cour d'Abobo-Gare et d'Adjamé. C'est en effet en 1979 qu'a été effectuée la dernière livraison importante de logements économiques, concentrant ainsi la demande en logement sur l'habitat de cour. Le loyer initial étant bloqué dans les logements économiques, les hausses de loyer sont enregistrées seulement dans les sous-locations au bénéfice de l'attributaire. Compte tenu du faible nombre de logements économiques, relativement à la demande, et de l'arrêt des programmes de construction, en cas de départ de l'occupant dans un autre quartier ou dans une autre ville, les logements en location simple ne sont pas restitués à la SICOGI ou à la SOGEFIHA pour faire l'objet d'une nouvelle attribution ; ils sont confiés à un membre de la famille qui occupe le logement, sous-loués, ou il y a revente de l'attribution. L'attributaire, simple locataire, se comporte alors comme un propriétaire.

L'accession à un logement moderne ou à un terrain équipé est ainsi à l'origine d'un processus d'enrichissement, ou au moins de possibilités d'amélioration d'une simple condition de petit et moyen fonctionnaire ou d'employé du secteur tertiaire. L'argent épargné grâce au blocage des loyers peut ainsi être réinvesti dans d'autres attributions, mais aussi dans la scolarisation des enfants, l'achat de biens de consommation ou le démarrage, l'entretien et l'agrandissement d'une plantation. Le coût du loyer des logements économiques ne semble donc pas, si on le compare à celui des cours communes, jouer le rôle principal dans l'exclusion des catégories défavorisées ; par contre, les garanties demandées et les pratiques d'accès sont très sélectives, laissant ainsi apparaître l'objectif implicite de la politique urbaine, qui est de permettre une redistribution des richesses, ici des rentes urbaines, à des catégories sociales dont le soutien est essentiel à la stabilité politique. Le choix du modèle libéral a imposé deux « demandes limites » à la politique urbaine, celle, minoritaire, des étrangers non africains aux revenus élevés, très urbanisés, et celle, majoritaire, provenant d'une population d'origine rurale aux faibles revenus et composée par un nombre important d'étrangers africains. La redistribution des richesses a pour fonction d'élargir la base sociale du pouvoir d'État ; mais les choix de ce dernier n'ont satisfait qu'une demande minoritaire, même si en Côte-d'Ivoire celle-ci est relativement plus importante que dans d'autre pays de l'Ouest africain. Ainsi s'est produit un blocage du projet urbain, car la logique des choix et les pratiques d'attribution sont contradictoires avec les objectifs affichés. Les capacités financières de l'État à mettre le projet en œuvre ne sont pas seules en cause. Rien n'est jamais ouvertement manichéen, mais l'adoption de normes élevées à fonctionnement onéreux, le laisser-faire, l'octroi de privilèges et l'appropriation privée des rentes par les catégories sociales aisées et moyennes ont bien concouru à l'exclusion des travailleurs indépendants, des petits salariés, ainsi que de la plupart de salariés de l'industrie. De ce fait, le dessein initial de la politique urbaine visant à une maîtrise totale de la ville par un État décideur, producteur et contrôleur a été transformé, car il s'agit désormais moins de conduire à bien le projet que de tenter de maîtriser au mieux les conflits nés de ses contradictions. Cette régulation des conflits revêt d'autant plus d'importance que la mauvaise conjoncture économique du début des années quatre-vingt a non seulement privé l'État des moyens de poursuivre la production de logements économiques, mais a frappé durement les catégories moyennes qui constituaient jusqu'alors une clientèle urbaine particulièrement choyée. Il faut donc tout à la fois prendre en compte l'exclusion des plus défavorisés et les problèmes nouveaux de ceux qui avaient profité de la logique des choix.

2. La régulation des contradictions : l'insertion des cours et les enjeux

Le détournement des programmes publics immobiliers a été particulièrement important jusqu'en 1975. Entre 1971 et 1975, environ 4 700 logements économiques par an ont été construits (14), et le laisser-faire de l'État a alors été essentiellement favorable aux catégories aisées et moyennes, facilitant ainsi l'appropriation du parc public de logements et de terrains par ces dernières. Parallèlement, des actions autoritaires ont été déclenchées dans les quartiers d'habitat de cour avec les fréquentes opérations de « déguerpissement » (entre 1969 et 1973, la Banque mondiale estime que 20 % du patrimoine immobilier d'Abidjan a été ainsi détruit), en particulier dans les quartiers non lotis situés dans le centre de l'agglomération. Si l'État tempère souvent les opérations de « déguerpissement » par la création de trames d'accueil, celles-ci restent définies comme provisoires et leur localisation engendre d'importants déplacements de population, le plus souvent à la périphérie de l'aire urbanisée. Selon l'expression d'A. Durand-Lasserve, il s'agit d'un mouvement d'appropriation-exclusion (15). A partir de 1975, les difficultés économiques provoquent une diminution, puis un arrêt, en 1979, des subventions et des programmes de logements et de terrains économiques. Le principe du logement gratuit est remis en question et le scandale des baux administratifs

(14) PDA, rapport de la première phase, production de 23 600 logements économiques sur la période 1971-1975 et de 6 400 de 1976 à 1977.

(15) A. Durand-Lasserve : *L'exclusion des pauvres dans les villes du tiers-monde*, L'Harmattan, 1986, p. 109 et suivantes.

est dénoncé officiellement lors du procès de la LOGEMAD (société d'État chargée de la gestion des baux des logements administratifs), dit « procès des milliards », l'État suspendant le paiement des loyers des logements ainsi baillés pendant deux ans. La suppression de la majorité des sociétés d'État s'accompagne d'un alignement des salaires dans les sociétés conservées sur ceux de la fonction publique, beaucoup moins élevés, l'avancement du salaire des fonctionnaires étant lui-même bloqué. La hausse du crédit ainsi que l'effondrement du marché locatif des logements de standing, du fait de la limitation des droits au logement gratuit et du départ de nombreux expatriés, aggravent le contexte général créé par la crise économique. Avec le manque de ressources, ce sont les principaux privilèges sur lesquels les classes moyennes pouvaient fonder différentes stratégies d'accumulation qui disparaissent. La crise touche particulièrement ceux qui n'ont pas su se placer sur le terrain de l'enrichissement faute d'opportunités, de relations, de revenus suffisants, ou en raison du choix de placements à caractère ostentatoire (éléments de confort, voiture) plus que de rapport. Si les loyers, pour certains types de logement, deviennent moins rémunérateurs, ils représentent une sécurité pour l'avenir, que ne possède plus obligatoirement un emploi salarié dont la « stabilité », pour les non-fonctionnaires, a été remise en cause par la crise économique. « La maison, c'est trésor », selon un dicton d'Abidjan exprimant par là que le sol et le logement ont une fonction d'épargne très rémunératrice. Les jeunes diplômés arrivant sur le marché du travail, donc du logement, sont aussi particulièrement touchés, cette fois par la réduction des possibilités d'accès au sol et au logement. L'accession aux catégories moyennes devient ainsi de plus en plus difficile (16). Cette situation conduit à une modification des rapports de force, la revendication autour du logement provenant de catégories sociales de plus en plus nombreuses : les fractions inférieures des classes moyennes (petite bourgeoisie ?) s'ajoutent aux catégories exclues depuis toujours des filières formelles de la production immobilière (17).

Les interventions de l'État se déplacent alors de la production de logements neufs vers l'amélioration du niveau de service des quartiers d'habitat de cour, jusqu'à présent relégués dans le provisoire. Si l'on a pu s'interroger sur la réelle volonté d'abaissement des normes des pouvoirs publics à partir des années 1975, les principales conclusions que l'on a pu tirer des opérations de

---

(16) Voir sur ce point : C. VIDAL, M. LE PAPE, *Pratiques de crise et conditions sociales à Abidjan, 1979-1985*, ORSTOM-CNRS, 1986, 102 pages.

(17) A. DURAND-LASSERVE, *op. cit.*, p. 161 et suivantes.

restructuration permettent d'observer l'amorce d'un processus d'intégration, non pas des plus pauvres, mais des groupes solvables ne pouvant plus, étant donné la crise économique, accéder au parc public de logements, mais pouvant continuer à bénéficier des investissements publics. Au moment de la mise en place des opérations, l'État ivoirien, par les choix effectués, a visé un groupe social qui n'était pas celui des très bas revenus. L'accent a été mis sur des quartiers d'habitat de cour légaux, lotis par l'administration, et non sur des quartiers non lotis du centre de l'agglomération, comme le demandait la Banque mondiale, et où résident en majorité des populations aux revenus les plus faibles. La « bataille » des normes aboutit finalement à adopter des normes d'aménagement élevées, qui correspondent plus au mode de consommation et aux charges que peuvent supporter des groupes aux revenus moyens. Enfin, trois des espaces aménagés ont une image urbaine inadéquate par rapport à leur situation centrale au sein de l'agglomération ou au sein du quartier. Ces interventions sont en apparence moins répressives que des « déguerpissements » et des rénovations, car elles ne nécessitent pas la démolition de l'habitat existant et n'entraînent donc pas immédiatement d'importants déplacements, mais les modifications qu'elles impliquent contribuent à terme à un glissement de population (18).

Les opérations de restructuration ont concerné quatre quartiers d'habitat de cour : deux secteurs de quartiers anciens et centraux, Adjamé-Liberté, Fraternité et Bromakoté, et deux quartiers périphériques : le secteur central d'Abobo-Gare et une trame d'accueil, ouverte pour les anciens habitants de Port-Bouët I, Port-Bouët II, à Yopougon. *A priori*, les travaux semblent répondre aux besoins des quartiers : équipements en eau et électricité, pose d'un réseau d'assainissement pour le drainage et les eaux usées, bitumage de la voirie, construction d'équipements collectifs. Les enquêtes effectuées un an après les travaux montrent que les raccordements aux réseaux publics, qui sont à la charge des propriétaires des parcelles, ont rarement ou incomplètement été effectués. Les équipements mis en place supposent de nombreuses innovations, qui ont d'abord un coût. Le raccordement à l'eau courante et la condition du raccordement au réseau public d'eaux usées, ce qui assure le bon fonctionnement de ce réseau. Nous avons montré précédemment que la majorité des parcelles n'est pas alimentée en eau potable, même si le réseau public dessert le quartier, et que les sanitaires ne sont

(18) Sur l'évaluation des projets, HERBERT M. PHILLIPS, « Notes d'introduction : science, technologie et développement économique », *Revue internationale des sciences sociales*, vol. XVIII, n° 3, 1966, p. 351 à 373.

pas raccordés à l'eau courante s'il y a un robinet installé dans la cour. Au moment de l'élaboration des opérations, les études se sont basées sur une consommation d'eau par habitant de 75 à 100 litres par jour, alors qu'en réalité la consommation moyenne par jour et par habitant s'approvisionnant à une pompe privée est beaucoup plus faible : 26 litres en 1982 sur les quartiers étudiés.

Les raccordements supposent donc une consommation et une dépense en eau supérieure à celle enregistrée habituellement. A cela s'ajoute le coût des branchements qui doivent être effectués par le propriétaire ; nous avons calculé que le coût des deux branchements, eau potable et eaux usées, s'élève à environ 200 000 FCFA, coût qui peut varier selon la configuration des cours (19). Les opérations de restructuration incluent également l'accession à la sécurité foncière, soit par l'achèvement de la procédure d'immatriculation (pour les quartiers sur lotissement administratif, Abobo-Gare, Adjamé et Bromakoté), soit en rendant possible la procédure d'immatriculation (Port-Bouët II). L'acquisition du titre foncier doit permettre à l'État de récupérer une partie des coûts des investissements (le recouvrement des coûts est fixé à 50 % des investissements secondaires et tertiaires). Si l'on récapitule l'ensemble des coûts du changement, ceux-ci sont assez élevés.

Élevés, les coûts le sont beaucoup plus cependant pour les locataires que pour les propriétaires. D'une part, les clauses de paiement de l'impôt de plus-value sont assorties de conditions particulièrement avantageuses pour les propriétaires (étalement des paiements sur vingt ans avec un intérêt d'environ 8 % par an), et d'autre part, si les propriétaires entreprennent la chaîne des innovations, les coûts seront répercutés sur le prix des loyers. Ils ne pourront vraisemblablement pas être supportés par les ménages aux revenus les plus faibles, propriétaires mais surtout locataires.

Les innovations se heurtent aussi au mode d'habiter de la cour, aux pratiques des populations et à l'organisation sociale des quartiers. Les quartiers d'habitat de cour sont construits pour la location par des propriétaires en majorité non résidents, et ils sont habités par une majorité de locataires qui ne peuvent, par leur nationalité ou leurs revenus, et compte tenu du problème de l'habitat à Abidjan, accéder à un autre logement. Une parcelle est théoriquement en propriété privée, mais pratiquement l'usage de celle-ci n'est pas privé, car plusieurs ménages l'utilisent. Cela remet en question l'utilisation de caractère privé que supposent les aménagements, en particulier la source d'approvisionnement en eau potable si elle

(19) Voir sur ce point A. MANOU-SAVINA, 1985, *op. cit.* Il s'agit de coûts en 1982.

Tableau 48

Coût du changement dans les quartiers restructurés (Francs CFA 1982)

	Abobo-Gare	Adjamé	Broma-koté	Port-Bouët II
Coûts des différents raccordements	200 000	200 000	200 000	200 000
Coût de l'accession au titre foncier (ou impôt de plus-value) (1)	1 029 660	1 287 144	825 300	394 200
Annuités dues pour l'impôt de plus-value (1)	104 600	132 000	87 100	39 900
Propriétaires — Revenus mensuels moyens (2)	110 000	306 000	non enquêté	84 000
— Revenus locatifs mensuels moyens	61 000	167 000	››	21 500
Locataires — Revenus mensuels moyens	55 000	98 000	››	46 000

(1) Extrait de dossiers financiers des plans de restructuration.
(2) Y compris le revenu locatif.

est installée dans la cour et dans les sanitaires. La répartition des coûts de la consommation d'eau entre les différents ménages pose en effet de nombreux problèmes. Le raccordement sur le réseau d'eaux usées présente aussi de nombreux risques, car les ménages des cours communes ne possèdent pas souvent, compte tenu notamment de leurs revenus, la possibilité de suivre le mode d'emploi que sous-entendent les nouvelles installations techniques (eau, papier hygiénique). Les propriétaires traduisent cette situation en disant que la cour n'est pas un habitat « moderne ». En fait, le type de logement ne correspond plus à la logique des aménagements. Pour réaliser dans les parcelles toutes les transformations, il faudrait l'organisation de l'habitat et surtout réduire la densité de peuplement. Lorsque les propriétaires envisagent de faire des transformations et d'équiper la parcelle, ils pensent à la construction d'un étage avec des logements individuels équipés. L'hypothèse de densification des quartiers (20) contenue dans les projets de restructuration est ambiguë : si l'on entend par densification un processus de construction en rez-de-chaussée, celui-ci est déjà achevé au démarrage des travaux (500 à 750 habitants à l'hectare), et dans ce cas les aménagements prévus supposent en réalité une réduction de la densité ; si l'on entend par densification un processus de construction en hauteur, cela suppose une modification de l'habitat existant vers une privatisation du logement et une utilisation de caractère privé des équipements. Le principe de densification sous-entend beaucoup plus un départ des populations résidentes et leur remplacement par d'autres populations pouvant supporter des coûts d'habitat plus élevés. Les investissements publics ont en fait augmenté la valeur du terrain et diminué la valeur du logement. Dans ce cas, pourquoi engager des transformations ? La cour commune correspond toujours, et de plus en plus, à une forte demande qui permet de percevoir des revenus importants. Il ne faut pas non plus surestimer la capacité des propriétaires à tranformer l'habitat. « En attendant », « on est là », expressions du français ivoirien utilisées face à la volonté de changement de l'État, peuvent qualifier la stratégie des propriétaires. « On attend » une vente intéressante, une association intéressante (parcelle mise à bail à un détenteur de capitaux qui construit et use de la construction pendant dix ou quinze ans, le bâtiment devenant après ce délai la propriété du détenteur du sol), et pendant ce temps, on perçoit des loyers qui peuvent être augmentés du fait de l'amélioration de l'environnement : drainage des quartiers, bitumage ou aménagement de la voirie, éclairage public et desserte des services urbains (transport en commun, ramassage des ordures). L'évolution des loyers sur un secteur aménagé et sur un secteur non aménagé d'un même quartier d'Abobo-Gare permet de constater une évolution semblable de 1978 à 1982 et une augmentation plus rapide après les travaux sur le secteur aménagé de 1982 à 1985. La mise en place du recouvrement des coûts posant encore de nombreux problèmes, la plus-value créée par les investissements publics profite aux propriétaires des parcelles, d'où une augmentation de la rente urbaine pour ces derniers. Les investissements publics, en produisant des améliorations très localisées, ont pour conséquence

(20) Selon la logique des opérations, l'amélioration du niveau de service des quartiers existants doit amener une densification du bâti permettant de freiner l'extension de la ville et de gérer ainsi la croissance urbaine.

essentielle d'engager un processus de transformation aboutissant à une ségrégation physique, puis sociale, entre les secteurs aménagés et les secteurs non aménagés. La rationalité technique renforce ici la rationalité de l'État, qui cherche à préserver sa base sociale en période de crise économique. Bien sûr, les opérations de restructuration contribuent à modifier de façon spectaculaire et positive la physionomie des quartiers (en particulier bitumage et drainage), mais, pour que la population à bas revenu ne soit pas exclue, il faudrait en fait que tous les habitants de la ville des cours puissent en bénéficier. Cela revient à reconsidérer le problème du logement dans son ensemble et à redéfinir le mode de distribution des services urbains.

La mise en vente, actuellement en cours, du parc public de logement construit par la SOGEFIHA entre 1964 et 1978 (à partir de cette date, la SOGEFIHA, étant donné son passif important, n'a plus le droit de construire) aboutira à très brève échéance à une ségrégation sociale beaucoup plus tranchée qu'auparavant dans ce type de logement. L'accession à la propriété se fait par une augmentation du prix des loyers : on passe ainsi, sur une période de quatre ans, d'un loyer de 12 500 FCFA à un loyer de 40 000 FCFA dans les logements économiques de Port-Bouët. Les ménages aux revenus les plus faibles, pour lesquels le loyer bloqué constituait un avantage important, ne pourront que difficilement satisfaire à ces nouvelles conditions. Les attributaires actuels ont priorité pour accéder à la propriété du logement, mais déjà ce droit est revendu par ceux dont les revenus sont trop faibles et qui s'installent dans les quartiers illégaux voisins situés sur le cordon littoral. Le petit capital acquis par la vente de l'attribution permet de payer un droit d'installation et de construire une série de logements en planche utilisés à la fois pour se loger et pour la location. Cette évolution de la politique urbaine marque le désengagement de l'État dans le domaine du logement social. L'accession à la propriété supprime des charges d'entretien pour les organismes publics qui, étant donné le blocage des loyers, tendaient à devenir très lourdes. Ces mesures, auxquelles s'ajoutent des programmes de location-vente, sont destinées aux classes moyennes, mais excluent aujourd'hui la fraction aux revenus les plus bas.

CHAPITRE VII

LES PROPRIÉTAIRES FACE À LA POLITIQUE URBAINE

Les choix de l'État, confrontés à l'ampleur et à la continuité de la croissance démographique, engendrent un déficit en terrains urbains et en logements qui se manifeste à la fois par l'insuffisance des offres et par le surpeuplement des logements construits. Ce déficit est à l'origine d'une offre parallèle, en marge de la légalité, de terrains et de logements, dont les acteurs sont les propriétaires coutumiers, mais aussi les premiers occupants tirant parti des interstices laissés libres dans le tissu urbain, ainsi que les promoteurs immobiliers, « acheteurs » de parcelles et constructeurs des logements. Leurs actions ont contribué à étendre la ville des cours, programmée pour disparaître dans le projet urbain. Dans la pratique, elles ont bénéficié d'un laisser-faire de l'État, celui-ci ne pouvant pas construire des logements décents pour tous, et concouru à la formation d'une nouvelle catégorie sociale, celle des petits propriétaires fonciers et immobiliers. Demande de terres urbaines et crise du logement sont exploitées par les propriétaires coutumiers, dont l'objectif est avant tout de préserver la survie de la communauté et de son patrimoine face au développement de l'urbanisation.

1. L'enjeu foncier des propriétaires coutumiers-lotisseurs : la transformation d'une rente agricole en rente urbaine (1)

Les Ébrié sont considérés comme les autochtones de la région

---

(1) Ce chapitre s'appuie sur les travaux de :
G. NIANGORAN-BOUAH, 1969, *op. cit.* ; P. DESTOUCHES, *Le secteur de rénovation d'Abobo Nord, étude foncière*, ORSTOM, centre de Petit-Bassam-SETU, 1975, 24 p. ;

d'Abidjan. Leur installation est bien antérieure à la pénétration coloniale française. Venus de l'actuel Ghana au XVIIe siècle, ils se sont installés en bordure de la frange lagunaire sur une distance d'environ 50 km, de Bingerville à Songon-Té. Selon la tradition, les villages se rattachent à six (puis sept) groupes tribaux, ou « phratries », ayant chacun un noyau villageois. Le chef du village (le *nana*, patriarche et chef suprême), administre un ensemble de terres qui ne peuvent être cédées par le chef de clan ou les chefs de famille à des étrangers sans son accord. D'abord localisés autour des villages, les terroirs se sont étendus ensuite sur des centaines d'hectares.

Au début du XXe siècle, les colonisateurs instituent le travail forcé afin de réaliser les grands travaux (chemin de fer, principales routes nord-sud). Les exactions des « gardes-flogo » provoquent la fuite des populations, en particulier celle des Akyé, qui viennent s'installer plus au sud, en territoire ébrié. D'abord mêlés à la population autochtone, ils obtiennent ensuite l'autorisation de fonder leurs propres villages et de cultiver leurs propres terres, localisées sur la partie nord des terroirs ébrié de la phratrie des Bidjan. En 1910-1911, le premier village akyé est fondé non loin de la future banlieue d'Abobo-Gare : il s'agit de N'Guessankoi, nom dérivé de celui du fondateur, Yahté N'Guessan, originaire d'Adzopé ; dans la décennie 1910-1920, c'est le village d'Andokoi qui est installé au nord du plateau du Banco. Si les Akyé n'ont pas payé en argent la terre aux Ébrié, ils ont cependant rempli un certain nombre de conditions. D'après le récit d'un notable ébrié de Yopougon-Kouté, cité par A. Yapi-Diahou, les Akyé ont d'abord travaillé sur les plantations des Ébrié et aidés ceux-ci à en créer de nouvelles. Les Ébrié ont également imposé aux Akyé de répondre à leur place aux réquisitions du travail obligatoire. Cette ultime condition est toujours évoquée comme étant le véritable prix d'achat des terres, ce qui explique qu'aujourd'hui les Akyé se considèrent comme les légitimes détenteurs de ces terres. De plus, en 1952, à la suite de discordes à propos des limites de terroir, les Akyé versèrent une amende aux Ébrié et un accord de partage fut signé, mais il n'a jamais été légalisé.

Ph. CAZAMAJOR, *Naissance et évolution d'un quartier spontané à Abidjan : Avocatier*, ORSTOM, centre de Petit-Bassam, 1981, 57 p. + annexes, 1981 ; Ph. HAERINGER, Stratégies populaires pour l'accès au sol dans la ville africaine, p. 341 à 359, *Enjeux fonciers en Afrique noire*, Karthala, 1983 ; A. YAPI-DIAHOU, *Étude de l'urbanisation de la périphérie d'Abidjan : l'urbanisation de Yopougon*, thèse de doctorat de 3e cycle, université de Toulouse-Le Mirail, novembre 1981 ; A. ALLA DELLA, *Compétition ville-campagne dans la commune d'Abobo*, mémoire de maîtrise, IGT-université nationale, 1983-1984, 153 p. + cartes.

Fuyant aussi le travail forcé, des Agni s'installèrent sur les terroirs ébrié. On les retrouve dans la région d'Abobo-Gare, à proximité de la station ferroviaire, et dans le quartier sagbé où existait un cimetière agni, ou encore sur l'île de Petit-Bassam, au village d'Ekromianbla, au nord-est de Koumassi. Les campements agni qui s'installèrent sur la presqu'île en 1912 devaient, aux environs des années quarante, réunir 500 F par an comme prix de boisson pour le chef ébrié du village de M'Badon. De plus, les arbres demeuraient la propriété des Ébrié, le *bangui* des palmiers étant vendu et l'argent reversé aux Ébrié.

A partir de 1930, des migrants du Nord s'installent aussi en Basse-Côte, mais à titre individuel. Ces implantations successives en territoire ébrié n'ont cependant ni l'ancienneté ni l'importance, pour la plupart, des implantations akyé. Au sens de premiers occupants, les autochtones sont donc les Ébrié. Les Akyé venus s'installer sur les territoires ébrié, sous conditions, seraient en position de « semi-autochtones », selon l'expression de Philippe Haeringer.

Les pratiques des propriétaires coutumiers montrent que la survie du groupe inclut à la fois la préservation de l'entité villageoise, l'aliénation du territoire et la recomposition d'un nouvel espace largement déterminé par les conditions du modèle urbain étatique.

Passé 1950, la croissance démographique spectaculaire d'Abidjan marque le point de départ de ce que nous avons considéré comme une subversion du projet urbain : des lotissements privés sommaires sont réalisés sur les terrains agricoles de la périphérie urbaine à une cadence très rapide. Les parcelles sont ensuite vendues, ou attribuées, par les propriétaires coutumiers à des candidats aux terrains à bâtir, dont la demande devient très forte autour de 1965.

Propriétaires ébrié, akyé, mais aussi d'autres communautés auxquelles les premiers avaient cédé des terrains de plantation (Agni, Dioula, Baoulé), lotissent pour vendre. Les propriétaires coutumiers utilisent des intermédiaires, comme les géomètres, mais ils restent les principaux acteurs des lotissements « parallèles ». Les géomètres exerçant en privé aussi bien que ceux travaillant dans le secteur public, dans un département rattaché au ministère de la Construction, servent d'intermédiaires pour transformer l'espace agricole en espace constructible ; ils connaissent la manière de faire des pouvoirs publics, et l'appliquent au bénéfice des propriétaires coutumiers qui les rémunèrent pour ce travail.

L'action des propriétaires coutumiers est située en amont de l'action de l'État, soit que la puissance publique ait déjà réalisé le plan d'urbanisme mais n'ait pas encore exécuté les lotissements, soit que ce plan n'inclue pas encore le secteur concerné. Les délais d'application des projets étatiques laissent place à la spéculation.

Intégré dans les plans d'urbanisme depuis 1952 comme secteur d'extension de la ville d'Abidjan, Yopougon ne sera concerné par l'intervention de l'État qu'au tournant des années soixante-dix ; entre-temps, la population d'Abidjan a été multipliée par six, et les communautés villageoises ont déjà organisé les débuts de l'urbanisation sur le plateau du Banco. Abobo-Gare fait l'objet d'interventions sectorielles de 1963 à 1966 (2). En 1964, c'est le début de la spectaculaire avancée d'Abidjan vers le nord. Ce n'est qu'en 1967-1969 que le plan de l'AURA intègre Abobo-Gare, et prévoit des lotissements pour les opérations de sociétés immobilières, ou pour les trames d'accueil destinées à réinstaller les populations déplacées des secteurs centraux de l'agglomération. Mais à Abobo-Gare, les lotissements clandestins sont déjà nombreux, et les transactions foncières s'accélèrent entre 1966 et 1969.

Exécutés pour orienter le développement de la ville, les plans directeurs sont, dans bien des cas, les catalyseurs de l'action spéculative. Les propriétaires coutumiers, leurs intermédiaires et les candidats aux terrains à bâtir connaissent, ou cherchent à connaître, le contenu des plans et ils anticipent sur les actions de l'État. Il n'est pas rare de rencontrer des propriétaires coutumiers connaissant les noms des directeurs successifs des différents services de l'Urbanisme, et certains remontent jusqu'aux années quarante pour citer les responsables du service des Domaines ! Ces informations sont fondamentales dans la démarche des propriétaires-lotisseurs, et circulent d'une manière ou d'une autre. A. Yapi-Diahou cite une interview d'un propriétaire coutumier : « Un jour, il y a un monsieur qui est venu me voir avec une voiture D (3), accompagné de son chauffeur... Lorsque je lui ai fait savoir que je n'avais plus de terrain ici près du village, il s'est mis à insister, me demandant de me débrouiller, de tout faire pour lui et que peu lui importait la situation du terrain. Car, expliqua-t-il, d'ici à deux ans, tout Yopougon serait une grande ville, et le gouvernement se préparait à intervenir dans un proche délai. » Les différents acteurs appartenant à la sphère étatique agissent aussi en dehors des directives du projet urbain pour entreprendre des

---

(2) Selon A. Alla Della, les Ébrié auraient fait approuver par l'État, en 1955, un premier lotissement autour de la gare. En 1963, il y a un remodelage grossier du vieux centre d'Abobo-Gare, puis, en 1964, remodelage d'un petit noyau situé à l'est de la route d'Adzopé ; en 1964-1965, une zone de lotissements est ouverte entre les rails et la route d'Adzopé, et les villages d'Abobo-Té, Abobo-Baoulé et Anonkoua-Kouté sont lotis.

(3) Voiture administrative.

actions individuelles, dans un but spéculatif, ou parce qu'ils appartiennent à une communauté villageoise. Le fait que la demande provienne d'un acteur de l'appareil d'État légitime en quelque sorte les lotissements parallèles aux yeux des propriétaires-lotisseurs.

Un autre exemple est évoqué par P. Destouches à propos d'un propriétaire-lotisseur ébrié : « Alors qu'une bonne partie des 150 parcelles (environ) prévues dans son plan était déjà vendue, le projet de rénovation du quartier a tout remis en cause. Tandis que les lotissements voisins sont laissés intacts par le plan directeur, la partie d'Ahondjo (nom du propriétaire) se trouve bouleversée par la présence, chez lui, de deux écoles et d'un centre social et culturel. Le propriétaire du lieu s'est alors débrouillé pour obtenir un exemplaire du plan directeur sur lequel il a repéré chez lui, en dehors des équipements envisagés, 61 parcelles. Comme elles ne correspondaient bien sûr pas à son propre plan de lotissement, Ahonjo a refait le bornage conformément aux indications du plan directeur et il s'est empressé de répartir les 61 parcelles dénombrées entre sa famille (21) et ses acheteurs (40)... » Ici, les acteurs privés de l'urbanisation, en situation illégale, calquent leur projet (qui acquiert ainsi une légitimité) sur celui du projet urbain étatique.

Les plans directeurs, mais aussi l'installation des lignes d'autobus reliant la périphérie urbaine au reste de la ville, avant l'instauration des lotissements officiels, ont été, dans bien des cas, des facteurs d'accélération de la vente des parcelles et de la progression de l'urbanisation illégale.

La question des indemnités versées en contrepartie de la perte d'un patrimoine semble être l'élément déterminant qui pousse les communautés villageoises à lotir, puis à vendre. Si quelques Ébrié ont fait enregistrer leurs terres au cadastre vers 1963 afin de se prémunir contre les « étrangers » et les pouvoirs publics, les terrains agricoles, en majorité, ne sont pas enregistrés et sont très mal indemnisés. Le droit à l'indemnisation est reconnu depuis 1904 (décret du 23 octobre), mais les indemnités versées sont faibles. Ce n'est qu'en 1970 qu'un compromis fut passé entre l'État et les détenteurs coutumiers du territoire de l'agglomération. Depuis lors, toute prise de possession d'un terrain villageois doit faire l'objet de négociations préalables et trois types de compensations sont fixés :

— une indemnité pour perte de plantations, dont l'évaluation est faite par le ministère de l'Agriculture ;

— une indemnité forfaitaire d'environ 200 000 FCFA par hectare de terrain pris par l'État ;

— un lot de compensation de 600 m² par hectare de terrain cédé, avec un plafond de dix lots par propriétaire.

Dans la réalité, cette procédure d'indemnisation reste longue, et le moyen le plus sûr d'obtenir rapidement des indemnisations importantes pour la perte des terrains de culture est de lotir avant l'État, la forte demande de terrains urbains facilitant les ventes à des prix sans cesse plus élevés. Selon un entretien avec le fils d'un des fondateurs du quartier Ayeby, en 1967 débute le lotissement du quartier SOGEFIHA à Abobo-Gare, sur des terrains de plantation de la communauté akyé de N'Guessankoi. Malgré de nombreuses demandes à la sous-préfecture de Bingerville, la totalité des indemnités prévues n'a jamais été obtenue. Les Akyé ont donc commencé à vendre les parcelles pour leur propre compte.

Les frais que les propriétaires coutumiers engagent pour lotir (dessouchement, paiement d'un géomètre) sont largement couverts par la rémunération obtenue avec la vente des parcelles. Dans le secteur d'Avocatier, au nord d'Abobo-Gare, Ph. Cazamajor cite le cas d'un planteur ébrié ayant fait lotir 11 hectares pour la somme de 425 000 FCFA ; 80 parcelles de ce lotissement ont été vendues à 150 000 FCFA la parcelle (en moyenne ?) entre 1968 et 1975. En 1980, le prix minimal d'une parcelle d'un lotissement clandestin était de 500 000 FCFA, et pouvait s'élever jusqu'à 1,5 millions de FCFA.

En prenant l'exemple d'Abobo-Gare, il semble que la dynamique qui pousse les populations à lotir les terres agricoles soit plus nettement spéculative chez les Ébrié que chez les Akyé. Dès 1964, les terrains des Ébrié sont lotis, et les parcelles vendues à des « étrangers » (au sens de non-Ébrié). En 1965, plus de 300 parcelles ont ainsi été vendues dans le « bloc spéculatif » du secteur de la gendarmerie, à Abobo-Gare. Les villages akyé sont, dans un premier temps, beaucoup plus tournés vers la préservation de leur patrimoine foncier, plus restreint que celui des Ébrié. Les premiers lotissements, en 1963, sont ainsi réalisés à l'usage exclusif des villageois, chaque famille recevant un certain nombre de parcelles. C'est le cas des villages d'Agnissankoi et N'Guessankoi. Dans ce dernier, trois familles s'associent pour produire un lotissement qui porte le nom de l'une d'entre elles : le quartier Ayeby. En 1965, alors que de nombreuses terres coutumières ébrié sont déjà loties et vendues, les cas de vente dans la communauté akyé sont faibles et peuvent « se compter sur les doigts d'une main (4) ».

La survie de la communauté passe souvent par l'aliénation de la

---

(4) P. DESTOUCHES, *op. cit.*

plus grande partie du territoire. Cependant, sur les lotissements parallèles, les propriétaires coutumiers conservent presque toujours un espace sous forme de parcelles, et, lors d'une procédure d'appropriation au nom de l'État, des terrains de compensation, ou parcelles urbaines, leur sont également attribués. Les sommes élevées perçues lors de la vente directe des parcelles à des particuliers et celles, plus modestes, touchées lors de l'indemnisation par l'État, permettent de construire et de louer facilement, en raison de la forte demande de logement. Il y a ainsi création d'un nouvel espace, parcellisé, légal ou non juridiquement, mais qui assure la survie économique de la communauté. Au début des années quatre-vingt, un groupe de propriétaires coutumiers est devenu promoteur immobilier. Sous l'impulsion d'un représentant d'Abobo-Té, plusieurs villages ont regroupé leurs lots de compensation, soit au total une superficie de 21 hectares, et ont fondé la Société immobilière Dokui. Un financement privé a été recherché. Le statut légal des terrains de compensation a permis d'engager la procédure d'immatriculation et d'obtenir des crédits auprès des banques. Une entreprise de construction a commencé la première tranche de travaux en 1982, et construit 152 logements, dont 22 ont été attribués aux villageois ainsi que deux immeubles destinés à la location. Les autres logements sont vendus par une agence immobilière avec des contrats de location-vente. Il y a, dans ce cas, valorisation du nouvel espace foncier selon un modèle conforme au projet urbain étatique.

Une autre forme de valorisation des terrains de compensation est observable au nord des Deux-Plateaux. Les parcelles du lotissement sont louées à des populations déguerpies de différents secteurs proches (Gobelé-Washington), qui ont construit des habitations précaires. Il y a ici valorisation du nouveau patrimoine foncier (légal) selon un modèle en marge de la légalité ; cependant, les cas de location de parcelles restent très rares.

Ainsi la lutte pour la recomposition d'une nouvelle propriété se déroule-t-elle à la fois sur le plan légal et en marge de la légalité ; par contre, lorsqu'il s'agit de préserver l'entité villageoise, lieu du pouvoir coutumier, les directives du projet urbain étatique sont parfaitement suivies. Le lotissement des villages et de leur périmètre d'extension est demandé selon une procédure tout à fait réglementaire, comme le prouve une demande de lotissement rédigée par les villageois d'Akouédo-Akyé en 1967, et adressée au ministère de la Construction.

« Dans le cadre de la politique de notre gouvernement de voir disparaître les taudis dans le pays, les habitants du village d'Akouédo-Attié (5) ont l'honneur de venir très respectueusement solliciter de votre haute bienveillance l'autorisation de faire procéder au lotissement de leur village afin de pouvoir se construire des habitations décentes. Les villageois sont prêts à assurer les frais d'application du lotissement... (6) »

Le recomposition d'un nouvel espace est la source de nombreux conflits. La communauté autochtone ébrié entend contrôler ce type d'urbanisation et ne pas se laisser déposséder sans contrepartie, aussi bien par les non-autochtones que par les pouvoirs publics. Les procédures d'immatriculation au nom de l'État sont très longues, car à cette occasion les droits sur le sol des propriétaires sont âprement défendus ; ceux-ci bloquent la procédure d'immatriculation si les compensations sont jugées insuffisantes. Les termes du compromis de 1970 sont l'objet de surenchères selon les rapports de force, et la maîtrise du sol, qui devait résulter de l'important dispositif (réglementation et organismes) mis en place, procède beaucoup plus d'un compromis toujours rediscuté. Les forces de l'ordre sont souvent mobilisées dans les cas de conflits fonciers. Le retard dans le cadastrage de la ville d'Abidjan, ou la lenteur de sa progression, serait en partie dû à l'opposition des propriétaires coutumiers empêchant les géomètres de l'administration de procéder aux levés topographiques.

Pour lotir, les Ébrié se sont parfois associés aux Akyé afin d'assurer une meilleure cohérence entre plusieurs lotissements, mais avec l'augmentation importante des ventes, les Ébrié reprochèrent très vite aux « étrangers » d'aliéner les terres qu'ils avaient obtenues gratuitement. La notion de gratuité est cependant, dans bien des cas, relative. Les Akyé avaient rempli un certain nombre de conditions, et le « prix de boisson » demandé à d'autres communautés qui avaient sollicité un droit d'installation pouvait être assez élevé. Quoi qu'il en soit, lorsque des terres sont loties par un « étranger », la communauté villageoise réclame une partie des lots. Avec les Akyé, ne pouvant ignorer l'accord de 1952, les Ébrié réclament un tiers des lots à chaque nouveau lotissement achevé ; en cas de refus, le tribunal coutumier peut être convoqué, mais les Akyé, qui ne peuvent attester qu'en paroles le « prix » payé pour les terres, et qui n'ont pas su ou qui n'ont pas pu légaliser l'accord de 1952, sont toujours perdants.

Lorsqu'un terroir fait l'objet d'une double revendication coutumière au moment de la procédure appelée « purge des droits cou-

---

(5) Akyé selon la terminologie actuelle.
(6) Source : archives DCU.

tumiers », l'autorité étatique compétente a tendance à ne considérer que les Ébrié comme interlocuteurs. C'est ainsi que les seuls villageois consultés pour la question de l'indemnisation des terres du plateau du Banco, en 1970, furent les Ébrié de Yopougon-Kouté. Les Akyé, considérés comme simples détenteurs d'un droit d'usage, furent seulement, au départ, indemnisés pour la perte des cultures. Puis de nombreuses négociations eurent lieu, avec l'arbitrage du préfet d'Abidjan, qui aboutirent à un compromis : les avantages (lots de compensation, indemnités forfaitaires) concernant les terroirs akyé furent également partagés entre les deux communautés. Cette pratique, consistant à ne considérer qu'un seul interlocuteur, permet à l'État de limiter les conflits, toujours latents lorsqu'il s'agit de l'appropriation des terres, et aussi les surenchères à propos des indemnités qui ne manqueraient pas de se produire avec des interlocuteurs multiples. De plus, l'État traite avec la collectivité villageoise et non avec des propriétaires particuliers (les terres sont une propriété coutumière et relèvent d'une collectivité), ce qui lui permet d'éviter des conflits avec certains membres de la communauté (clans et individus) et d'esquiver le problème des indemnités, car, dans la pratique, de partage en partage, des villageois en arrivent à céder des hectares pour presque rien. Du coup, l'État n'est plus responsable des arrangements, des insuffisances, des détournements et des abus. Faute de maîtriser vraiment la situation, il délocalise ainsi les conflits fonciers en les situant entre communautés villageoises ou à l'intérieur d'une même communauté (7).

Lorsque les terrains faisant l'objet d'une appropriation publique sont déjà lotis, vendus et construits par de nouveaux attributaires, acquéreurs des parcelles, ces derniers sont souvent les grands perdants. L'État ne traite en effet qu'avec les détenteurs autochtones du sol. Le processus de lotissement-vente-construction relevant du domaine de l'illégalité, les « nouveaux propriétaires » ne sont pas pris en compte. A Avocatier, quartier situé au nord d'Abobo-Gare, le lotissement et la vente des lots ont été organisés par la communauté akyé. Propriétaires terriens et acquéreurs de parcelle engagèrent une véritable course avec les pouvoirs publics à partir de 1975, année où un projet de restructuration du quartier fut annoncé. Les premiers parièrent sur une auto-indemnisation intéressante (le prix des lots de 20 × 20 m passe de 100 000 FCFA en 1969 à 350 000 FCFA en 1976, 500 000 FCFA en 1979 et un

(7) L. Bourgeois et A. Dubresson, Pratiques foncières et production des espaces industriels à Abidjan, in *Espaces disputés en Afrique noire*, p. 89 à 98, Karthala, 1986.

million de FCFA en 1980), les seconds sur une légalisation *a posteriori* du quartier et des constructions. Aussi ces derniers construisirent-ils rapidement des bâtis de très bonne tenue, en parpaing de ciment, qui respectaient les alignements du lotissement. Des réunions eurent lieu très tôt, entre les nouveaux propriétaires, pour défendre le quartier mais, jusqu'en 1979, les propriétaires terriens furent à la tête du mouvement de défense. A la suite de réunions à la SETU, maître d'ouvrage de l'opération, il semble qu'un accord d'indemnisation ait été conclu entre les autorités et les propriétaires terriens, qui devinrent alors très discrets dans la défense du quartier, finalement détruit en février-mars 1980. Près de 1 000 logements achevés et 800 en construction furent rasés, sans indemnisation des nouveaux attributaires (8). Les rapports intermédiaires du projet de restructuration notent qu'entre la SETU et les propriétaires terriens un accord sur les indemnisations avait été scellé. Il portait sur un lot de compensation (lot de 400 m^2 non équipé) et 200 000 FCFA par hectare de terrain pris aux propriétaires. En 1980, après la démolition du quartier, plus de la moitié de la somme dégagée sur le BSIE pour le réaménagement d'Avocatier fut consacrée à payer les indemnisations, les enchères ayant monté entre-temps ; on était ainsi passé à deux lots de compensation viabilisés et 300 000 FCFA par hectare de terrain pris. Dans ce cas, et dans bien d'autres, il y a donc une double indemnisation pour les propriétaires coutumiers : une auto-indemnisation extralégale, obtenue des nouveaux attributaires, et que les pouvoirs publics ignorent, et une indemnisation s'intégrant dans la procédure officielle de « purge » des droits coutumiers, concernant des terres agricoles et non des terrains urbains.

Pour les propriétaires terriens, que les stratégies soient au départ nettement spéculatives ou plus communautaires, l'objectif est de lutter contre la dépossession d'un patrimoine ; il s'agit de transformer une rente agricole en une rente urbaine, et si possible sur le terrain légal de l'urbanisation. Cette stratégie passe par la recherche d'indemnisations les plus élevées possible, obtenues à la fois sur un plan légal et en marge de la légalité : terrains de compensation et indemnités en argent sont des moyens d'assurer une rente locative. Une fois les parcelles achetées et construites par des non-autochtones, si aucun conflit ne survient, la perception de la rente locative procurée par la construction des logements est entièrement appropriée par l'acquéreur de la parcelle. Les autochtones revendiquent leur propriété en cas d'immatriculation au nom de l'État ou dans la phase où un non-

(8) Sur ce point, voir les développements de Ph. CAZAMAJOR et Ph. HAERINGER, *op. cit.*

autochtone transforme un terrain agricole en terrain constructible ; une partie de la plus-value ainsi réalisée est transférée aux autochtones. Ceux-ci suivent donc de très près toute transformation entraînant une modification de la valeur marchande du sol.

En dehors de l'initiative des propriétaires coutumiers, des quartiers ou campements ont été développés dans les interstices du tissu urbain sous l'impulsion du premier occupant. Ils ne demandent pas d'investissement de départ, ils ne sont pas lotis, les parcelles sont cédées gratuitement ou vendues par le premier occupant, ou par la communauté villageoise revendiquant la propriété coutumière du sol, au fur et à mesure de la demande. La stratégie des occupants, souvent sous la conduite d'un « chef de quartier », essentiellement orientée vers la reconnaissance du campement par l'État, est à rapprocher de celle des candidats aux terrains à bâtir.

2. L'enjeu foncier des candidats aux terrains à bâtir : la perception d'une rente urbaine

La répartition des statuts d'occupation montre, à l'échelle de la ville, une très faible proportion, relativement constante dans le temps, de ménages propriétaires. L'enquête budget-consommation de 1979 estime à 16 % la catégorie des propriétaires, et l'enquête de l'US-AID de 1985 estime à 15,6 % le pourcentage de ménages percevant des revenus locatifs. Toujours selon cette enquête, les résidents de l'habitat de standing comptent le plus fort pourcentage de ménages percevant des revenus locatifs (9), ce qui confirme les conclusions des chapitres précédents ; viennent ensuite les résidents de l'habitat de cour. C'est dans les logements de sociétés immobilières que l'on trouve le plus faible pourcentage de ménages percevant des revenus locatifs. Pour les anciens locataires des cours communes, l'accession à une attribution de logement en société immobilière est, comme le prouvent certaines pratiques, synonyme d'accession à la propriété, mais les possibilités de construire et de louer sur les parcelles sont plus réduites (et théoriquement interdites dans les cas de location simple).

C'est à Treichville que la catégorie des chefs de ménage percevant des revenus locatifs est la mieux représentée : les premiers

---

(9) Le dépouillement de l'enquête US-AID n'a pas traité certaines données contenues dans le questionnaire, comme la localisation et le type des constructions procurant des revenus locatifs (Abidjan ou autre ville et type d'habitat).

Abidjanais ont eu plus de facilités pour accéder à de nouvelles parcelles, et l'ancienneté de la perception des revenus locatifs leur a permis de dégager les moyens nécessaires à la construction des logements sur de nouvelles parcelles.

Tabeau 49

Pourcentage par commune de ménages recevant un revenu locatif

Communes	% de ménages avec un revenu locatif
Port-Bouët	15 %
Koumassi	15 %
Marcory	18 %
Treichville	26 %
Adjamé	15 %
Attécoubé	13 %
Plateau	14 %
Cocody	19 %
Abobo	16 %
Yopougon	10 %
Abidjan	15,6 %

Lotissements administratifs, plates-formes d'accueil, lotissements privés, terrains dits inconstructibles ou laissés libres dans le tissu urbain sont autant de bases d'investissement pour les épargnes des ménages et permettent d'obtenir une rémunération rapide, pouvant être définitive ou plus ou moins aléatoire selon le processus d'accès au sol. L'objectif est d'assurer la production de revenus et la pérennité de ceux-ci. Pour l'atteindre, les pratiques « autour de la légalité » du projet urbain étatique sont nombreuses. En effet, la possibilité de percevoir des revenus locatifs ne s'appuie pas nécessairement sur le droit foncier écrit, qui, théoriquement, permet seul d'accéder au titre de propriétaire, avec tous les droits qui s'y attachent (droit d'usus et d'abusus). Les acquéreurs de parcelle ne sont donc pas tous des propriétaires, bien que, par leurs pratiques, ils se comportent comme tels.

La procédure de l'immatriculation, qui aboutit à l'obtention d'un titre foncier, n'est possible que pour les lotissements administratifs. C'est une procédure longue, compliquée et coûteuse : constitution d'un dossier technique et arrêté de concession provisoire, obtention d'un permis de construire, constat de mise en valeur qui donne accès à l'arrêté de concession définitive et au titre foncier. Ces différentes étapes nécessitent de nombreuses démarches, le passage dans plusieurs bureaux (autrefois dispersés dans la ville, aujourd'hui plus rassemblés avec la construction de tours administratives), et parfois des moyens pour faire avancer les dossiers : toute une initiation que ne possèdent pas les petits attributaires, ou à laquelle il est difficile d'accéder sans « connaissances ». Les étapes intermédiaires qui permettent d'obtenir la concession définitive et le titre foncier ne donnent pas accès aux droits attachés au titre de propriétaire. Ainsi, accéder à une parcelle sur un lotissement administratif ne signifie pas pour autant respecter tous les termes de la légalité.

Il semble que la plus grande partie des attributaires de parcelles dans les lotissements légaux de la ville des cours ne disposent pas de titres fonciers, alors que l'acquisition de ceux-ci est possible et juridiquement obligatoire. Peu de dossiers fonciers ont été à ce jour réalisés, ce qui témoigne des retards de la procédure d'immatriculation. Les opérations de restructuration ont cependant permis de constituer des dossiers sur les secteurs concernés, dont trois sur quatre étaient situés sur des lotissements administratifs. Mais le nombre de propriétaires ayant amorcé la procédure d'immatriculation demeure très faible dans les quartiers centraux ; il est pratiquement nul dans le quartier périphérique d'Abobo-Gare (10).

Tableau 50

Degré d'avancement de la procédure d'immatriculation sur trois lotissements administratifs

Secteurs restructurés	Nombre total de parcelles	Arrêté de concession provisoire	Arrêté de concession définitive (TF)
Abobo	1 352	12	1
Adjamé-Nord	595	17	113
Bromakoté	580	66	6

(10) RCI/MTPTCU/MEFP/SETU, Dossiers fonciers des opérations de restructuration, état actuel des droits existants (1978).

Sur les lotissements publics, la majorité des attributaires se contente donc d'une simple lettre d'attribution, considérée comme garante de la sécurité foncière. La concession provisoire est nécessaire pour obtenir une hypothèque, mais la plupart des cours sont construites au fur et à mesure des disponibilités financières de l'attributaire ; 5 % seulement des constructeurs ont eu recours au crédit bancaire, selon l'enquête de 1977 des perspectives décennales d'Abidjan. Les permis de construire ne sont pas toujours demandés, et, s'ils le sont, les plans déposés ne sont pas toujours suivis. La procédure d'immatriculation est longue et coûteuse. Qu'apporte-t-elle ? Dans la production continue de terrains urbains, l'État n'a ni les moyens ni le personnel nécessaire pour suivre l'ensemble des parcelles ; aussi, en rester à la simple lettre d'attribution n'empêche ni de construire, ni de louer, ni de vendre, ni même d'être indemnisé lors d'un déguerpissement. Souvent, la lettre d'attribution a été prise en considération pour l'indemnisation. Il semble ainsi, au moins pour la majorité des petits propriétaires, que la garantie d'usage du sol soit plus importante que sa pleine propriété. C'est aussi la recherche d'une légalité simplifiée qui intègre en partie le projet urbain étatique. Les moyens pour le mettre en œuvre totalement ne sont pas réunis, et l'utilité de la procédure complète reste à démontrer pour de nombreux attributaires.

Les plates-formes d'accueil n'offrent le plus souvent qu'un simple droit d'usage octroyé par l'administration. Une lettre d'attribution provisoire ne permet pas d'engager la procédure d'immatriculation ; la vente de la parcelle, mais aussi la construction en dur dans certains cas, n'est pas autorisée. Cette légalité définie comme temporaire par l'administration est interprétée par les attributaires des parcelles comme un accès à la terre urbaine selon un processus légal. Les attributaires anticipent ainsi une autre étape de la légalité, en construisant en parpaing de ciment, ou en revendiquant le droit à une autre parcelle dans le cas d'un nouveau déguerpissement. Cette situation provisoire n'empêche pas non plus les ventes de parcelle. On revend ainsi peut-être plus un droit d'attribution qu'une parcelle de terre urbaine. Les attributaires de Port-Bouët I (Port-Bouët-Vridi) sont passés du quartier illégal et précaire au lotissement de recasement légal, mais provisoire, à Port-Bouët II (Yopougon), puis du recasement provisoire à l'immatriculation.

Pourtant, les directives de la lettre d'attribution provisoire avaient été peu suivies ; en 1978, 75 % des parcelles étaient entièrement construites en parpaing de ciment et seulement 19,6 % en planche (le reste des parcelles étant vide ; 16 % des parcelles avaient fait l'objet d'une transaction foncière).

Les lotissements privés ou les constructions sur terrains non lotis ne donnent lieu à aucun document émanant de l'administration ; entre le vendeur et l'acheteur est cependant signé un acte de vente en présence de deux témoins (acte sous seing privé), qui n'a aucune valeur officielle, puisqu'il s'agit d'un processus illégal d'accès au sol urbain. Mais, pour les candidats aux terrains à bâtir, il s'agit de se prémunir à la fois contre le vendeur et contre l'administration. Contre le vendeur, car les ventes de parcelles sur les lotissements privés donnent lieu à de nombreux conflits fonciers : des terrains sont vendus deux fois, notamment si l'attributaire ne se dépêche pas de construire ; l'acte de vente en présence de deux témoins constitue donc une garantie « coutumière ». Contre l'administration, car l'acte de vente est la preuve que l'on est bien l'attributaire et le constructeur des logements, en cas d'une possible restructuration-légalisation ; c'est une lettre d'attribution anticipée qu'il s'agit de faire régulariser afin d'assurer la pérennité des revenus locatifs.

Les attributaires de ce type de parcelle ont donc pour objectif de prévenir et de faciliter une légalisation *a posteriori* : ils parient sur la qualité de l'implantation et des constructions. En majorité, les espaces construits qui naissent, en dehors de l'action étatique, à la périphérie urbaine, sont organisés sur le modèle du lotissement public et sont édifiés, le plus souvent, en parpaing de ciment. C'est peut-être beaucoup plus en réponse à la demande que les propriétaires terriens font lotir leurs plantations avant de vendre les parcelles. Dans une première étape, les attributaires tablent sur une période assez longue, qui permet de construire et de louer, et au moins de rentabiliser les investissements réalisés sur la parcelle par la perception des revenus locatifs. La deuxième étape est la reconnaissance par l'État, qui lève la menace de déguerpissement et assure des revenus locatifs à long terme. C'est un pari d'importance, car les fonds investis ne sont pas négligeables ; il n'est pas nécessairement gagné, comme le montre l'exemple précédemment évoqué d'Avocatier.

D'autres quartiers développés illégalement sont cependant sur le chemin de la légalité. « Derrière-Rails », important quartier illégal d'Abobo-Gare, constitué de plusieurs lotissements privés et construit par les acheteurs de parcelle, est aujourd'hui en voie de légalisation par la réalisation d'un lotissement administratif laissant en place la majeure partie de l'habitat existant. Le quartier du Km 18, au nord d'Abobo, est au cœur d'un projet de régularisation-restructuration entrepris par la mairie d'Abobo. Si l'on compte qu'il faut en moyenne quatre ou cinq ans pour amortir une construction, les attributaires de ces quartiers ont déjà gagné la première étape du pari, ainsi que la deuxième pour la majorité des attributaires du quartier « Derrière-Rails », qui a pris le nom de Sagbé en entrant dans la légalité. L'acte de vente sous seing privé, juridiquement non reconnu, fournit alors la preuve de la « propriété » de la parcelle, et il est remplacé par une lettre d'attribution après un paiement équivalent aux frais de bornage.

Lorsque les quartiers ont été développés en dehors de tout lotissement, leur légalisation est plus problématique. Jusqu'à présent, selon l'importance démographique et le rôle des chefs de quartier plus ou moins « débrouillards » et bien introduits auprès de l'administration, un rapport de force favorable pouvait s'établir entre les occupants et les autorités, afin de maintenir le plus longtemps possible une situation précaire ou d'attendre le relogement sur une trame d'accueil en cas de démolition. Depuis 1980, avec la mise en place des municipalités, les attributaires pensent avoir trouvé le moyen de légaliser leur situation. Les communes sont responsables des quartiers existants, ce qui impose la nécessité de se procurer des ressources. Certaines municipalités, où sont implantés des secteurs d'habitat illégaux, ont institué une taxe foncière pour occupation du domaine public (dans certains cas mensuelle, alors que pour d'autres la périodicité ne semble pas définie). Le sens donné à la perception de cette taxe n'est pas sans présenter une certaine ambiguïté. Prenons l'exemple du quartier de Vridi III (Zimbabwé), dans la commune de Port-Bouët. Si l'on considère l'attestation d'occupation provisoire du domaine public remise aux attributaires des parcelles, il n'y a pas d'ambiguïté. Il y est stipulé que l'occupant « déclare occuper une parcelle à titre essentiellement précaire et révocable sans autorisation administrative », qu'il « reconnaît que la présente attestation ne donne droit à aucun titre de propriété », et qu'il « s'engage à évacuer les lieux sans prétendre à un quelconque dédommagement pour expropriation dès que les besoins des autorités administratives ou communales l'exigeront ». Les termes de cette lettre sont donc très clairs : les autorités communales se réfèrent à la stricte légalité quant à l'accès au sol urbain.

Mais les discours des autorités communales tenus lors des visites du quartier sont beaucoup moins clairs, et laissent entendre qu'une autre solution (vite interprétée comme « une autre parcelle » par les occupants) sera trouvée en cas de déguerpissement, sans l'affirmer vraiment ; des autorisations comme celle de la construction d'une école primaire en parpaing de ciment, financée par les habitants, sont appréhendées comme un signe de sécurité foncière pour le quartier. En revanche, le lotissement d'un agrégat de baraques n'est pas toujours perçu comme une progression de la sécurité foncière. Dans les *poto poto* des quartiers centraux construits en bois, les habitants redoutent le lotissement, qui engendre la destruction de la plupart de leurs habitations. La sécurité est plutôt recherchée dans l'obtention d'un « document officiel », assimilé à une reconnaissance par la mairie, et qui est supposé donner accès à une plate-forme d'accueil sur un autre site.

Dans plusieurs communes, des terrains destinés à d'autres usages sur les plans d'urbanisme sont affectés, toujours provisoirement, par les mairies, au relogement des attributaires de quartiers non lotis ; certains sont construits par les habitants en parpaing de ciment. D'autres, comme le lotissement provisoire Adou-Saint-Omer, à Koumassi, (environ 20 000 habitants), portent toujours des baraques en bois sur un terrain SETU déjà loti (habitat de standing) et attribué à des particuliers, l'autorisation d'occupation devant expirer en juillet 1984. Ainsi sont créées des situations qui associent droit écrit et « droit parlé », ce dernier primant actuellement, dans un contexte de crise économique et de pénurie de logements, bien que les autorités se réservent toujours la possibilité d'un retour au droit écrit, c'est-à-dire à l'application stricte des termes de l'autorisation d'occupation. Le décalage entre droit écrit et « droit parlé », sur lequel jouent les municipalités, a une fonction économique et politique. Économiquement, les quartiers constituent une base d'augmentation des ressources municipales, d'autant plus faciles à percevoir dans ce cas que les attributaires cherchent une solution à leur situation foncière précaire ; politiquement, les occupants sont des électeurs potentiels sur lesquels les membres du conseil municipal, élus au suffrage universel, peuvent s'appuyer.

Cette reconnaissance de la part des autorités municipales, pour le moins intéressée, peut être source de conflits entre la population et les municipalités plus qu'entre le pouvoir central et les populations : les municipalités protègent en quelque sorte le pouvoir d'État des tensions engendrées par la question de l'habitat. Que se passera-t-il, en cas de déguerpissement, si les attributaires des îlots non lotis et ceux des plates-formes loties provisoirement par les mairies revendiquent ce qu'ils pensent être leur droit (une parcelle de terre urbaine), ce qui suppose l'existence de surfaces que l'on ne trouvera pas obligatoirement sur le territoire communal initial ? L'attestation d'occupation provisoire payée par les habitants est en fait, pour la mairie, un signal destiné au pouvoir central, mais à terme elle peut être aussi utilisée par celui-ci pour légitimer ses actions de déguerpissement, puisqu'il est le seul décideur de l'extension de la ville et de la programmation des lotissements. Les habitants demanderont alors des comptes aux élus municipaux, auxquels ils ont versé des taxes, et qui tiennent finalement un double discours à moins qu'ils n'aient voulu instaurer de nouvelles règles du jeu.

Les attributaires de parcelles ne constituent pas un groupe homogène. Selon les *Perspectives décennales*, la grande majorité des propriétaires ne possède qu'une parcelle (85 % des propriétaires), et sont donc en fait de petits propriétaires. Le degré de concentration de la propriété foncière serait assez faible, les attributaires cherchant à augmenter leurs revenus par la multiplication des portes sur une même parcelle, sans considération des conditions de vie de la population locataire.

Il existe cependant dans la ville des cours une catégorie de propriétaires dont les biens fonciers et immobiliers sont supérieurs à une seule parcelle, bien que l'on ne puisse pas vraiment en évaluer l'importance. Il est difficile d'établir le profil des propriétaires non résidents (50 à 60 % des propriétaires selon les différentes sources) : quelle est la part, parmi ces derniers, de ceux qui sont guidés par un but spéculatif, « concessionnaires » en activité secondaire et intégrés dans le système moderne de production en activité principale, confiant la gestion de leurs cours, comprenant souvent un immeuble à étages, à des agences immobilières dont l'importance s'est accrue, ces dernières années, dans la ville des cours ? Pour ces attributaires, il s'agit plus nettement d'une stratégie d'accumulation que d'une stratégie axée sur la production d'un revenu.

Pour ceux qui ont accédé illégalement à la terre, la possession de plusieurs parcelles demeure très aléatoire. A certaines périodes et sur une durée assez longue, des attributaires ont pu se constituer, sur les lotissements « parallèles » et dans les grands quartiers non lotis (Port-Bouët I, Marcory et Koumassi-Poto-Poto), des rentes locatives importantes en multipliant les portes, le plus souvent des entrées-couchers. Le développement de l'urbanisation officielle a souvent réduit à néant ces rentes locatives provenant d'un patrimoine immobilier construit en matériaux précaires, mais aussi en parpaing de ciment. Selon les cas et les possibilités de l'attributaire, ce dernier pouvait réinvestir en reprenant le processus d'accès au sol à un point de départ (nouvel « achat » d'une parcelle et construction de nouveaux logements) ou à partir d'une plate-forme d'accueil, ou bien il ne pouvait que redevenir locataire.

Certains attributaires de parcelles des lotissements administratifs sont devenus, par des itinéraires différents, des « concessionnaires », c'est-à-dire des propriétaires de plusieurs parcelles construites, et une partie importante de leur activité consiste à percevoir l'argent des loyers. Ils ont souvent mené à terme le processus d'immatriculation : le titre foncier garantit les investissements, et il est souvent plus facile à obtenir par une insertion ancienne dans la ville et des connaissances nombreuses. Ainsi de ce propriétaire dont le père était militaire et avait obtenu, à l'époque coloniale, une parcelle dans le quartier Adjamé-Cocody. Avec l'aide financière de son père et des connaissances dans le milieu libanais qui lui ont permis de faire avaliser des crédits, il s'est lancé dans l'activité de transport, avec des taxis d'abord (il acquiert cinq taxis de 1960 à 1965), puis avec des cars de voyageurs (il achète quatre cars de 1970 à 1977). L'argent ainsi gagné a été réinvesti, à partir de 1972, dans l'immobilier. Quatre terrains nus ont été acquis, deux à Williamsville et deux à Attécoubé. Il s'agit de terrains sur des lotissements légaux, achetés soit à des Ébrié sur des lotissements de compensation, soit à des attributaires qui n'avaient pas les moyens de construire. Sur les quatre cours, toutes construites en parpaing de ciment, trois possèdent des étages ; toutes les parcelles sont titrées et elles sont occupées par quarante locataires. Excepté la dernière cour, qui a été construite avec un crédit bancaire, les autres ont été édifiées progressivement. L'activité de transport ne fait plus l'objet d'investissements importants, mais elle est cependant maintenue avec deux taxis et trois cars de voyageurs. La famille du propriétaire est répartie dans trois concessions différentes, ce qui permet ainsi de les contrôler et de joindre facilement le propriétaire en cas de difficulté.

Si ces propriétaires réalisent leurs investissements en majorité dans l'habitat de cour, ils peuvent aussi posséder une parcelle dans la ville du projet urbain, villa ou logement d'une société immobilière, destinée aux enfants dans l'avenir mais mise en location dans l'immédiat ou servant à loger une partie de la famille, alors qu'eux-mêmes vivent le plus souvent dans l'une de leurs cours, où un appartement leur est réservé. Il s'agit alors non pas d'engager une stratégie d'accumulation, mais plutôt d'acquérir une position sociale élevée en référence au projet urbain étatique.

En quoi le profil des attributaires de parcelle se distingue-t-il de celui des locataires ?

Le statut n'est pas toujours lié à la nationalité. Dans l'habitat de cour légal existe une assez forte minorité d'attributaires africains non ivoiriens, et, dans l'habitat illégal, ils représentent près de la moitié des effectifs (11).

---

(11) Source : *Perspectives décennales d'Abidjan*, 1977, *op. cit.*

Tableau 51

Pourcentage d'Africains non ivoiriens chez les propriétaires de l'habitat de cours

	Habitat légal		Habitat illégal
	Strate C	Strate D	Strate E
Total Ivoiriens	69,3 %	77,3 %	51,5 %
Total étrangers	30,7 %	22,1 %	48,3 %
Indéterminé	—	0,6 %	0,2 %

La nationalité des attributaires est souvent dépendante de l'histoire du quartier. Il semble que, dans les quartiers créés en marge de la légalité, même légalisés ultérieurement par l'administration, le pourcentage de non-Ivoiriens soit relativement important. A Bromakoté, ancien quartier juridiquement illégal restructuré par l'administration après 1960, une enquête par sondage (1978) dénombre 68 % de propriétaires non ivoiriens ; par contre, le quartier d'Adjamé-Liberté et Fraternité, partiellement restructuré au sud et loti sur terrain nu au nord, ne compte que 42 % de propriétaires étrangers (12) ; le plateau d'Attécoubé (non compris le village ébrié), loti sur terrain nu, comptait en 1984 15 % de propriétaires non ivoiriens (13).

Dans les secteurs non lotis, comme le quartier de Bolibana, en bordure de lagune au pied du plateau d'Attécoubé, ou Vridi-Canal au sud de l'agglomération, la majorité des propriétaires est constituée d'étrangers. Sur les plates-formes d'accueil loties pour réinstaller les populations déguerpies des quartiers centraux, le pourcentage de propriétaires étrangers est souvent très important : 59 % des propriétaires de Port-Bouët II, à Yopougon, n'étaient pas ivoiriens en 1983 ; la prédominance des étrangers s'est maintenue du quartier non loti de Port-Bouët I (Port-Bouët-Vridi) à celui résultant du transfert sur une trame d'accueil à Port-Bouët II.

L'enquête démographique à passages répétés (14) indique que le poids des étrangers est plus fort dans le sud de l'agglomération, ce qui est sans doute également vrai pour les propriétaires.

---

(12) RCI/SETU/BNETD/BCEOM : *Opération de restructuration : Abobo-Adjamé Pelieuville : l'habitat et les quartiers*, janvier 1978.

(13) RCI/MTPCUPT/SETU : *Attécoubé, enquête socio-économique*, novembre 1984.

(14) Ph. Antoine, Cl. Herry, 1982, *op. cit.*

Les principaux lotissements administratifs réalisés avant 1960 étaient plus accessibles aux non-Ivoiriens. A partir de 1960, priorité fut donnée aux Ivoiriens pour l'accession aux parcelles constructibles des lotissements DUA et DUH. Cependant, lors de la constitution de plates-formes d'accueil, les Africains non ivoiriens semblent avoir bénéficié d'attribution de parcelles au même titre que les Ivoiriens, comme le prouve l'exemple de Port-Bouët II. Le prix de vente des parcelles influe sur la proportion des propriétaires étrangers. Sur le marché libre des terrains, les parcelles dont les prix sont les plus faibles (secteurs non lotis des interstices du tissu urbain) sont acquises par des étrangers, lesquels ont un pouvoir d'achat moins élevé que celui des Ivoiriens.

La diminution relative du nombre des étrangers dans l'agglomération est-elle accompagnée d'une vente de leurs terrains à des Ivoiriens ? Très peu d'éléments permettent de répondre précisément à cette question. Les résultats d'une enquête sur les propriétaires, menée lors des opérations de restructuration du quartier de Port-Bouët II, permet toutefois de discerner des comportements. Cette enquête, réalisée en 1983 (15), montre que 23 % des parcelles avaient alors fait l'objet de transactions foncières (illégales), la majorité de celles-ci ayant été réalisées avant 1978 (16). Les ventes ont lieu de gré à gré, entre particuliers, en présence de deux témoins, et elles ne sont pas enregistrées par le Domaine urbain. Le retour au pays, à l'âge de la retraite, est le plus souvent avancé comme motif de vente de la parcelle. La majorité des transactions est effectuée par des étrangers et se réalise entre étrangers. Sur l'ensemble du quartier, la propriété foncière reste stable, car la plupart des propriétaires de Port-Bouët I se retrouvent à Port-Bouët II, et les étrangers restent majoritaires ; sur le total des ventes réalisées (soit 23 % des parcelles), il existe une forte pression de la population non ivoirienne pour accéder à la terre urbaine et un système de relations privilégiées s'établit entre étrangers. Accéder à la terre urbaine ou conserver la parcelle acquise est un moyen d'insertion dans la ville, d'autant plus que le quartier est en voie de légalisation.

Il n'existe pas, à notre connaissance, de données globales quant à l'ethnie des propriétaires pour l'ensemble de l'agglomération abidjanaise. Aussi utiliserons-nous quelques études monographiques.

---

(15) L'enquête porte sur 536 parcelles, le lotissements de Port-Bouët II comprenant environ 1 450 lots.

(16) A. Manou-Savina, Modalité d'accession à la terre urbaine à la périphérie d'Abidjan. Port-Bouët II, pari gagné ?, in *Espaces disputés en Afrique noire*, 1986, p. 51 à 71, *op. cit.*

L'appropriation progressive par l'État du patrimoine foncier autochtone et la pratique des lotissements parallèles ont concouru à la diversification des origines des attributaires de parcelles urbaines. Les Ébrié possèdent cependant un patrimoine de parcelles urbaines non négligeable. Les villages ébrié intégrés dans le périmètre urbain ont des parcelles de grandes dimensions (800 à 1 000 m^2 au lieu de 400 ou 500 m^2 le plus souvent dans les lotissements évolutifs), ce qui permet de construire et d'avoir de nombreux locataires. Les périmètres d'extension des villages, les terrains de compensation obtenus lors des indemnisations par l'État, les parcelles appropriées lors de la création des lotissements parallèles, sont autant de possibilités permettant de percevoir des revenus locatifs.

Une étude socio-économique sur Treichville, effectuée en 1975 par le BNETD (17), dénombre, pour les propriétaires résidents (soit sur 56 % des concessions), 26,7 % d'étrangers, parmi lesquels les Burkinabè et les Maliens sont majoritaires et en proportion égale (6 %), suivis par les Sénégalais en proportion légèrement inférieure. Parmi les Ivoiriens (73,3 %), les Dioula sont majoritaires, avec 12 % des propriétaires, suivis des Agni (9 %), des Baoulé (8 %) et des Appolo (8 %). Mais, selon une répartition par grands groupes, les Akan sont les plus nombreux, avec plus de 46 % de l'effectif ivoirien, le groupe krou ne représente que 6 % des propriétaires ivoiriens et le groupe voltaïque 3 %.

Une enquête de 1978 (18) portant sur le secteur évolutif de Marcory, situé entre le boulevard du Gabon et le boulevard du Cameroun, donne pour les propriétaires résidents (57 % des propriétaires) une majorité pour le groupe akan (80 %), parmi lequel les Baoulé sont les mieux représentés, suivis des Agni et des Appolo.

A Abobo-Gare, quartier périphérique récent, dans le secteur de la gendarmerie étudié par P. Destouches, il y avait en 1975 une dominante du groupe mandé, avec des Malinké majoritaires chez les Ivoiriens mais aussi chez les étrangers, suivi du groupe akan avec les Baoulé et les Akyé. Est-ce à dire que le groupe dont le poids relatif est le plus important parmi la population abidjanaise a aussi la plus forte emprise foncière, en particulier dans la ville des cours ? C'est une hypothèse forte, mais qui reste à démontrer.

L'âge des attributaires est assez homogène selon les différen-

---

(17) RCI/MCU/DVA/BNETD : *Treichville, rapport d'enquête socio-économique*, mai 1975, 39 pages ronéo.

(18) MCU/DCET : *Marcory, aménagement d'une zone d'habitat existante de 27 ha à Marcory*, rapport de synthèse, Abidjan, juillet 1978, 40 pages ronéo.

tes monographies ; en majeure partie, il s'agit d'une population de plus de quarante ans, plus âgée que celle des locataires. La moyenne d'âge est à mettre en relation avec la nécessité, pour accéder à une parcelle, de disposer d'une épargne et d'avoir un emploi depuis suffisamment de temps, ce qui va de pair avec une durée de séjour à Abidjan relativement longue : vingt-deux ans en moyenne pour les acheteurs des parcelles spéculatives à Yopougon, selon une enquête de 1981 (19) ; 50 % des propriétaires de Treichville sont arrivés avant 1958 à Abidjan, selon l'enquête de 1975 ; 9 propriétaires sur 14, dans le quartier aujourd'hui démoli d'Avocatier, sont arrivés à Abidjan avant 1960 (20). La situation est différente dans les secteurs réservés aux lotissements communautaires, où les parcelles ne sont pas en majorité vendues mais attribuées aux membres de la famille, « à tous les enfants, même les plus petits, même ceux qui sont encore dans le ventre de leur mère (21) ».

Les professions des attributaires de parcelle ne permettent pas de les différencier nettement des ménages locataires ; les inactifs vivant de leurs revenus locatifs sont cependant plus largement représentés chez les attributaires que chez les locataires (22).

Le tableau 52 fait apparaître que 70 % des attributaires de parcelles ont des emplois dans le secteur dit moderne, en majorité dans des entreprises privées. C'est donc une fraction très importante des chefs de ménage travaillant dans ces entreprises qui accède à la spéculation foncière et immobilière, que ce soit à partir de la filière moderne de production des lotissements équipés et des logements, ou à partir de l'attribution de parcelles sommaires sur des lotissements légaux ou non.

D'après ces données, la séparation entre emploi salarié et non salarié ne permet pas de caractériser les emplois des attributaires par rapport à ceux des locataires. Il semble que plus le prix initial des parcelles est élevé (achat sur le marché libre), plus le pourcentage de salariés est important parmi les attributaires. Par contre, dans les lotissements administratifs, compte tenu du prix très faible payé par les attributaires (frais de bornage équivalant à 10 000 FCFA pour une parcelle de 400 m^2), et dans la mesure où

(19) A. Yapi Diahou, 1981, *op. cit.*
(20) Ph. Cazamajor, 1981, *op. cit.*
(21) P. Destouches, 1975, *op. cit.*
(22) C. Grootaert, J.-L. Dubois, Comportement économique des ménages urbains de Côte-d'Ivoire en matière d'habitat, in *The Demand for Urban Housing in the Ivory Coast*, LSMS Working Papers n° 25, 1986. (Résultats tirés de l'enquête budget-consommation effectuée par la Direction de la Statistique en 1979).

Tableau 52

Catégories socioprofessionnelles par statut d'occupation

	Propriétaires	Locataires
Employés traditionnels	2,92 %	3,54 %
Patrons indépendants secteur traditionnel	15,2 %	11,38 %
Employés secteur moderne	32,05 %	42,8 %
Employés secteur public	2,31 %	5,05 %
Cadres secteur moderne privé	28,81 %	21,52 %
Cadres secteur public	3,98 %	4,14 %
Patrons indépendants secteur moderne	2,92 %	6,49 %
Agriculteurs	—	1,3 %
Inactifs ou occupation inconnue	11,81 %	3,94 %
TOTAL	100,00 %	100,00 %

Source : C. Grootaert, J.-L. Dubois, 1986.

les attributions ne se sont pas revendues sur le marché libre, les non-salariés peuvent être un peu plus nombreux, car dans ce cas joue essentiellement l'accès plus ou moins facile aux filières d'attribution.

Le revenu est la principale caractéristique permettant de distinguer la catégorie des propriétaires de celle des locataires. Les propriétaires ont des ressources plus élevées, en raison de la perception des revenus locatifs. L'accès à la terre urbaine, qu'il vise l'amélioration d'un revenu, une assurance-retraite pour l'avenir ou l'amorce d'une stratégie d'accumulation, joue un rôle important dans le processus de différenciation sociale. Des enquêtes réalisées dans différents quartiers permettent d'évaluer l'importance de la rente locative dans le revenu global des ménages propriétaires.

Les revenus locatifs perçus par les attributaires de parcelle dépendent de la localisation du quartier dans l'agglomération. Ainsi, dans les quartiers centraux où les immeubles sont nombreux, comme à Adjamé, les revenus locatifs équivalent-ils à plus de la moitié du revenu des propriétaires. Les logements à l'étage sont plus spacieux, mieux équipés que les logements au rez-de-chaussée, et sont loués plus cher. Beaucoup de logements de ce type abritent des militaires, des marins, des douaniers, qui bénéficient de baux administratifs, ce qui permettait aux propriétaires de percevoir des loyers élevés jusqu'en 1983. Depuis lors, les baux ont été réévalués et les loyers de ces logements ont, dans l'ensemble,

Tableau 53

Les revenus locatifs dans le revenu total des ménages propriétaires 5 quartiers d'Abidjan (FCFA courants, année d'enquête)

	Revenus moyens/mois (revenus locatifs exclus)	Revenus locatifs /mois	% des revenus locatifs /revenu total du ménage	Année d'enquête
Attécoubé (quartier central, cour locative en dur, statut juridique légal)	148 556	51 027	25,6 %	1984
Adjamé (quartier central, cour locative en dur, avec de nombreux étages, statut juridique légal)	139 065	167 400	54,6 %	1982
Abobo-Gare (quartier périphérique, cour locative en dur, statut juridique légal)	53 472	57 440	51,8 %	1982
Port-Bouët II (plate-forme d'accueil, en voie de régularisation)	69 884	14 222	16,9 %	1982
Port-Bouët-Vridi (quartiers illégaux, construits en bois)	59 066	67 444	53,3 %	1984

Source : A. MANOU-SAVINA, 1985.

diminué. Le quartier d'Attécoubé est aussi un quartier central, mais sa localisation sur un site collinaire le rend difficile d'accès, et sa fonction commerciale est relativement peu développée ; jusqu'en 1984, il n'existait qu'une seule route pour y pénétrer ; aussi les étages y sont-ils beaucoup moins nombreux qu'à Adjamé ou Treichville, ce qui engendre des revenus locatifs plus faibles, bien qu'équivalents à un quart du revenu.

La taille des parcelles est un élément important du montant de la rente. Ainsi dans le quartier de Port-Bouët II (Yopougon), les revenus locatifs peu élevés s'expliquent-ils par la taille des parcelles, 150 m^2, au lieu de 500 m^2 en moyenne dans les quartiers d'Abobo ou d'Adjamé. Plus la superficie de la parcelle est grande et plus les logements sont nombreux, le confort du logement et l'espace réservé à chaque ménage n'étant pas modifiés. La défense d'une taille minimum de la parcelle avec des arguments de type culturaliste (les Africains ont besoin d'espace) chez les candidats aux terrains à bâtir ne cache-t-elle pas un intérêt spéculatif d'autant plus fort qu'il y a pénurie de logements ?

L'importance de la rente locative peut encore être mesurée en considérant les impôts fonciers payés par les attributaires de parcelles dans les quartiers légaux et cadastrés. A Adjamé-Liberté et Adjamé-Fraternité, une étude des opérations de restructuration permet de comparer le montant annuel des revenus locatifs et les impôts fonciers annuels émis en 1982 (23) pour les parcelles soumises à enquête (24).

Les impôts fonciers, en moyenne, sont peu élevés ; de plus, il s'agit ici des impôts émis et non des impôts recouvrés (25). Il faut aussi tenir compte des exemptions prévues pour les impôts fonciers (elles ne touchent pas la taxe de voirie et d'assainissement) : exemption de dix ans pour l'habitation locative et de vingt ans pour l'habitation personnelle.

De surcroît, dans un quartier cadastré, toutes les parcelles ne

---

(23) Les impôts fonciers comprennent un impôt sur le foncier bâti, une taxe sur les biens de main-morte, une taxe sur le revenu net des propriétés bâties, une taxe de voirie. Ces différents impôts figurent au rôle des impositions, car leur produit est affecté aux municipalités et aux collectivités locales. La taxe d'assainissement qui est affectée au Fonds national d'assainissement figure sur un autre registre et n'est pas incluse ici. Il s'agit des impôts émis et non des impôts recouvrés.

(24) Les résultats détaillés sont donnés dans : RCI-ministère de la Construction et de l'Urbanisme-BCET : *Opérations de restructuration, impact socio-économique, suivi du PDU1. Observations 1978-1982*, mai 1983.

(25) Selon P.H. DERYCKE (*op. cit.*) : « Sur l'ensemble des communes d'Abidjan, le pourcentage de redevables qui acquittent effectivement l'impôt foncier peut être estimé à environ 44 % » ; toujours selon cette étude, 18,8 % des impôts fonciers seulement seraient recouvrés à Adjamé. Le plus faible taux de recouvrement est enregistré à Attécoubé, avec 7 %, et le taux le plus élevé à Treichville, avec 60,7 %.

Tableau 54

Importance des impôts fonciers par rapport aux revenus locatifs à Adjamé-Liberté et Fraternité (1982)

Type d'habitat	Revenus locatifs Moyenne annuelle en francs CFA	Impôts fonciers annuels en francs CFA	Impôts fonciers/ Revenus locatifs (%)
Cour commune construite en rez-de-chaussée	1 216 845	27 801	2,28
Cour commune avec un étage sur l'un des côtés de la parcelle	1 211 660	38 458	3,17
Cour commune avec deux étages sur l'un des côtés de la parcelle	4 495 500	255 814	5,69
Cour commune avec trois étages sur l'un des côtés de la parcelle	4 671 428	245 653	5,25

Source : A. MANOU-SAVINA, 1985.

figurent pas sur le rôle des impositions : dans le quartier d'Adjamé étudié, sur 595 parcelles totales, 509 sont imposées. En effet, une réserve administrative a été lotie, elle est entièrement construite, et les lots ne figurent pas sur le rôle des impositions ; il faudrait tenir compte également de quelques parcelles « rajoutées » en périphérie du lotissement. La commune d'Abobo, qui n'était pas cadastrée en 1982, n'apparaît pas sur le rôle des impositions. Le montant des impôts fonciers, cette année-là, était de 11 324 000 FCFA (26), selon le registre des impôts communaux, pour certainement plus de 5 000 parcelles ; toujours en 1982, le montant total des impôts fonciers sur le périmètre étudié d'Adjamé était de 36 409 000 FCFA (26) pour 595 parcelles ! Les attributaires de parcelles bénéficient ainsi de rentes foncières importantes, dont une très faible part est rétrocédée à la collectivité publique, mais il est vrai que les quartiers d'habitat de cour sont ceux qui ont le moins bénéficié des subventions publiques.

(26) Chiffres arrondis.

Le montant annuel des revenus locatifs, comparé au coût de construction des bâtiments sur une parcelle, permet d'évaluer la durée d'amortissement de l'investissement pour les propriétaires. D'après les évaluations déjà fournies (27), le prix de revient au m² pour la construction d'un habitat de type cour en parpaing de ciment variait, en 1982, entre 12 600 FCFA et 19 500 FCFA : nous retiendrons un prix moyen de 16 000 FCFA le m². Pour les constructions en bois, le prix de revient est beaucoup moins élevé, environ 7 900 FCFA le m² (1982). Dans l'habitat de cour, on compte en moyenne 60 % de surface construite.

Tableau 55

Durée d'amortissement du coût de construction d'une cour commune (28) (FCFA 1982)

Quartiers	Revenus locatifs moyens annuels (en FCFA)	Coût total de la construction (en FCFA) (29)	Nombre d'années d'amortissement
Port-Bouët II (parcelles 150 m²)	258 660	1 440 000	5,5
Abobo (parcelles 500 m²)	734 580	4 800 000	6,5
Adjamé (parcelles 500 m²)			
— rez-de-chaussée	1 103 760	4 800 000	4,3
— rez-de-chausée et étage	2 542 356	12 000 000	4,7
Port-Bouët-Vridi (parcelles 300 m²)	2 708 792	1 422 000	2

La durée moyenne d'amortissement est comprise entre quatre et cinq années, et ˑ arie selon la taille de la parcelle et la situation du quartier. Les revenus locatifs étant plus élevés dans un quar-

(27) Deuxième partie.

(28) Pour les quartiers de Port-Bouët II, Abobo, Adjamé, les revenus locatifs sont ceux de 1982, pour le quartier de Port-Bouët-Vridi, il s'agit de ceux de 1984 comparés à des prix de construction de 1982. La durée d'amortissement est donc vraisemblablement légèrement supérieure à deux années.

(29) Chiffre donné à titre indicatif pour une cour avec un étage.

tier central et le type de construction restant le même, la rentabilité de l'investissement est supérieure à Adjamé par rapport à Abobo. Pour les parcelles construites en bois, la rentabilité est plus élevée. L'investissement est relativement faible et la situation centrale, ou proche des aires d'emploi, de la plupart de ces quartiers, permet de percevoir des revenus élevés.

Aux revenus locatifs il faut ajouter les sommes tirées de la revente des services urbains, en particulier celle de l'eau et de l'électricité. Les frais de vidange, dans de nombreux cas, n'incombent pas aux attributaires des parcelles ; ils sont partagés entre les différents ménages locataires, surtout lorsque le propriétaire est non résident. Nous avons pu calculer le bénéfice réalisé par un attributaire de branchement d'eau potable, qui a installé devant sa parcelle un robinet d'eau en forme de bec de cygne.

Cette parcelle, localisée à Adjamé, est occupée par cinq ménages locataires qui consomment 41 400 litres d'eau (30) par mois et paient au propriétaire un total de 30 600 FCFA mensuels. Cette quantité est payée à la SODECI (31) par le propriétaire revendeur environ 6 000 FCFA : il fait donc un bénéfice de 24 600 FCFA en revendant l'eau simplement aux ménages de la parcelle. Chaque parcelle n'étant pas équipée d'un branchement, les revendeurs ont un rayon de distribution beaucoup plus large que les ménages d'une seule parcelle, et leurs bénéfices sont bien plus importants.

La distribution d'électricité donne aussi lieu à de multiples reventes. Sur une parcelle desservie, plusieurs logements sont raccordés à un seul compteur. L'attributaire du compteur revend l'électricité selon le nombre de lampes et de prises équipant les logements : en 1982, les prix mensuels étaient de 500 FCFA par lampe et 1 500 FCFA par prise. Le compteur n'est pas nécessairement installé dans la parcelle, mais un fil peut être « tiré » d'une cour voisine. Le plus souvent, ce sont les attributaires de parcelle qui bénéficient de toutes ces reventes, mais cela peut être un revendeur d'eau, qui paie alors une redevance à l'attributaire de la parcelle devant laquelle il a installé le bec-de-cygne. Un locataire peut aussi installer un compteur électrique et revendre l'électricité aux autres locataires. Dans tous les cas, les « impositions »

(30) Évaluation faite d'abord à la journée, selon le nombre et la capacité des récipients utilisés par chaque ménage.

(31) SODECI : Compagnie concessionnaire responsable de la distribution de l'eau en Côte-d'Ivoire. En 1983, les 30 premiers mètres cubes consommés par trimestre (tranche sociale) sont facturés à 99 F/m^3. Les mètres cubes suivants sont facturés à 261 FCFA jusqu'à consommation de 41 666 m^3.

supplémentaires pèsent sur les populations aux revenus les plus faibles, généralement locataires.

La cour commune urbaine, par son plan simplifié ainsi que par son fonctionnement, est beaucoup plus proche de la cour-caravansérail que de la cour villageoise. La cour-caravansérail ne fut-elle pas adoptée par l'administration coloniale pour loger les « indigènes de passage » en 1916 à Abidjan (32), et reprise comme solution au problème de l'habitat africain par la SIHCI, vers 1950 ? Ce plan simplifié, constitué par des chambres contiguës, est repris sur une grande échelle par les attributaires de parcelle. Elle procède ainsi d'une logique spéculative portant à la fois sur les densités, sur l'appropriation de rentes urbaines et sur des alliances que l'on peut qualifier de classe. Des investissements relativement faibles permettent de loger un maximum de personnes et de percevoir des revenus élevés, sans rapport avec les investissements réalisés (absence d'équipement, exiguïté des logements...). L'État trouve ainsi une solution au problème du logement du plus grand nombre en même temps qu'il assure la formation d'une catégorie sociale, celle des petits propriétaires urbains intermédiaires entre les catégories qui ont accès au projet urbain étatique et le grand nombre de défavorisés constitués par la masse des locataires (33).

3. Les limites de la fonction du laisser-faire

Décisions et non-décisions caractérisent la planification urbaine ivoirienne ; cependant, si les non-décisions (au sens où l'on prend la décision de ne pas en prendre) sont « un phénomène nécessaire socialement et politiquement fonctionnel (34) », il apparaît qu'en laissant dans un premier temps se développer certaines situations urbaines le pouvoir d'État a, dans un second temps, du mal à en contrôler les conséquences. Les problèmes survenus lors de l'élaboration des dossiers fonciers, nécessaires pour mettre en place le recouvrement d'une partie du coût des équipements dans quatre quartiers d'Abidjan (35), est un bon exemple de la difficulté de gérer et d'équiper *a posteriori* un quartier existant. Le principe du recouvrement des coûts s'est heurté à des difficultés provenant

---

(32) JOCI n° 16 du 3 août 1912, JOCI n° 17 du 15 septembre 1916.

(33) Voir sur ce point M. Coquery, 1983.

(34) G. Hesseling et P. Mathieu, « Stratégies de l'État et des populations par rapport à l'espace », in *Espace disputés en Afrique noire*, 1986, *op. cit.*

(35) Opérations de restructuration sur des secteurs des quartiers d'Abobo-Gare, Port-Bouët II, Adjamé et Bromakoté.

à la fois des ambiguïtés de l'administration dans l'application des règlements et des pratiques des habitants quant à la gestion de leur espace foncier. Cet exemple pose plus largement le problème de la gestion foncière des quartiers du plus grand nombre, et de leur prise en compte dans la définition des politiques urbaines (36).

Le principe du recouvrement des coûts suppose une maîtrise du système de l'immatriculation foncière, et en particulier l'identification des propriétaires ou attributaires de parcelles ainsi qu'un suivi des dossiers indiquant les différents stades du processus de l'immatriculation comme l'état des droits existants pour chaque parcelle. La tentative de constitution des dossiers fonciers a montré la difficulté d'y parvenir dans des quartiers existants, aussi bien dans des quartiers légaux (Abobo-Gare, Adjamé-Liberté, Fraternité et Bromakoté) que dans ceux ayant un statut juridique plus précaire (Port-Bouët II).

La liste des propriétaires n'a pu être établie qu'après une enquête parcelle par parcelle. Les listes des registres du Domaine urbain (chargée de l'attribution des terrains légaux) ne correspondaient pas à celles de la préfecture (attribution de terrains, en particulier à Abobo-Gare). L'enquête publique décidée et réalisée en 1979 a permis de dresser une liste des propriétaires où existaient encore de nombreux cas de « non-concordance » avec les listes précédentes. De plus, une même parcelle pouvait être réclamée par plusieurs propriétaires possédant des lettres d'attribution apparemment aussi légales les unes que les autres ; une parcelle pouvait également n'avoir aucun propriétaire identifiable, car ne figurant pas sur les registres administratifs (lorsqu'ils existaient), personne ne s'étant présenté à l'enquête publique et les locataires ne connaissant pas l'adresse du propriétaire. Enfin une commission paritaire fut mise en place et chargée de régler les cas litigieux. Dans ce cadre, la préfecture d'Abidjan entreprit à nouveau une enquête, parcelle par parcelle, à Port-Bouët II, en 1983 ; dans ce quartier, les confusions étaient nombreuses entre les anciens numéros d'attribution et les nouveaux numéros donnés dans le dossier foncier. La nouvelle liste ainsi établie présentait encore d'importantes discordances avec celle résultant de l'enquête publique de 1978.

Les droits sur les parcelles relevaient soit d'une législation antérieure à l'indépendance, soit d'un processus d'immatriculation inachevé, soit de procédures illégales. A Abobo-Gare et à Adjamé, la situation foncière légale résulte de deux processus distincts :

---

(36) Voir sur ce point *Programmation et gestion foncière*, Rapport intermédiaire du groupe de travail, en particulier les rapports du second secrétaire technique, Programme interministériel Rexcoop, avril 1985.

— l'achat de parcelles par des particuliers à des propriétaires coutumiers qui ont loti et vendu leur terrain de plantation. Après l'indépendance, l'administration, en voulant contrôler l'évolution de l'urbanisation, a remodelé et régularisé ces quartiers en respectant plus ou moins l'organisation spatiale initiale ;

— la création de lotissements sommaires par l'administration ; la parcelle restait la propriété de la SOGEFIHA (37), et devait être récupérée, dans des délais non précisés, pour la réalisation des programmes de logements de la société immobilière ; elle ne devait donc être ni vendue, ni cédée gracieusement à un parent ; les constructions devaient être réalisées en matériaux non durables ; aucun dédommagement ne serait versé lors de la récupération par la SOGEFIHA.

Les droits existants varient selon différentes situations, et, pour la majorité des parcelles, ils ne sont pas à jour ou relèvent de procédures illégales. Dans les lotissements anciens d'Adjamé, certains attributaires ont conservé le permis d'habiter datant du régime foncier appliqué aux villages « indigènes » avant les années quarante, mais d'autres attestations ont aussi été présentées, comme les procès-verbaux d'attribution (un comité de lotissement aurait été mis en place au moment de la création de certains quartiers et des procès-verbaux d'attribution auraient été délivrés par les services du Domaine urbain), des quittances de règlement des frais de bornage, des certificats d'habitabilité ; enfin, les actes sous seing privé sont nombreux. A Port-Bouët II, les lettres d'attribution provisoire étaient demandées pour l'identification. Lorsqu'il y avait eu « vente » de la parcelle, la lettre d'attribution était accompagnée d'un acte sous seing privé. Dans certains cas, la lettre d'attribution avait été « refaite », au moyen d'une photocopie, et portait le nom du nouvel attributaire, les dates d'attribution officielle n'étant pas modifiées ; l'acte sous seing privé dans ce cas attestait la « validité » du changement ! Enfin comme nous l'avons déjà souligné, les attributaires qui en avaient la possibilité et qui ont mené à son terme la procédure d'immatriculation sont très peu nombreux.

Pour arriver à la constitution des dossiers fonciers, l'administration a donc dû prendre en compte des documents relevant d'une procédure illégale ; en effet, depuis 1964, les actes sous seing privé ne peuvent pas être inscrits au registre foncier ; depuis 1970, ils sont déclarés de nullité absolue, et, depuis 1971, un décret sanc-

---

(37) C'est la SOGEFIHA qui a été chargée du déguerpissement de Port-Bouët I et de la création de la plate-forme d'accueil.

tionne pénalement la rédaction et l'utilisation d'un acte sous seing privé, ainsi que le lotissement et la construction non autorisée, par une amende et une sanction privative de la liberté (38). La majorité des documents fournis est caduque et implique une régularisation en fonction de la réglementation foncière actuelle. Les demandes de concession provisoire, en 1978, étaient évaluées à environ 40 000 dossiers répartis entre les divers services et les différents bureaux. 2 000 dossiers furent examinés (39), 600 s'avérèrent complets. Le suivi des parcelles n'est pas effectué, et, dans le cas de Port-Bouët II, il ne semble pas y avoir eu inscription des attributaires sur un registre au moment de la nouvelle installation. Sur les maisons de Port-Bouët I étaient inscrits des numéros, reportés sur une pancarte plantée sur les parcelles à Port-Bouët II : les attributaires déménagèrent en saison des pluies, emportant avec eux les planches et les tôles de leur habitation dans des camions, mais aussi dans des pousse-pousse, et ils devaient retrouver eux-mêmes leur numéro sur le nouveau lotissement.

Enfin, le débordement de l'administration apparaît bien dans la nouvelle lettre donnée aux attributaires de Port-Bouët II en 1983. Alors que 94,6 % des parcelles étaient occupées et bâties totalement, pour 83,3 % d'entre elles la lettre d'attribution stipulait que la mise en valeur du lot devait intervenir après l'obtention d'une autorisation de construire. Autant de procédures que l'on cherche à sauvegarder, mais qui ne correspondent plus à la réalité. Cette tentative pour constituer des dossiers fonciers montre aussi qu'il est très difficile de « rattraper (40) » le développement urbain, et que les procédures en vigueur renforcent, dans bien des cas, cette difficulté.

---

(38) A. Ley, « La logique foncière de l'État depuis la colonisation : l'expérience ivoirienne », in *Enjeux fonciers en Afrique noire*, 1983, *op. cit.*

(39) Le projet de restructuration comprenait une composante assistance technique prévoyant notamment une réorganisation des services du Domaine urbain pour l'attribution des parcelles et une réorganisation du service des concessions provisoires.

(40) Adret, « Accompagner le développement urbain plutôt qu'essayer de le rattraper », in *Programmation et gestion foncière*, 1985, *op. cit.*

CONCLUSION

L'exceptionnel effort engagé à Abidjan par les dirigeants ivoiriens pour mettre en œuvre un projet urbain moderniste aboutissant à l'élimination de l'habitat produit hors des normes définies par les pouvoirs publics n'a pas engendré, loin de là, la disparition d'un habitat de cour qui regroupe toujours la grande majorité des citadins. Cette distorsion entre la réalité et les attendus des choix effectués ne résulte pas seulement des difficultés à gagner la course de vitesse engagée contre l'impressionnante croissance démographique et d'un problème de mobilisation des moyens financiers. Certes, le tarissement de ceux-ci au début des années quatre-vingt et la durée de celle-là depuis 1950 ont pesé sur le décrochage entre l'offre publique et la demande du plus grand nombre comme sur le devenir du projet. Mais il est clair que la logique des choix opérés et les pratiques d'attribution des éléments composant l'« endroit » du modèle urbain étaient contradictoires avec les objectifs affichés : l'adoption de normes d'équipement élevées à fonctionnement onéreux, le laisser-faire, l'octroi de privilèges et l'appropriation de rentes par les catégories sociales aisées et moyennes ont concouru à l'exclusion de la majorité des citadins des logements publics dits sociaux. Comme celles des logements économiques, les attributions de parcelles ont constitué un moyen d'élargissement de la clientèle du pouvoir d'État : la politisation du système d'attribution, les faveurs consenties aux membres de l'administration et des nouvelles catégories sociales « moyennes », les modalités de cession à un prix sans rapport avec le marché et largement subventionné, les possibilités de réalisation de plus-value foncière, sont à l'origine d'un accaparement des parcelles constructibles par une minorité de citadins. Tout le système de financement mis en place pour la construction de logements économiques et de parcelles à bâtir a contribué à un transfert de capitaux au bénéfice d'une clientèle trouvant dans cette assise foncière des bases d'enrichissement. Il y a bien une logique d'exclusion du plus grand nombre de l'accès au sol et au logement.

Cette logique des choix a favorisé le développement de

l'« envers » du modèle, la ville des cours. Pour loger les exclus de l'endroit, il a bien fallu qu'interviennent divers acteurs sociaux palliant l'insuffisance et la sélectivité de l'offre publique. Outre ceux qui ont pu bénéficier légalement de l'attribution de parcelles transformées en bases de rente locative, des producteurs fonciers et immobiliers ont contribué à résoudre le problème du logement en agissant hors du cadre légal par la multiplication des lotissements « parallèles ». Autour de ces lotissements s'affairent des propriétaires coutumiers, des « premiers occupants » contrôlant les interstices laissés vides du tissu urbain et des acheteurs de parcelles constructeurs de logements locatifs. Chaque groupe d'acteurs a sa propre stratégie, et les rapports entre les uns et les autres et le pouvoir d'État sont faits d'alliances et de conflits multiples constituant les véritables clés d'explication de la croissance d'une ville des cours, qui, pour être l'envers du modèle, n'en est pas pour autant un négatif total. En effet, les bâtis en parpaing de ciment prédominent, et la plupart des propriétaires de cour ont intégré certains éléments du projet moderniste, de sorte que la ville construite par des citadins, dont le sous-équipement est flagrant, ne peut être comparée à un agrégat misérable de bidonvilles : entre ces derniers et le parc de logements construit par les pouvoirs publics, les cours constituent un type d'habitat intermédiaire. C'est précisément cette caractéristique qui rend les cours adaptables aux modifications de la politique urbaine intervenue depuis le début des années quatre-vingt. La raréfaction des ressources publiques, la mise en cause de l'édifice de production de logements économiques, la remise en question de toute la politique d'habitat (« Au-delà de la seule politique d'habitat social, c'est bien la mise en place d'une politique globale qui est en cause », peut-on lire dans le Plan 1981-1985) (1), le désengagement progressif de l'État confère à la ville des cours et à ceux qui en sont les producteurs une nouvelle dimension, celle d'un support de l'action publique de restructuration. En s'engageant, avec l'appui de financements extérieurs comme ceux de la Banque mondiale, dans des opérations consistant à améliorer la qualité des infrastructures (assainissement, réseaux d'eau potable et d'électricité, bitumage de la voirie) et des équipements (écoles, centre socioculturels) plutôt que dans la reconduction d'actions de production du logement, le pouvoir d'État légitime la ville des cours, ainsi transformée en base matérielle de la nouvelle politique urbaine. Ce faisant, il déplace l'enjeu urbain au niveau de l'accompagnement de la croissance en délaissant le

(1) Plan 1981-1985, tome 2, volume 2, p. 725.

champ de la production foncière et immobilière, ce qui ne règle en rien l'accès du plus grand nombre au sol et au logement, car les investissements publics de restructuration bénéficient plus à la minorité des propriétaires qu'à la majorité des locataires. Toute la question est de savoir si, en réalité, la nouvelle politique urbaine ne traduit pas la recherche d'une forme d'alliance renouvelée entre un État soumis à de sévères contraintes financières et des catégories moyennes durement ébranlées pendant la « conjoncture » : si tel est le cas, l'habitat de cour, restructuré ou non, demeurera pour longtemps la forme dominante de l'urbanisation abidjanaise. Ce contexte pourrait faciliter l'adoption de normes moins sévères et l'intégration des cours communes dans une nouvelle politique urbaine, non sous leur forme de caravansérail surpeuplé et sous-équipé servant de base à la rente locative, mais en tant qu'habitat conforme aux exigences de salubrité et de confort. Une telle option implique un renversement significatif des choix, nécessaire pour sortir de l'impasse actuelle.

BIBLIOGRAPHIE SÉLECTIVE

ADRET, 1984, *Construire la ville africaine. Histoire comparée de chantiers d'habitation autoproduits à Douala (Cameroun) et Kinshasa (Zaïre)*, Adret, Paris, 245 p.

AGUIA S., 1979, *Les femmes de Koumassi*, Rapport de stage ORSTOM, Abidjan, 13 p. multigraphiées.

AKA BION L.B., 1975, *Une fédération de campements attié dans la périphérie abidjanaise*, ORSTOM-SETU, Abidjan, 34 p.

AMIN S., 1968, *Le développement du capitalisme en Côte-d'Ivoire*, Éditions de Minuit, Paris, 336 p.

ANTOINE Ph., HERRY C., 1982, *Enquête démographique à passages répétés. Agglomération d'Abidjan*, ORSTOM-direction de la Statistique, Abidjan, 419 p.

ANTOINE Ph., HERRY C., 1983, Urbanisation et dimension du ménage. Le cas d'Abidjan, *Cahiers ORSTOM*, Série Sc. Hum., vol. XIX, n° 3, pp. 295-310.

ANTOINE Ph., GUILLAUME A., 1984, Une expression de la solidarité familiale à Abidjan : Enfants du couple et enfants confiés, *Actes du colloque de l'AIDELF « Les familles d'aujourd'hui »*, pp. 289-298.

ARMAND M., *Abidjan : Structures urbaines et différenciations sociales*, thèse de 3e cycle, université d'Aix-Marseille III, 292 p. + cartes.

AUGÉ M., 1975, *Théorie des pouvoirs et idéologie : étude de cas en Côte-d'Ivoire*, Hermann, Paris, 440 p.

BABUT E., DUBOIS J.-L., ODOUNFO A., 1984, *Étude des conditions de logement et d'habitat des ménages*, Résultats EBC 78-79, direction de la Statistique, Abidjan.

BAULIN J., 1982, *La politique intérieure d'Houphouët-Boigny*, Éd. Eurafor Press, Paris, 225 p.

BERNUS E., 1962, « Note sur l'agglomération d'Abidjan et sa population », *Bulletin IFAN*, T. XXI, série B, n° 1-2, pp. 54-85.

BONNASSIEUX A., 1982, *De Dendraka à Vridi-Canal, chronique de la précarité à Abidjan*, thèse de doctorat de 3e cycle, EHESS, Centre d'études africaines, 1982, 262 p.

CADILLON M., JOLÉ M., KNABEL G., RIOUFOL R., 1984, *Que*

faire des villes sans égouts ? Pour une alternative à la doctrine et aux politiques d'assainissement urbain, SEDES, Paris, 199 p.

CAZAMAJOR Ph., 1981, *Avocatier, naissance, évolution et destruction d'un quartier spontané d'Abidjan*, ORSTOM, centre de Petit-Bassam, 50 p.

CHAUVEAU J.-P., RICHARD J., 1975, *Organisation socio-économique gban et économie de plantation*, ORSTOM, centre de Petit-Bassam, 88 p.

CHAUVEAU J.-P., RICHARD J., 1977, Une périphérie recentrée : à propos d'un système local d'économie de plantation en Côte-d'Ivoire, *Cahiers d'études africaines*, n° 68, XVII, 4, pp. 485-523.

CHAUVEAU J.-P., DOZON J.-P., 1985, Colonisation, économie de plantation et société civile en Côte-d'Ivoire, *Cahiers ORSTOM*, série Sc. Hum., vol XXI, n° 1, pp. 63-80.

CHEVASSU J., VALETTE A., 1975, *Les industriels de Côte-d'Ivoire. Qui et pourquoi ?*, ORSTOM, centre de Petit-Bassam, ministère du Plan, 52 p.

COHEN M.A., 1974, *Urban Policy and Political Conflict in Africa, a Study of the Ivory Coast*, The University of Chicago Press, 1974, 228 p.

COLIN J.-P., 1983, *Analyse économique des systèmes productifs agricoles en basse Côte-d'Ivoire. Note méthodologique*, ORSTOM, centre de Petit-Bassam, 80 p.

COQUERY M., 1983, *La coopération face aux problèmes posés par l'urbanisation dans le tiers monde*, Rapport à Monsieur le Ministre délégué chargé de la Coopération et du Développement.

COQUERY M., 1983, « La notion de mode de composition urbaine. Un outil opératoire en urbanisme », *Bulletin de la Société languedocienne de géographie*, Les grandes villes africaines, T. XVI, n° 1-2, pp. 124-143.

COTTEN A.M., MARGUERAT Y., 1976, Deux réseaux urbains africains : Cameroun et Côte-d'Ivoire, *Cahiers d'outre-mer*, n° 116, pp. 348-385 et n° 117, pp. 348-382.

CROUSSE B., LE BRIS E., LE ROY E., 1986, *Espaces disputés en Afrique noire. Pratiques foncières locales*, Karthala, Paris, 426 p.

DEBLÉ I., HUGON P., 1982, *Vivre et survivre dans les villes africaines*, IEDES, PUF, Paris, 310 p.

DE MIRAS C., 1980, *L'entrepreneur ivoirien ou une bourgeoisie privée de son état*, ORSTOM, centre de Petit-Bassam, 93 p.

DESTOUCHES P., 1975, *Le secteur de rénovation d'Abobo Nord. Étude foncière et des propriétaires*, ORSTOM-SETU, Abidjan, 24 p. et 36 p.

DOMERGUE D., 1978, « Les vingt premières années de l'action sanitaire en Côte-d'Ivoire (1904-1925) », *Revue française d'histoire d'outre-mer*, n° 238, pp. 40-63.

DOZON J.-P., 1975, *La problématique rizicole dans la région de Gagnoa*, ORSTOM, centre de Petit-Bassam-SODERIZ, 154 p.

DOZON J.-P., 1983, Les métamorphoses urbaines d'un « double » villageois, *Cahiers d'études africaines*, XXI, 1-3, pp. 389-403.

DOZON J.-P., 1985, *La société bété*, Karthala, Paris, 367 p.

DUBRESSON A., 1982-1983, *Les zones industrielles d'Abidjan*, ORSTOM, centre de Petit-Bassam, 2 tomes multigr., 117 p. et 90 p.

DURAND-LASSERVE A., 1986, *L'exclusion des pauvres dans les villes du tiers monde*, L'Harmattan, Paris, 198 p.

DUREAU F., 1985, *Migration et urbanisation. Le cas de la Côte-d'Ivoire*, thèse de 3e cycle, université de Paris I, 561 p.

ÉTIENNE P. et M., 1968, « L'émigration baoulé actuelle », *Cahiers d'outre-mer*, n° 82, pp. 155-195.

FARGUES P., 1982, Les migrations en Côte-d'Ivoire, *Cahiers ivoiriens de recherche économique et sociale*, numéro spécial, n° 31-32, CIRES, Abidjan, 200 p.

FAURÉ Y.-A., MÉDARD J.-F., 1982, *État et bourgeoisie en Côte-d'Ivoire*, Karthala, Paris, 273 p.

GALLAIS H., KADIO A., ODEHOURI K., 1981, « Étude topographique de la rougeole à Abidjan », communication aux *Ve Journées médicales d'Abidjan*, p. 133.

GALLAIS H., KADIO A., ODEHOURI K., AHOUSSI A., FAULQUES B., 1981, « Distribution des diarrhées aiguës à Abidjan », communication aux *Ve Journées médicales d'Abidjan*, p. 136.

GASTELLU J.-M., 1980, *Une économie du trésor : les grands planteurs du Moronou*, ORSTOM, centre de Petit-Bassam, 3 tomes, 83 p., 133 p. et 118 p.

GAGBO L., 1975, *Côte-d'Ivoire. Économie et société à la veille de l'indépendance (1940-1960)*, L'Harmattan, Paris, 212 p.

GIBBAL J.-M., 1974, *Citadins et villageois dans la ville africaine*, Maspero, Paris, 398 p.

HAERINGER Ph., 1969, « L'habitat à Abidjan », *Urbanisme*, n° 111-112, 1969, pp. 89 à 93.

HAERINGER Ph., 1969, « Structures foncières et création urbaine à Abidjan, *Cahiers d'études africaines*, V, 34, pp. 211-270.

HAERINGER Ph., 1977, Abidjan 1976, « Occupation de l'espace urbain et péri-urbain », in *Atlas de Côte-d'Ivoire*, ministère du Plan-ORSTOM-IGT, B4 C.

HAERINGER Ph., 1983, « Stratégies populaires pour l'accès au sol dans la ville africaine », in *Enjeux fonciers en Afrique noire*, ORSTOM-Karthala, pp. 342-359.

HAERINGER Ph., 1985, « Vingt-cinq ans de politique urbaine à Abidjan ou la tentation de l'urbanisme intégral », *Politique africaine*, n° 17, pp. 20-40.

Histoire de la France urbaine, IV, 1983, *La ville de l'âge industriel, 2 : la production de la ville*, Le Seuil, Paris, 665 p.

JOUHANNEAU A., 1984, *Bâtiment et travaux publics : les effets sur la production manufacturière*, ORSTOM, centre de Petit-Bassam, 105 p.

KABA T., 1983, *LEM de Yopougon-Kouté : expériences d'habitat pour revenus bas et exemple d'aide des employeurs*, mémoire de maîtrise, département de géographie, université nationale de Côte-d'Ivoire.

KOFFI NZIAN J., 1975, *N'Guessankoi, un village attié rejoint par l'agglomération abidjanaise*, ORSTOM-SETU, 47 p.

KIPRÉ P., 1985, *Villes de Côte-d'Ivoire, 1893-1940*, tomes 1 et 2, NEA, Abidjan-Dakar, 238 p. et 290 p.

LE BRIS E., MARIE A., OSMONT A., SINOU A., 1985, « Résidences, stratégies, parenté dans les villes africaines », *Annales de la recherche urbaine*, Villes des tiers et quart monde, n° 25, pp. 13-20.

LE PAPE M., 1985, « De l'espace et des races à Abidjan entre 1903 et 1934 », *Cahiers d'études africaines*, 99, XXV-3, pp. 295-307.

LENA P., MARTINET F., RICHARD J.-F., SCHWARTZ A., 1977, *Le dynamisme pionnier dans le Sud-Ouest ivoirien*, Rapport final du projet TAI, MAB-UNESCO-ORSTOM.

LESOURD M., 1982, *L'émigration baoulé dans le sud-ouest de la Côte-d'Ivoire*, thèse de 3e cycle, université de Rouen, 2 tomes, 526 p. + annexes.

LOOTVOET B., 1984, *Artisanat et commerce autour d'un complexe industriel. Données économiques sur Agboville et Dimbokro*, ORSTOM, centre de Petit-Bassam, 133 p.

MANOU-SAVINA A., 1985, *Politiques et pratiques urbaines à Abidjan*, thèse de 3e cycle, université de Paris I, tomes 1 et 2, 445 p. + annexes.

MANOU-SAVINA A., DUBRESSON A., YAPI DIAHOU A., ANTOINE Ph., 1985, Classes moyennes et urbanisation à Abidjan, *Tiers-monde*, XXVI, n° 101, pp. 55-68.

MARGUERAT Y., 1981, « Des ethnies et des villes, Analyse des migrations vers les villes de Côte-d'Ivoire », *Cahiers ORSTOM*, série Sc. Hum., vol. XVIII, n° 3, pp. 303-340.

NIANGORAN-BOUAH G., 1969, « Les Ébrié et leur organisation

politique traditionnelle », *Annales de l'université d'Abidjan*, série F (ethnologie), 1969, tome 1, fasc. 1.

OLAVARIETTA A., 1980, « Les lotissements à équipement minimum », *Équipement et transports en Côte-d'Ivoire*, 4, pp. 52-59.

PERRENOUD A., 1983, « Les aspects socio-économiques de la mortalité différentielle des enfants dans le passé », *Congrès international de la population*, Manille 1981, tome II, Liège, UIESP, pp. 323-340.

PHILLIPS M.-H., 1966, « Notes d'introduction : Science, technologie et développement économique », *Revue internationale des sciences sociales*, vol. XVIII, n° 3.

ROUGERIE G., 1950, « Le port d'Abidjan. Le problème des débouchés maritimes de la Côte-d'Ivoire. Sa solution lagunaire », *Bulletin de l'IFAN*, XII, n° 3, pp. 751-837.

ROUGERIE G., 1972, *La Côte-d'Ivoire*, PUF, Paris, 128 p.

SAINT-VIL J., 1983, *L'alimentation en eau d'Abidjan*, Mémoires et documents de l'IGT, 59, Abidjan, 48 p.

SALAMA P., TISSIER P., 1982, *L'industrialisation dans le sous-développement*, PCM, Maspero, 221 p.

SALEM G., JEANNEE E., 1984, « Pour une géographie de la santé des villes tropicales », communication au *Symposium de l'Union géographique internationale*, Lusaka, 20-22 avril, 17 p. multigraphiées.

SAUTTER G., 1978, « L'aménagement, pour qui ? pour quoi ? "Dirigisme opérationnel" et stratégie paysanne ou l'aménageur aménagé », *Espace géographique*, VII, n° 4, 1978, pp. 233-243.

SAWADOGO A., 1977, *L'agriculture en Côte-d'Ivoire*, PUF, Paris, 367 p.

SEMI BI ZAN, 1973, « La politique coloniale des travaux publics en Côte-d'Ivoire (1900-1940) », *Annales de l'université d'Abidjan*, série 1, tome II, 362 p.

SIMMONET J., 1980, « Les matériaux de construction en Côte-d'Ivoire », *Équipement et transports en Côte-d'Ivoire*, 4, pp. 32-39.

TIREFORT A., 1979, *Le bon temps, approche de la société coloniale ; étude de cas : la communauté française en basse Côte-d'Ivoire pendant l'entre-deux-guerres (1920-1940)*, thèse de 3e cycle, EHESS, Paris, 2 tomes, 338 p. et 387 p.

TOURÉ A., 1985, *Les petits métiers à Abidjan*, Karthala, Paris, 290 p.

TRIBILLON J.-F., 1980, *Question du Code de l'urbanisme et de l'aménagement foncier*, rapport préliminaire et d'orientation rédigé à la demande du PTPTCU, CI, Abidjan, 31 p.

VERNIÈRE M., 1977, *Dakar et son double : Dagoudane Pikine*, Bibliothèque nationale, Paris, 269 p.

VALETTE A., 1980, « Résultats et réflexions sur une étude empirique de l'industrialisation en Côte-d'Ivoire », *Cahiers ORSTOM*, Série Sc. Hum., vol. XVII, n° 1-2, pp. 45-65.

VERDEAUX F., 1981, *L'Aïzi pluriel. Chronique d'une ethnie lagunaire en Côte-d'Ivoire*, ORSTOM, centre de Petit-Bassam, 303 p.

VIDAL C., LE PAPE M., 1986, *Pratiques de crise et conditions sociales à Abidjan 1979-1985*, ORSTOM, centre de Petit-Bassam-CNRS, LA 94, Abidjan, 101 p.

WONDJI Ch., 1972, « La fièvre jaune à Grand-Bassam, 1899-1903 », *Revue française d'histoire d'outre-mer*, n° 215.

WONDJI Ch., 1976 « Bingerville, naissance d'une capitale, 1899-1909 », *Cahiers d'études africaines*, XVI (1-2), 61-62, pp. 83-102.

YAPI DIAHOU A., 1981, *Étude de l'urbanisation de la périphérie d'Abidjan. L'urbanisation de Yopougon*, thèse de doctorat de 3e cycle, université de Toulouse-Le Mirail, 322 p.

YAPI DIAHOU A., 1984, *Bidonvilles d'Abidjan. Origine géoculturelle de 65 locataires du quartier Zoé-Bruno*, ORSTOM, centre de Petit-Bassam, Abidjan, 89 p.

YAPI DIAHOU A., 1985, *Bidonvilles d'Abidjan. De la baraque à la maison en dur*, ORSTOM, centre de Petit-Bassam, Abidjan, 27 p.

ZANOU B., 1986, *Analyse critique de l'état-civil en Côte-d'Ivoire*, doc. multigr.

Rapports et documents des ministères

BCEOM-BNETD, 1974, Projet de développement urbain à Abidjan : Politique d'habitat et de promotion foncière, Abidjan.

Ministère des Affaires culturelles, 1985, Architecture coloniale en Côte-d'Ivoire, CEDA, Abidjan, 1985.

Ministère de l'Économie, des Finances et du Plan, direction de la Statistique, 1978, Principaux résultats du recensement de 1975, Côte-d'Ivoire, Abidjan, 91 p.

Ministère de l'Économie, des Finances et du Plan, direction de la Statistique, 1978, Recensement général de la population 1975 ; Agglomération du grand Abidjan, Abidjan, 280 p.

Ministère de l'Économie, des Finances et du Plan, 1980, Perspectives de population 1975-1980-1985-1990, Abidjan.

Ministère de l'Économie et des Finances, direction de la Statisti-

que, 1980, Enquête budget-consommation. Principaux résultats de la pré-enquête en milieu africain urbain et rural, Abidjan.
Ministère de l'Économie et des Finances, direction de la Statistique, 1984, Population de la Côte-d'Ivoire. Analyse des données démographiques, Abidjan.
Ministère des Finances, des Affaires économiques et du Plan, direction de la Statistique, 1960, recensement d'Abidjan. Résultats définitifs, Abidjan, 105 p.
Ministère des Finances, des Affaires économiques et du Plan, 1965-1966, Étude socio-économique de la zone urbaine d'Abidjan, SEMA, Paris.
— Rapport n° 3 : État de la population d'Abidjan en 1963, tome II : Analyse, 69 p.
— Rapport n° 4 : L'habitat en 1963, 96 p. + tabl.
Ministère du Plan et de l'Industrie, 1981, Projet de plan quinquennal 1981-1985, tome II, Planification sectorielle, Abidjan, 429 p.
Ministère du Plan, 1982, Plan quinquennal de développement économique, social et culturel, 1981-1985, Abidjan, 3 tomes.
Ministère des Travaux publics et des Transports, 1974, Projet de développement urbain à Abidjan. Politique d'habitat et de promotion foncière, Rapport spécial n° 1, BNETD, Abidjan, 84 p. + 22 p., annexes + cartes.
Ministère des Travaux publics, des Transports, de la Construction et de l'Urbanisme, Perspectives décennales de développement d'Abidjan :
— Population, novembre 1977.
— Étude sociologique de l'habitat, octobre 1977.
Ministère des Travaux publics, des Transports, de la Construction et de l'Urbanisme, 1978, Perspectives décennales de développement d'Abidjan, Rapport de 1re phase, SCET, Abidjan, 456 p.
Ministère de l'Urbanisme et du Logement, mission de la Recherche urbaine, Coopération et Aménagement, 1984, Urbanisme et habitat en Afrique noire francophone avant 1960, Paris.
Office of Population Censuses, 1977, Occupational Mortality, Serie DS., n. 1, London.
SEDES, 1984, Évolution et répartition des revenus en Côte-d'Ivoire, SEDES, Paris, 167 p.
US-AID, Bureau régional de l'urbanisme, 1985, Revenus et dépenses des ménages à Abidjan, (Manou A., N'Guyen Viet Thuan), Abidjan, 49 p. + annexes.

Autres sources :

Allocution prononcée à la foire de Dimbokro en mars 1953, cité par Y.-A. FAURÉ, *État et bourgeoisie en Côte-d'Ivoire*, Karthala, 1982.

Allocution présentée à l'ouverture des Journées mondiales de l'urbanisme, 1969.

Arrêté local du 26 septembre 1907, JOCI, n° 19 du 15 octobre 1907.

Arrêté du 23 mars 1909 réglementant les permis d'habitation à accorder aux indigènes aux abords des agglomérations européennes, JOCI du 31 mars 1909.

Arrêté du 31 janvier 1934 réglementant à Abidjan la construction et la salubrité des maisons ainsi que les permissions de voirie, l'alignement et les servitudes d'esthétique, JOCI du 28 février 1934.

Circulaire à Messieurs les administrateurs au sujet des permis d'habitation à accorder aux indigènes aux abords des agglomérations européennes conformément à l'arrêté du 23 mars 1909, JOCI du 31 mars 1909.

Compte rendu du voyage du gouvernement général de l'AOF dans la colonie de Côte-d'Ivoire, JOCI n° 6 du 31 mars 1911.

Décision du 29 mars 1919 relative à la mise à prix d'un lot du Terre-Plein Commercial d'Abidjan, JOCI n° 6 du 31 mars 1919.

Discours du président Houphouët-Boigny fait à Korhogo le 7 mai 1965.

Discours de Mohamed Diawara, ministre du Plan, Ve Congrès du PDCI, 1970.

Fraternité-Matin, numéro spécial des Fêtes de l'indépendance an 13, 1973, p. 32.

Gouvernement Général de l'AOF, colonie de la Côte-d'Ivoire, Plan de développement économique de la Côte-d'Ivoire, Abidjan, 1947.

HOUPHOUËT-BOIGNY, Yamoussoukro 1964, repris dans le discours prononcé à l'occasion du IVe Congrès du PDCI-RDA en 1965.

JOCI du 15 janvier 1899.

JOCI n° 1 du 15 janvier 1930.

Nouveaux habitats : l'Afrique et le monde, 22 décembre 1956. Service de la documentation du ministère de l'Information, Abidjan.

Urbanisme : Abidjan Côte-d'Ivoire, n° 111-112, 1969, p. 95.

IIIe Congrès du PDCI-RDA, Rapport sur la santé publique et l'habitat en Côte-d'Ivoire par le Dr Djessou Lobo.

TABLE DES MATIÈRES

DEUXIÈME PARTIE

LE PEUPLEMENT ET LA VILLE DES COURS

TROISIÈME PARTIE
LES STRATÉGIES À L'ŒUVRE

ÉDITIONS KARTHALA

(extrait du catalogue)

COLLECTION « HOMMES ET SOCIÉTÉS »

1 - Sciences économiques et politiques

A. DUBRESSON et coll., *Abidjan « côté cours »*.
J. COPANS et coll., *Classes ouvrières d'Afrique noire*.
E. LE BRIS, E. LE ROY, F. LEIMDORFER et coll., *Enjeux fonciers en Afrique noire*.
C. DEVERRE, *Enjeux fonciers dans la Caraïbe*.
B. CROUSSE et coll., *Espaces disputés en Afrique noire*.
Cl. SAVONNET-GUYOT, *États et sociétés au Burkina*.
R. BUIJTENHUIJS, *Le Frolinat et les guerres civiles au Tchad*.
A.-M. D'ANS, *Haïti, paysage et société*.
A.P. BLERALD, *Histoire économique de la Guadeloupe et de la Martinique*.
G. HESSELING, *Histoire politique du Sénégal*.
A. BERRAMDANE, *Le Maroc et l'Occident*.
N. GRIMAUD, *La politique extérieure de l'Algérie*.
G. ROCHETEAU, *Pouvoir financier et indépendance économique en Afrique noire (Sénégal)*.
A.B. DIOP, *La société wolof*.
Z. LAIDI, *L'URSS vue du Tiers monde*.

2 - Anthropologie et tradition

E. TERRAY et coll., *Afrique plurielle, Afrique actuelle*.
M. ABELES et Ch. COLLARD, *Age, pouvoir et société*.
J.-P. ESCHLIMANN, *Les Agni devant la mort*.
L. NDORICIMPA et Cl. GUILLET, *L'Arbre-mémoire (Burundi)*.
A.B. DIOP, *La famille wolof*.
S.M. NDONGO, *Le Fantang*.
J.-C. BARBIER, *Femmes du Cameroun*.
Ph. LABURTHE-TOLRA, *Initiations et sociétés secrètes au Cameroun*.
Cl. GUILLET et P. NDAYISHINGUJE, *Légendes historiques du Burundi*.
H. BOCQUENE, *Moi, un Mbororo*.
R. VERDIER, *Le pays kabiyé (Togo)*.
Ph. LABURTHE, *Les seigneurs de la forêt - Les Beti du Cameroun*.
J.-P. DOZON, *La société bété (Côte-d'Ivoire)*.
J.-P. OLIVIER DE SARDAN, *Les sociétés songhay-zarma (Niger-Mali)*.

3 - Histoire et géographie

Y. Fall, *L'Afrique à la naissance de la cartographie moderne.*
Z. Dramani, *L'Afrique dans les relations internationales.*
R. Vacquier, *Au temps des factoreries.*
J. Cauna, *Au temps des isles à sucre.*
J. Gahama, *Le Burundi sous administration belge.*
S. Asch, *L'Église du prophète Kimbangu.*
J.-R. de Benoist, *Église et pouvoir colonial au Soudan français.*
J.-P. Raison, *Les hautes-terres de Madagascar (deux tomes).*
Ch. Roche, *Histoire de la Casamance.*
L. Ngongo, *Histoire des forces religieuses au Cameroun.*
Cl. Prudhomme, *Histoires religieuses de la Réunion.*
B. Domenichini-Ramiaramanana, *Langue, littérature et politique à Madagascar.*
J. Bessis, *La Méditerranée fasciste.*
R. Joseph, *Le mouvement nationaliste au Cameroun.*
F. de Medeiros, *L'Occident et l'Afrique (XIIe-XVe siècle).*
F. Gaulme, *Le Pays de Cama (Gabon).*
J. Ambourque-Avaro, *Un peuple gabonais à l'aube de la colonisation.*
F. de Medeiros et coll., *Peuples du golfe du Bénin.*
B. Barry, *Le Royaume du Waalo.*
F. Raison-Jourde, *Les souverains de Madagascar.*
S. Daget et F. Renault, *Les traites négrières.*
M. Izard, *Le Yatenga précolonial.*

Achevé d'imprimer
par Corlet, Imprimeur, S.A.
14110 Condé-sur-Noireau

N° d'imprimeur : 771
Dépôt légal : décembre 1987
Imprimé en France

Composition, mise en pages :
Vire-*Graphic*
Z.I., rue de l'Artisanat, 14500 Vire